더
와이프

The Wife

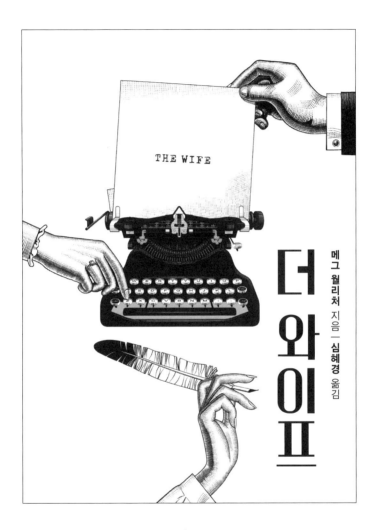

THE WIFE

더 와이프

메그 월리처 지음 | 심혜경 옮김

muJintree
뮤진트리

▪ 일러두기

- 이 책은 Meg Wolitzer의 《The Wife》(Scribner, 2018)를 우리말로 옮긴 것이다.
- 본문에 나오는 책 제목은 원 제목을 번역 표기하는 것을 원칙으로 하되, 국내에 출간된 작품은 그 제목을 따랐다.
- 옮긴이의 주는 괄호 안에 줄표를 두어 표기했다.
- 책 제목은 《 》로, 잡지·논문·영화 제목은 〈 〉로 표기했다.

차례

일레인 영에게

1장

내가 그를 떠나기로 마음먹은 순간, 내게 충분하다는 생각이 들었던 그 순간, 우리는 대서양 35000피트 상공에서 질주하고 있었음에도 고요하고 평안하다는 착각에 빠져있었다. **우리의 결혼생활처럼**이라고 말할 수도 있겠다. 그런데 왜, 무엇 때문에 나는 지금 모든 것을 폐허로 만들려는 것일까? 잠시나마 근심걱정을 잊고 퍼스트 클래스의 호화로움 속에 자리 잡고 있는 이때 말이다. 난기류도 없었고 하늘은 맑았다. 우리들 가운데 어느 좌석쯤에 공군 중장 한 명이 따분해하는 관광객인 척 앉아서 조그마한 접시에 든 견과류를 집어먹고 있거나, 기내에 비치한 잡지에 실린 좀비 산문에 푹 빠져 있을 것도 같았다. 마실 것들은 이미 이륙 전에 받아뒀고, 솔직히 말하자면 그때 우리는 둘 다 폭탄을 맞은 듯 입을 반쯤 벌리고, 고개를 뒤로 젖힌 채 앉아 있었다. 여자승무원들이 섹시 버전의 빨간 모자 소녀처럼 바구니를 들고 통로를 오갔다.

"쿠키 좀 드시겠어요, 캐슬먼 씨?" 갈색 머리 아가씨가 과자집게를 들고 몸을 숙이며 그에게 물을 때, 그녀의 가슴이 앞으로 비어져 나왔다가 들어갔다. 동시에, 아주 오래된 흥분 장치가 칼갈이 숫돌처럼 남편의 몸 안에서 돌아가기 시작하는 것이 내 눈에 보였다. 지금까지 수십 년 동안 수천 번을 목격한 장면이었다. "캐슬먼 부인은요?" 아가씨가 잠시 후 내게도 물었지만, 나는 정중히 거절했다. 그녀가 주는 쿠키나 그 어떤 것도 받아먹고 싶지 않았다.

우리의 결혼생활은 끝을 향해 가고 있었다. 내가 마침내 두 갈래 플러그를 콘센트 구멍에서 휙 잡아 빼는, 수십 년을 함께 살았던 남편에게 등 돌릴 그 순간을 향해서 말이다. 지금은 시벨리우스의 음악을 듣거나, 사우나에서 뜨겁게 달군 소금 위에 누워 있거나, 순록고기를 먹을 때가 아니면 아무도 생각하지 않는 곳, 핀란드의 헬싱키로 가는 중이다. 나눠준 쿠키가 있고, 와인도 디캔팅되어 있고, 내 주위에 있는 비디오 화면들은 다들 비스듬히 기울어져 있었다. 이 비행기에 타고 있는 어느 누구도 지금 당장은 죽음 따위에 신경 쓰지 않는 것 같았다. 우리 모두 예전에는 굉음, 기름 냄새, 엔진 안에 갇힌 복수의 세 여신 퓨리스들이 내는 시끄러운 소리 등의 트라우마에 휩싸인 영혼들이었다. 이코노미 클래스, 비즈니스 클래스, 선택받은 소수인 퍼스트 클래스에 탄 모두가 하나같이 심령사의 숟가락이 휘어지기를 바라는 관객들처럼 비행기가 하늘 속으로 떠오르기를 재촉하면서도 다들 죽을까 무서워 가슴을 졸이곤 했었다.

물론 그 숟가락은 매번 휘어졌고, 끝은 꽃봉오리가 무거운 튤립같이 아래로 처졌다. 비행기들이 언제나 잘 이륙하는 건 아니지만 오늘 밤 이 비행기는 잘 해냈다. 엄마들은 놀이책들과 시리얼이 든 조그만 플라스틱 백을 아이들에게 건네주었고, 비즈니스맨들은 노트북을 열고 지직거리는 화면이 정상이 되기를 기다렸다. 팬텀기 공군 중장이 타고 있다면 그는 뭔가를 먹고, 몸을 한 번 쭉 펴주고, 정전기가 이는 다이넬 섬유로 만든 기내 담요 밑에서 권총을 만지작대고 있을 것이다. 비행기가 이륙한 후 드디어 적정 고도에 들어서자, 마침내 나는 남편을 떠나기로 마음을 정했다. 단연코. 확실히. 100퍼센트다. 우리의 세 아이들은 떠났고, 떠났고, 떠났고, 내 마음을 바꾸게 할 건 더이상 아무것도 없다. 무서워 그만둘 일도 없다.

그가 갑자기 나를 쳐다보더니, 얼굴을 빤히 들여다보며 말했다. "무슨 일 있어? 뭔가 좀… 그래 보이네."

"아니, 아무것도 아니야." 내가 대꾸했다. "어쨌든 지금 얘기할 만한 건 없어." 그는 내 말을 충분한 답으로 받아들이고 톨하우스Tollhouse 과자 접시로 다시 얼굴을 돌렸다. 그의 뺨이 잠시 개구리처럼 부풀어 올랐다가 내려앉았다. 이 남자를 불안하게 할 일은 아무것도 없었다. 그는 필요하다 싶은 건 다 가졌으니까.

그의 이름은 조지프 캐슬먼이고, 세상을 다 가진 남자들 중 한 명이었다. 자화자찬하는 남자들, 온 지구를 쏘다니고, 다른 남자·여자·가구·마을 들을 아무 때나 두드려대는, 몽유병 거인들 같은 유형의 남자들 말이다. 산과 바다, 불을 뿜는 화산, 산해진미, 출렁이는 강, 그 모두를 가졌는데, 그들이 왜 신경을 쓰겠는가. 이런 남자들은 종류도 가지가지다. 조는 그 중 작가 버전으로, 작달막하고 신경이 예민하고 배가 늘어진 소설가였다. 거의 잠을 자지 않는 소설가, 혈액 속의 지방이 전날 썼던 프라이팬의 굳기름처럼 굳는 것을 막아주는 약의 흡수에 유용하다며 흐물흐물한 치즈와 위스키와 와인을 먹어대는 소설가, 내가 아는 어느 누구 못지않게 재미있는 소설가, 자신이나 다른 사람을 전혀 돌볼 줄 모르는 사람, 자신의 스타일 중 많은 부분을 《딜런 토머스의 개인 위생과 예절 안내서 The Dylan Thomas Handbook of Personal Hygiene and Etiquette》에서 가져온 소설가.

핀에어 702편에서 내 옆자리에 앉은 그는 갈색머리 여승무원이 뭔가를 갖다줄 때마다 다 받았다. 모든 쿠키, 훈제 견과류, 일회용 스펀지 슬리퍼, 수건들. 그 섹시한 쿠키 아가씨가 허리까지 벗고 라레체(La Leche, 스페인어로 젖이나 우유를 뜻함—옮긴이)함대 사령관의 지엄한 권위로 한쪽 가슴을 내밀어 젖꼭지로 그의 입을 누르면 그는 두말 않고 받았을 것이다.

세상을 다 가진 남자들은 대개 자신의 부인과 함께할 때가 아니더라도 성적으로 과잉행동을 한다. 1960년대로 거슬러 올라가보면, 조와 나는 시도 때도 없이 침대로 뛰어들었다. 가끔 칵테일파티가 소강상태에 접어들면 그곳 누군가의 침실 문을 막아놓고 외투 더미에 올라가서 하기도 했다. 사람들이 와서 문을 두드리며 자신들의 코트를 달라고 하면 우리는 웃음을 터뜨리고 마주보고 쉿, 하며 부랴부랴 지퍼를 올려 채우고는 그들을 들어오게 했다.

우리는 오랫동안 관계를 갖지 않았다. 핀란드로 가는 이 비행기에 앉아있는 우리를 보면 사람들은 우리가 서로 만족해하며, 아직도 밤이면 성능이 떨어진 서로의 신체 부위를 더듬을 거라고 믿겠지만 말이다.

"이봐, 베개 하나 더 줄까?" 그가 물었다.

"아니, 그런 인형 베개는 싫어." 내가 대답했다. "아, 그리고 크렌츠 박사가 말한 대로 당신 다리 스트레칭하는 것 잊지 마."

사람들이 우리를, 현재 3A와 3B 좌석에 앉아있는 뉴욕 웨더밀의 조안 캐슬먼과 조 캐슬먼을 봤다면 **왜** 우리가 핀란드로 가고 있는지 정확히 알았을 것이다. 우리를 부러워했을지도 모르겠다. 부피가 큰 낡은 몸 안에 첨단 의료 장치를 달고 있는 그와, 24시간 내내 그것을 돌봐야 하는 나를 말이다. 하긴 유명하고 뛰어난 작가 남편은 그의 아내를 위한 편의점이고, 그곳은 아내인 내가 놀라운 지성과 재치와 흥미가 담긴 빅걸프(Big Gulp, '세븐일레븐'에서 판매하는 대용량 음료의 한 종류―옮긴이)가 필요하면 언제나 들어갈 수 있는 곳이니, 부러워할 만도 하겠다.

　　사람들은 보통 우리를 '어울리는' 부부라고 생각했다. 언젠가, 라스코의 거친 벽들에 처음 동굴 벽화를 그렸던 옛날, 지구가 미지의 땅이자 모든 것이 희망에 차 보였던 옛날만큼 아주아주 오래전을 생각해보면, 그건 진실이었다. 그러나 곧 우리는 찬란함과 자기애를 가진 젊은 부부에서 녹조 습지 같은, 고상하게 표현하자면 '노년기 인생'이 되어버렸다. 비록 내 나이 지금 예순넷이고 티끌과 먼지의 소용돌이처럼 남자들 눈에는 보이지도 않는 존재가 되었지만, 나도 한때는 수줍음을 타는 날씬하고 가슴이 큰 금발 아가씨였다. 그런 나에게 조는 최면에 걸린 닭처럼 끌려왔다.

자화자찬이 아니다. 조는 엄마의 산도産道라는 바람 터널을 통해 1930년에 세상에 태어난 바로 그 순간부터 늘 여자들, 온갖 부류의 여자들에게 끌렸다. 내가 한 번도 본 적 없는 시어머니 로나 캐슬먼은 과체중이었고, 감상적이라 할 만큼 시적이고 소유욕이 강했으며, 한 애인만의 독점적 사랑으로 그의 아들을 사랑했다. (반면에 세상을 다 가진 남자들 중 일부는 어린 시절 내내 무시당했다. 샌드위치 하나 못 먹고 황량한 학교 운동장에서 점심시간을 때웠다.)

로나만 그를 사랑한 것이 아니라 브루클린 아파트에 같이 살았던 로나의 두 자매 역시 그를 사랑했고 조의 할머니 밈스도 그를 사랑했다. 밈스는 몸매가 발걸이 의자 같은 여자였으나 그녀가 만든 '훌륭한 가슴살 바비큐'로 명성을 얻었다. 조의 아버지 마틴은 평생 숨이 가빴고 원하는 목표를 이루지 못한 남자로, 조가 일곱 살 때 그의 신발 가게에서 심장마비로 죽어 조를 이 특별한 여성 문명의 포로로 남게 했다.

조에게 그의 아버지가 죽었다고 말한 사람들의 말투는 다 비슷했다. 학교에서 막 집으로 돌아온 조는 아파트 문이 안 잠긴 것을 알고는 집 안으로 들어갔다. 집에는 아무도 없었다. 이런 일은 엄마와 이모들, 혹은 나무 요정처럼 등을 구부린 채 바쁘게 돌아치던 할머니가 항상 집안을 지키고 있었던 가정에서는 드문 일이었다. 조는 주방 식탁에 앉아 아이들이 그러듯 입술과 턱에 부스러기를 묻혀가며, 허겁지겁 오후 간식인 스펀지케이크를 먹었다.

곧 아파트 문이 다시 열리고 그 여자들이 우르르 들어왔다. 울음소리와 코를 푸는 소리가 들리는가 싶더니, 그들이 주방에 나타나 조가 앉은 식탁을 둘러쌌다. 그들의 얼굴은 붉어져 있고 눈은 충혈된 데다 공들여 손질한 머리는 죄다 헝클어져 있었다. 뭔가 큰일이 일어났다는 걸 그는 알았다. 드라마의 한 장면 같다는 느낌이 들어서 처음에는 기분이 좋아질 뻔했다가, 곧 바뀌었던 것 같다.

로나 캐슬먼이 마치 프러포즈하듯 아들의 의자 옆에 무릎을 꿇었다. "오, 용감한 나의 어린 남자친구," 그녀는 목쉰 소리로 속삭이며 손가락으로 그의 입술을 가볍게 두드려 빵부스러기를 떼어냈다. "이제는 우리뿐이야."

그때부터 그야말로 여자들과 소년뿐**이었다**. 그는 이들 여성의 세계에서 완전히 혼자였다. 로이스 이모는 지나치게 건강을 걱정하는 사람이라 가정의학백과사전을 끼고 앉아 아프다 싶은 병명을 찾아내 글자를 뜯어보듯 읽으며 나날을 보냈다. 비브 이모는 늘 남자에 집착하고 도발적이라 드레스 뒷면의 지퍼 고정쇠를 채우고는 세로로 드러난 등의 골진 부분을 더 잘 보이게 하려고 끝없이 뒤를 돌아보았다. 늙고 쪼그라든 할머니 밈스는 이 모든 일들이 벌어지는 와중에 주방을 휘젓고 다니며 로스트비프에 꽂았던 조리용 온도계를 아서왕의 보검인 엑스칼리버인 양 쑤욱 뽑았다.

조는 하릴없이 그 아파트를 배회했다. 그는 마치 기억조차 나지 않는 난파선의 생존자이며, 자신과 마찬가지로 기억을 잃어버린 다른 생존자들을 찾고 있는 것 같았다. 그러나 아무도 없었다. 그가 바로 그 **소년**, 언젠가는 성장해서 저 향수를 듬뿍 뿌린 쥐들을 배신하는 사람들 중 하나가 될 그 사랑받는 소년이었다. 로나는 남편이 아무런 전조나 경고도 없이 요절하는 바람에 배신을 당했다. 로이스 이모는 자신의 무감각 때문에, 그러니까 어깨가 넓고 섹스를 할 때 귀를 잡을 수 있는 선인장 귀를 가진 클라크 케이블을 제외하고는 이후 어떤 남자에게도 특별한 감정을 느끼지 못했다는 사실로 배신당했다. 비브 이모는 해외로 발령이 나서 밤이고 낮이고 외국에서 전화를 걸거나 편지를 쓰는 나른하고 섹시하고 장난감 같은 남자들에게 배신당했다.

조를 둘러싼 여자들은 남자를 보면 **분노**가 치민다고 주장했지만, 그들의 분노 대상에서 조만큼은 제외해주겠다는 주장도 펼쳤다. 그 여자들은 조를 사랑했다. 그는 아직 다 자란 남자는 아니었다. 이 작고 총명한 소년에게는 마지팬 반죽으로 만든 과일처럼 생긴 생식기, 여자애 같은 검은 곱슬머리, 나이에 비해 일찍 깨친 읽기 능력, 아버지가 죽은 뒤로 갑자기 밤에 잠을 못 자는 버릇이 있었다. 그는 한동안 침대에서 뒤척이며 야구에 대한 생각을 하거나, 만화책의 즐겁고 재미있는 내용들을 떠올리며 위안을 받으려고 애썼지만, 늘 아버지 마틴이 천국의 어느 뜬구름 위에 서서 아직 상자에 들어있는 새들슈즈 한 켤레를 안타까워하며 내미는 모습을 그려보는 것에서 끝났다.

결국 조는 자정 무렵에 불면증을 못 이기고 일어나, 어두운 거실로 들어가 바닥 깔개 가운데에서 둘 이상이 해야 재미있는 잭스 게임(공기돌 놀이 비슷한 게임—옮긴이)을 혼자 하곤 했다. 낮에도 조는 그집 여자들이 구두를 벗는 동안 그들의 발치께에 있는 같은 깔개 위에 앉아 있었다. 그는 짜증스럽게 반복되는 그녀들의 장광설을 들으며, 그가 어떤 암묵적인 방식으로든 그 보금자리를 지배하고 있고 항상 그럴 것이라는 것을 느꼈다.

마침내 가족에게서 떨어져 나왔을 때, 조는 자신이 엄청나게 안도하고 있으며 교육도 충분히 받았다는 사실을 깨달았다. 그는 이제 여자들에 대해 몇 가지를 알았다. 한숨, 속옷, 매달 한 번씩 찾아오는 고통, 초콜릿 탐닉, 신랄한 말투, 성가신 분홍색 헤어롤, 몸매의 연대기, 이런 것들을 그는 충분히 세세하게 보아왔다. 이런 것은 언젠가 그가 한 여자에게 반하게 되면 요긴할 것들이었다. 그는 시간이 흐르면서 그녀가 그럭저럭 해나가고 변하고 무너지는 것을 어쩔 수 없이 지켜보아야 할 것이었다. 그는 그런 사태를 막는 일에는 속수무책일 것이기 때문이다. 그녀가 지금은 매력적일지 모르지만 언젠가는 분명 가슴살 바비큐만 제공하는 사람에 지나지 않을 것이다. 그래서 그는 알았던 것을 **망각**하는 길을 택했다. 그런 지식이 그의 작고 완전한 머릿속에 전혀 들어오지 않았던 척하기로 한 것이다. 그리고 그는 이 여자들만 등장하는 풍자극 무대를 떠나, 더 작은 동네에서 사람들을 쓸어 모아 스태튼 아일랜드라는 정말로 믿을만한 유일한 동네의 스릴 넘치는 혼란 속으로 들어가는 덜커덩거리는 기차에 올랐다.

농담 한 토막.

1948년, 맨해튼. 조는 지하철의 매연을 벗어나 컬럼비아 대학 정문을 들어가 다른 똑똑하고 감정이 풍부한 소년들을 만난다. 그는 자신을 영어 전공 학생이라고 선언하고 학부 문학 잡지의 운영진에 합류하고는 곧이어 러시아 마을에서의 생활(벌레 먹은 감자, 동상 걸린 발가락 등등)을 회상하는 한 노파에 대한 단편을 발표한다. 그 단편은 나중에 그를 비판하는 사람들이 그의 젊었을 때의 작품들을 죄다 읽어대며 지적한 대로, 터무니없고 조잡했다. 그러나 그들 중 몇몇은 조 캐슬먼 소설의 생동감이 그때 이미 자리 잡았다고 주장할 것이다. 그는 홍

19

분으로 전율하며 새로운 생활을 즐기고 대학 친구들과 함께 차이나타운의 링 팰리스에 가서 대하블랙빈소스볶음을 처음으로 맛본다. 사실 껍데기를 집으로 삼는 생물 중 그 어떤 것도 조 캐슬먼의 입술 안으로 들어간 적이 없었기 때문에, 종류를 불문하고 그에게는 대하가 처음 먹어보는 갑각류였다.

그랬던 입술은 또한 그의 첫 번째 여성의 입술과 혀를 받아들이고, 그의 동정은 즉시 서둘러 제거된다. 치과에서 금 간 이를 빼듯 정확하게. 동정을 떼어간 사람은 버나드 대학에 다니는 보니 램프라는, 가난하지만 활달한 아가씨이다. 조와 그의 친구들 말에 따르면 그곳에서 그녀는 음란증으로 공로 장학금을 받았다고 한다. 조는 보니 램프의 크고 아름다운 갈색 눈에 사로잡혔을 뿐만 아니라 그녀와의 놀라운 성교에도 매료된다. 그리고 관계를 맺으면서 그는 자신에게도 매료된다. 어쨌든, 그라고 안 된다는 법이 있겠는가? 남들도 다 그러는데.

그는 보니와 사랑을 나누면서, 삽입했다 서서히 뒤로 빠질 때, 그들의 맞닿은 신체 부위에서 잠깐씩 리드미컬하게 들리는 소리에 깊은 인상을 받는다. 리놀륨이 깔린 바닥을 걷는 학장 비서의 하이힐 소리 같다. 그는 또한 보니 램프가 내는 다른 소리들에도 사로잡힌다. 자는 동안 그녀는 새끼고양이 같은 소리를 낸다. 그리고 그는 다정한 듯도 하고 거만한 듯도 한 그녀의 표정을 바라보며, 그녀가 뜨개실 한 뭉치와 우유 한 접시가 나오는 꿈을 꾸고 있다고 상상한다.

뜨개실 한 뭉치, 우유 한 접시, 그리고 그대, 그는 단어들과 사랑에 빠져, 여자들과 사랑에 빠져 생각한다. 여자들의 유연한 몸매가 그를 유혹한다. 그 모두 팽팽하고 풍만하다. 그 자신의 몸도 똑같이 그를 매혹시킨다. 그래서 룸메이트가 없으면 조는 벽에 걸린 거울을 떼어 내려놓고 오랫동안 자신의 몸을 바라본다. 가슴의 덥수룩한 검은 털, 상반신, 작고 깡마른 남자치고는 놀라우리만치 거대한 페니스.

그는 아주 오래전 자신이 할례를 받던 때를 상상한다. 턱수염을 기른 낯선 남자의 팔에 안겨 버둥거리는 자신이 보인다. 굵은 새끼손가락만 한 그의 것을 코셔 와인에 담그고 나서, 남자가 입으로 빨아 존재하지 않는 수맥을 찾으려는 듯 파헤치고는, 바늘구멍만 한 우유 샘이 있는 고둥 모양의 표면을 찾아내는 과정을 고스란히 받아들이고 있다. 그런데 이런 상상을 하는 가운데 달콤한 포도주가 그의 목구멍으로 넘어가자 정신이 아찔해지고, 그를 둘러싼 득의만면한 얼굴들이 뒤죽박죽이 돼버렸다. 생후 8일째인 그의 눈이 감기고, 다시 뜨고 그다음에 다시 감기고, 그리고 18년 후 그는 깨어난다, 장성한 남자로.

시간이 흘러 조 캐슬먼은 대학원에 다니기 위해 계속 컬럼비아 대학에 머물고, 그리고 그동안 환경에 변화가 생긴다. 그건 계절이 바뀌거나, 가로세로로 비계를 설치한 새 건물들이 연이어 늘어나는 그런 변화가 아니다. 그것은 또한 조가 조그만 사회주의자 모임에 참석하게 되는 그런 변화도 아니다. 비록 자신이 믿는 신조를 지키기 위해서 참가는 하지만, 이런 모임의 일원이 되는 것을 용납할 수 없다. 그래서 곰팡이가 핀 누군가의 카펫에 진지하게 책상다리를 하고 앉아, 그저 들으며 정보를 받기만 할 뿐 자신의 것은 아무것도 제공하지 않는다. 그 모임은 1950년대 초반 보헤미안적인 분위기가 고조되고 있음을 알리는 북소리가 되었을 뿐만 아니라, 조를 두서너 곳의 비좁고 컴컴한 봉고 클럽으로 이끈 존재이며, 잠깐이었으나 평생 간직한 대마초 맛을 들인 곳이다. 세계가 굴조개처럼 진정 그에게 입을 벌리고 있다. 그는 그 안에서 구멍의 매끄러운 이랑들을 만져보고, 은색 빛살을 온몸에 받으며 걷는다.

우리의 결혼생활 동안에 조가 자신의 능력을 깨닫지 못하고 있는 듯한 순간들이 있었다. 그리고 그때가 조의 전성기였다. 중년에 이르자 그는 몸이 불어 걸음이 느려지고 격식을 차리지 않는 옷차림을 즐겼다. 베이지색 꽈배기 스웨터는 불어난 뱃살을 감추지 못하고 흔들리도록 놔둔 채 그저 관대하게 떠받쳐 줄 뿐이었다. 그가 거실이나 식당이나 강의실에 들어설 때, 새로 입고된 호스티스 스노볼Hostess Sno Balls을 사러 뉴욕의 우리 동네 웨더밀에 있는 슈일러 잡화점에 나타날 때면 배가 이리저리 흔들렸다. 조가 코코넛을 입힌 분홍색의 그 부자연스러운 마시멜로 돔에 중독된 건 참으로 알 수 없는 일이었다.

슈일러 잡화점에서 토요일 오후 자신이 좋아하는 간식이 든 셀로판 상자를 사면서, 관절염에 걸려 매장 안에서만 지내는 개를 다정하게 쓰다듬고 있는 조 캐슬먼을 상상해 보라.

"잘 지내나, 조." 금방이라도 눈물이 날 것 같은 푸른 눈의 꼬장꼬장한 슈일러 영감이 말을 걸어 올 것이다. "일은 잘되고?"

"어, 최선을 다하려고 애쓰죠, 슈일러 씨, 보람 있는 일이니까요." 조는 한숨을 쉬면서 대답할 것이다. "그런 일들은 별로 없잖아요."

조는 늘 자신에 대해 깊이 회의했다. 그는 50년대와 60년대, 70년대, 80년대, 90년대 초반 무렵까지 대부분 내내 쉽사리 상처받고 고통스러워하는 듯 보였다. 그가 술에 취했든 안 취했든, 악평을 받았든 호평을 받았든, 사랑을 회피했든 안 했든 간에 말이다. 그런데 그의 고통의 원인은 정확히 무엇이었을까? 조의 오랜 친구로서 아주 어린 시절에 죽음의 수용소에 수감되어 홀로코스트에서 살아남은 기록을 남기기에 노고를 아끼지 않았던 그 유명한 소설가 레브 브레스너와 달리, 조는 특별히 천착해야 할 주제가 아무것도 없었다. 옴팡눈이 초롱초롱

한 레브는 노벨 문학상 대신 노벨 슬픔상을 탔어야 했다. (그렇지만 나는 줄곧 레브 브레스너를 존경해 왔고, 그의 소설들이 전부 대단치 않다고는 결코 생각하지 않았다. 이런 이야기를 공개적으로 말하는 건, 말하자면 친구들과 저녁을 먹다가 벌떡 일어나서 "난 꼬마 머슴애들 거시기를 빨고 싶어."라고 선언하는 것과 같을 것이다.) 책장을 넘기면서 사람들로 하여금 움츠리고 전율하며 두려워하게 만드는 것은 레브의 글이 아니라 그가 다룬 주제였다.

레브는 진짜 극심한 두통에 시달린다. 오래전, 조와 내가 자주 손님을 초대하던 시절, 레브와 그의 아내 토샤가 주말에 우리 집에 들르곤 했다. 레브가 머리에 얼음 팩을 얹고 거실의 소파에 누워 있으면 나는 아이들을 조용히 시켰다. 그러면 아이들은 시끄러운 소리가 나는 장난감들—사랑한다고 재잘거리는 인형과 끈을 잡아당기면 멍멍 짖는 조그마한 목각 스패니얼 강아지—을 끌고 거실을 벗어났다.

"레브 아저씨가 있을 때는 조용히 해야 해." 나는 아이들에게 이렇게 말하곤 했다. "위층으로 올라가, 아가씨. 얼른, 데이비드 너도." 그러면 아이들은 시간을 끌기 위해 계단참에서 잠시 못 박힌 듯 가만히 서 있었다. "가." 내가 재촉을 하면 아이들은 그제야 마지못해 계단을 올랐다.

"고마워, 조안." 레브가 무거운 목소리로 말했다. "내가 진이 빠져서 그래."

레브가 말하면 **허용**되었다. 레브 브레스너에게는 어떤 것이든 허용되었을 것이다.

그러나 조는 결코 진이 빠졌다고 말할 수 없었다. 무엇 때문에 그가 진이 빠졌겠는가? 레브와 다르게 조는 홀로코스트의 트라우마를 겪지 않았다. 조는 히틀러가 다리를 앞뒤로 높이 흔들며 행진하는 군인들을 이끌고 다른 대륙으로 진군하는 동안, 브루클린에서 자기 엄마와 이모들과 함께 트럼프로하트 게임을 하는 귀여운 꼬마였기 때문에 쉽게 그런 일들을 건너뛸 수 있었다. 그다음에 한국전쟁 때는 기초 훈련을 받는 동안 M1 소총을 자기 발목에 오발하는 바람에, 의무실에서 열흘 동안 간호사들의 응석받이로 타피오카 푸딩 같은 깁스를 긁다가 집으로 돌아왔다.

절대로, 그는 자신의 불행을 전쟁 탓으로 돌릴 수 없었다. 그래서 그는 자신의 엄마, 즉 내가 만난 적은 없지만 조가 나에게 수년 동안 시시콜콜 다 들춰내서 말해 주었던 여성을 탓했다.

내가 로나 캐슬먼에 대해서 알고 있는 것 하나는, 그녀의 두 자매나 그녀의 어머니와는 다르게 로나가 뚱뚱했다는 사실이다. 사람은 보통 아주 어릴 때는 엄마가 뚱뚱하면 안정감을 느끼고 심지어는 자랑스럽게 여기기도 한다. 자기 엄마가 자신이 알고 있는 엄마 중 가장 크다는 생각에 뿌듯해서 벅찬 감정이 솟구친다. 그리고 안아 줄 수도 없게 생긴 잔챙이 새우 같은 친구들의 엄마를 생각하면 불손한 혐오감을 느낀다.

조에 따르면, 커갈수록 사람은 이런 감정을 자신의 아버지에게로 돌린다. 아버지는 가능한 한 기골이 장대하고 험악해야 한다. 어깨가 떡 벌어진 아버지가 아이를 자신의 사무실이나 가게, 혹은 그가 우울하고 사내다운 날들을 보내는 어디든 데리고 들어가 아이를 공중으로 번쩍 들어올리고, 거기서 일하는 여자들이 왕설탕 사워볼 캔디를 주며 아이에게 법석을 떨게 해야 하는 것이다. 십중팔구 아무도 좋아하지 않는 **파인애플** 맛이겠지. 아버지는 유력가가 되어야 한다. 그래야 번쩍거리는 면적을 나날이 넓혀가는 아버지의 민머리, 아버지가 매일 기름에 튀긴 간 요리를 먹으면서 내는 쩝쩝 소리를 아이가 무시할 수 있다. 그는 말수가 적고, 은퇴했을지라도 여전히 수레를 끄는 짐승처럼 힘이 세고, 그가 변기에 오줌을 누면 수면이 요동을 치고, 그 경이로운 소리는 시냇물 흐르는 소리처럼 브루클린의 온 거리에 울려 퍼진다.

그러다가 조는 갑자기 자신의 뚱뚱한 엄마를 보고 질겁한다. 이런 여자는 빗살창 무늬가 그려진 녹색 상자에 들어있는, 잘 구워진 검정색 케이크 시트에 초콜릿을 두껍게 입힌 에빙거 베이커리의 블랙아웃 케이크를 십 분 만에, 가볍게, 전혀 부끄럼 없이 먹어치울 수 있다. 조는 한가로이 동네를 함께 산책하곤 했던 엄마에게 혐오감을 느낀다. 그녀는 언제나 화장을 하고 향수를 뿌리고 덩치가 컸지만 당당했다. 걸어 다니는 소파.

한때는 그녀를 미치도록 사랑했고, 그녀와 결혼하고 싶었고, 그것이 실제로 가능한지 불가능한지 알아내려 애썼고, 그리고 훗날 그녀 옆에 서서 그녀의 손가락에 반지를 끼워주는 일이 가능**했다면** 자신이 그녀에게 괜찮은 사람이 될 수 있었을지 궁금히 여겼었는데. 로나. 브루클린 플랫부시에 있는 빅사이즈 여성을 위한 라 보테 하우스라는 의류 할인 매장에서 산 꽃무늬 드레스를 입은 엄마 로나는 그에게 모든 것이었다.

그런데 이제는 달라진 것이다. 갑자기 조는 자신의 엄마가 작고, 빗장뼈만 보이기를 원한다. 야윈 몸매, 사이즈 2. 허약해 보이지만 예쁘다. 그녀는 왜 몸매가 벌새처럼 조그마하고 탄탄하고 멋진 여자인 마니 검퍼트의 엄마를 더 닮지 못하는 걸까? 그녀는 왜 그냥 **사라져버릴** 수 없는 거지?

하지만 그녀가 사라지기까지 그렇게 오랜 시간이 걸리지는 않았다. 불쌍한 마틴 캐슬먼이 갑자기 그의 신발 가게에서 두 다리 사이에 한 아가씨의 다리를 끼고 새들 슈즈 상자를 두 손으로 들고서 낮은 비닐 의자에 비스듬히 누운 채 죽고 난 뒤 여러 해 동안, 조는 엄마와 다른 여자들에게 맡겨진 신세였다. 조가 완전히 성장해서 첫 번째 부인 캐롤과 결혼할 때까지 그녀는 그의 인생에 있었다. 조와 캐롤의 결혼식에서 사람들 사이를 돌아다니던 로나는 그제야 사라졌다. 그녀의 남편과 마찬가지로 난데없이 찾아온 심장마비 때문이었다. 새신랑 조는 고아로 남았고 자신이 유전적으로 결함이 있는 심장을 타고 났다는 것을 확실히 알았다. 엄마의 죽음은 아버지의 죽음만큼 트라우마는 아니었지만 매우 큰 충격이었다고 조는 말했다.

하지만 *그가 이 이야기를 들려줄 때 내게 처음 떠오른 것이 좋은* **소재** *라는 끔찍한 생각이었다는 것을 지금 고백해야겠다.*

나는 조의 비만한 어머니가 의기양양해서 상기된 모습을 그려보았다. 근사한 드레스를 입고 클러치백을 든 이모들, 얼려진 은제 컵에 담긴 무지갯빛 셔벗 쟁반을 들고 오가는 웨이터들도. 나는 신랑신부가 춤을 추는 동안 연주된 행진곡 풍의 음악 소리를 들은 것도 같았다.

"난 정말 이해가 안 돼." 우리의 결혼 초기에 내가 한 번 물어본 적이 있었다. "애당초 왜 캐롤하고 **결혼**까지 한 거야?"

"왜냐하면 남들도 다 했던 거였으니까." 그가 내가 말했다.

하지만 사실은, 적어도 조가 나중에 판단했어야 할 사실은 캐롤이 제정신이 아니었다는 점이다. 병동에 감금해야 할 사람이 틀림없는, 전형적인 정신병자. 한 남자의 첫 아내에 대해서 이렇게 편하게 말해도, 그 자리에 있는 다른 남자들은 열심히 고개를 끄덕여 줄 것이다. 그들은 우리가 말 하는 걸 정확하게 이해할 테니까. 첫 번째 부인들은 모두가 미친다. 미쳐서 격렬하게 눈알을 굴린다. 그들은 몸부림치고, 신음하고, 눈에 불을 켜다가 의식을 잃고 쓰러지고, 사람들의 눈앞에서 산산이 부서진다. 조에 의하면, 아마도 캐롤은 새벽 2시 인적이 드문 커피숍에서 처음 만났던 그때 벌써 제정신이 아니었을 거라고 한다. 그 커피숍은 에드워드 호퍼의 그림 '**나이트호크Nighthawks**'에 등장할 법한 장소들 중 하나였다. 방금 닦아놓은 카운터 위에 고꾸라진 사람들이, 상대방이 이야기라도 좀 들어줄까 하는 반응을 까딱 잘못 보이면, 바로 비극적인 인생이야기를 털어놓을 것만 같은 곳이었다.

그러나 조는 캐롤의 이런 점에 대해 아직 알지 못했다. 그는 기초 군사훈련을 받다가 자신이 저지른 사고로 부상당해 돌아와 있었다. 외롭고 무방비상태였던 조는 그날 밤 그녀를 처음 만나서는, 가지런하게 자른 갈색 앞머리를 이마로 내리고 키가 작아 발이 바닥에 닿지도 않는, 어린아이 같은 여성 특유의 매력에 자기도 모르게 반해버렸다. 그녀의 인형처럼 작은 손에는 두툼한 책이 들려 있었다. 《시몬 베유 작품선 The Collected Writings of Simone Weil》, 프랑스 원서로는 '에크리 Écrits'라는 제목의 책이었다. 곧바로 감동해버린 조는 자신이 알고 있는 시몬 베유의 잘 알려지지 않은 잡다한 에피소드들 중 한 토막을 생각해냈다. 출처가 불분명하지만 대학 친구들 중 하나가 사실일 거라고 장담한 에피소드였다.

"그거 알아요, 시몬 베유가 과일을 무서워했다는 거?" 옆 의자에 앉아 있던 이 아가씨 캐롤 웰첵에게 조가 말을 걸었다.

그녀가 조를 수상쩍어하는 눈빛으로 쳐다보았다. "아, 네, **정말요?**"

"네, 네, 그건 사실입니다." 조가 자신 있게 말했다. "하늘에 맹세합니다. 시몬 베유는 과일을 두려워했어요. 내 생각에는 그녀가 과당공포증 환자였다고 해도 될 것 같은데."

그들 두 사람은 웃기 시작했고, 그 아가씨는 자신의 팬케이크 접시 가장자리에 놓인, 그때까지 관심을 못 받고 누워 있던 오렌지 한 조각을 집어들었다. "이리 와요, 시몬, **마 셰리**(ma chérie, 내 사랑—옮긴이), 와서 내 사랑스러운 오렌지 좀 먹어 봐요!" 캐롤이 프랑스어 악센트로 말했다.

조는 넋을 잃었다. 얼마나 놀라운 발견인가! 보아하니 세상은 이런 여자들로, 각자 자신의 스튜 냄비에서 끓고 있다가 지나가던 남자들이 그 냄비의 뚜껑을 열어 맛을 보고 음미해주기를 기다리는 여자들로 가득 차 있었다.

"한밤중에 혼자 여기서 뭘 하고 있는 거예요?" 그가 물었다. 조의 옆에 앉은 부두노동자가 목에 난 뾰루지를 긁었다. 불쾌감을 느낀 조가 움찔하고 여자 쪽으로 조금 더 가까이 옮기려고 했지만 잘 안 됐다. 스툴이 리놀륨 바닥에 고정돼 있었기 때문이다.

"룸메이트를 피해서 나와 있는 거예요." 캐롤이 말했다. "하프 연주자인데 밤새도록 연습을 하거든요. 가끔 아침이 되기 전에 깨면 잠시 동안 내가 죽었고, 그래서 천사들이 내 침대 끝에서 음악을 연주하며 날갯짓을 하고 있다는 생각이 들어요."

"그거 분명 좋은 일이네요." 조가 말했다. "천국이 있고, 천사들이 당신을 들여보내줬다고 생각하는 거 말입니다."

"정말이라니까요." 캐롤이 말했다. "하늘에서 나를 사라 로렌스 대학에 들여보내준 날보다 훨씬 더 기뻤어요."

"아, 사라 로렌스 여학생이시군요." 조가 쾌활하게 말하면서 마음속으로는 그녀가 매우 창조적인 타입이며 그녀의 두 손은 미술 수업을 받을 때 묻은 아크릴 물감과 어느 동짓날 축제 한밤중에 먹은 암브로시아로 촉촉할 것이라 단정 지었다. 그는 또한 섹시한 몽고인 곡예사에 관한 기사에서 봤던 그들 중 한 명과 같다는 상상을 했다. 허공에서 공중제비를 넘어 몸이 그의 페니스 위에 기적같이 내려앉게 아치를 그리는 곡예사. 오~ 횡재!

"음, 사라 로렌스 여학생이었지요." 캐롤이 말했다. "난 벌써 졸업했어요. 이번에는 당신이 말해봐요. 당신은 도대체 어떤 사람인지."그녀의 질문이 계속되었다. "**당신은** 한밤중에 혼자 여기서 뭘 하고 있는 거죠?"

그녀는 아직 이해하지 못하고 있는 게 분명했다. 조와 같은 남자들에 대해서도 알지 못했다. 자신들의 목소리로 읊는 자유시와 자신의 구두에 어슴푸레한 빛으로 반사된 자신들의 모습을 좋아하는 자신만만한 남자들, 단지 남자들은 그럴 수 있기 때문에 한밤중에 인적이 드문 커피숍에 가는 남자들 말이다. 1953년 그 특별했던 때, 뉴욕이라는 도시는 젊고 야망 있고 자신만만한 남자라면 한밤중에 산책을 하는 멋진 곳이었다. 네온사인 글자들이 번쩍이고 다리에 조명이 들어오고 바둑판 모양의 환기구를 통해 분출된 지하철 증기가 거리로 흩어졌다. 격렬하게 키스하는 커플들을 모든 가로등에 전략적으로 배치해둔 것 같은 도시였다.

"여기서 뭐하고 있느냐고요?"조가 대답했다. "난 불면증 환자입니다. 밤에 잠을 못 자요. 그래서 일어나 산책을 합니다. 내가 하는 일은 이 도시 전체를 내 아파트인 양 하는 거죠. 저기에 화장실이 있어요."그는 창밖을 가리켰다. "그리고 **저** 쪽에 내 재킷을 걸어두는 벽장이 있고."

"그러면 여기는 주방이어야 할 것 같네요."캐롤이 말했다. "혼자 커피나 마시려고 막 들어왔으니까."

"정확해요."조가 그녀를 보고 싱긋 웃으며 말했다. "냉장고에 뭐가 있는지 볼까나."

그들은 바닥에 고정된 스툴을 끊임없이 좌우로 회전시키면서 짧은 짝짓기 춤을 추었다. 그러고는 각자 수표를 꺼내 계산을 마쳤고, 두 사람 모두 분필가루가 묻은 듯한 베개 모양의 박하사탕을 한 움큼씩 집었다. 무슨 이유에서인지, 세상의 모든 커피숍 현금 출납기 옆에는 바구니가 놓여 있고 그 안에 박하사탕이 들어 있었다. 모든 커피숍 주인들이 모여서 이런 규정을 만드는 데 동의하기로 했나보다. 조는 그런 다음 캐롤을 위해 문을 열어 주었고 밖으로 나온 두 사람은 함께 밤 속으로 걸어 들어갔다. 옆에서 나란히 걸으며 두 사람 다 박하사탕을 입에 넣고 빨면서 조만간 다가올지도 모를 키스의 순간을 위해 입안을 깨끗이 했고, 캐롤은 혼자 있을 때는 결코 할 수 없는 방법으로 늦은 밤 뉴욕의 야성을 즐길 수 있었다. 긴장을 풀고 불안해하지 않는다는 것이, 거대하고 필수불가결한 무엇의 일부가 된다는 게 어떤 기분인지 알 수 있어 얼마나 행복하던지. 밤은 추웠고, 건물들의 모서리는 새로 깎은 연필같아 보였다. 조가 그녀의 작고 흰 손을 잡았다. 그리고 두 사람은 함께 셔터가 내려진 거리를 누비며 순회했다. 조는 그 모든 것이 그의 것인, 그런 남자들 가운데 하나였기 때문이었다.

"비행기가 곧 착륙할 겁니다." 갈색머리의 승무원이 비행기의 복도를 지나다니면서 거의 사과하듯 말했다. 이륙한 지 아홉 시간이 지난 지금, 비행기를 막 탔을 때의 그 깔끔하고 기대에 찬 즐거움은 너무 오래 좁은 공간 안에 머물렀을 때 생기는 짜증스럽고 불편한 느낌으로 변해버렸다. 청결했던 공기도 이제 수없는 방귀와 콘칩과 축축한 물티슈들 천지가 되어버렸다. 옷들은 구겨졌고, 시트나 자신의 재킷을 접어 베고 잔 사람들 뺨에는 골이 졌다. 그리고 처음에 조에게 그렇게도 유혹적으로 보였던 갈색머리 승무원조차 이제는 무승부라 치고어서 판을 끝내고 싶어 하는 피곤한 매춘부처럼 보였다. 그녀에게는 더이상 나눠 줄 쿠키도 없었고, 그녀가 들고 있던 바구니도 비었다. 이제 그녀는 뒤쪽에 있는 자신의 자리로 돌아갔다. 그리고 나는 그녀가 안전띠를 매고 구강청정제를 입안에뿌리는 것을 보았다.

우리는 다시 각자가 되었다. 커튼으로 분리되어 있던 우리 좌석 뒤에는 조의 편집자 실비 블래커와 두 명의 젊은 홍보담당자가 조의 에이전트 어윈 클레이와 함께 줄줄이 앉아 있었다. 조는 그들 누구와도 그리 긴밀한 관계는 아니었다. 그들 모두 불과 최근 몇 년 사이에 알게 된 사람들이었다. 조와 오랫동안 함께한 편집자 할은 죽었고, 그의 전임 에이전트는 퇴임하고 다른 사람들에게 자리를 물려주었고, 그중 일부는 이미 이 업계를 떠났으며, 이 사람들은 딱히 조와 가까워서가 아니라 이 여정에 합류함으로써 조금이나마 공로를 인정받기에 적합한 사람들이었다. 조의 친구들과 우리 아이들은 오지 않았다. 조는 그들에게 핀란드에 꼭 갈 필요가 없고, 정말로 그럴 만큼 중요한 의미가 조금도 없으며, 자신이 얼른 돌아와서 모든 이야기를 다 들려주겠다고 했다. 그리고 물론 그들은 조의 의견에 따를 수밖에 없었다. 비행기가 고도를 낮춰 구름 지붕을 뚫고 하강하기 시작했다. 조와 나 그리고 다른 사람들 모두 가을 끝자락에 스칸디나비아의 작고 아름답고 낯선 도시를 향해 내려가고 있었다.

"괜찮지?" 내가 조에게 물었다. 그는 언제나 비행기가 고도를 잠잠히 낮추다 급격히 하강할 때면 겁에 질렸다. 마치 비행기의 엔진이 멈춰버려서 비행기가 아이들의 발사나무balsa-wood 모형비행기처럼 관성으로 움직이는 것 같을 때 말이다.

조가 머리를 끄덕이며 말했다. "응, 고마워, 조안, 괜찮아."

나는 조에게 실제적인 관심거리를 벗어나는 질문은 하지 않았다. 그것은 결혼생활의 반사적인 작용에 가깝다. 온 세상의 남편과 아내들은 일상적으로, 그리고 다소는 의미도 없이 서로에게 묻는다. **"당신 괜찮아?"**라고 묻는 것, 그것은 계약의 일부이다. 그게 바로 해야 할 일이다. 왜냐하면 그것은 당신이 신경을 쓰고 있으며, 당신이 관심을 기울이고 있다는 것을 의미하기 때문이다. 실제로는 끊임없이 심각하게 권태를 느끼고 있을 때라도 말이다. 사실 내가 보기에 조는 차분해 보였다. 어쩌면 수면부족 때문일 수도 있다. 난 그가 밤잠을 푹 잔 것이 언제인지 기억나지 않는다. 나는 그가 불면증인 것을 늘 알고 있었지만, 해마다 헬싱키상 수상자가 발표되기 직전이면 그의 불면증은 피할 수 없는 일종의 위기상태에 다다랐다.

언제나, 매년, 사람들은 수상자나 다른 사람들이 어떻게 수상 소식을 알리는 전화를 장난전화로 여겼던가에 대한 에피소드들을 듣는다. 전화벨 소리가 울려서 잠에서 깨어난 작가들의 전설적인 이야기들이 있다. 전화기에 대고 외국인 말투의 그 남자에게 악담을 퍼붓고 "지금 몇 시인지나 알아?"라고 말하고 나서야 정신이 들어, 그 전화가 무슨 소식인 건지, 진짜인지, 그리고 그들의 삶의 모습이 영원히 달라진다는 의미라는 걸 깨달았다고 한다.

이건 물론 노벨상이 아니었다. 노벨상보다 두어 계단 낮은 위상이지만 순전히 상금의 힘으로 시간이 흐르면서 명성을 높인 도전적인 의붓자식 같은 상으로, 올해의 상금은 52만 5천 달러에 상당했다. 핀란드가 스웨덴이 아니었듯, 헬싱키상은 노벨상이 아니었다. 그러나 여전히 그 상은 엄청난 명예이

자 쾌거였다. 스톡홀름 높이까지는 아니라도, 적어도 어느 정도까지는 수상자를 드높여주었다.

소설가, 작가, 시인들 모두 상을 타고 싶은 생각이 간절하다. 상이 하나 있다면, 세상 어딘가에는 그것을 타고자 하는 누군가가 있기 마련이다. 다 큰 어른들은 집안을 서성거리며 상을 얻어낼 방법을 궁리하고 아이들은 손글씨 쓰기로, 수영으로, 그저 명랑한 것만으로도 금도금한 트로피를 탈 기대에 마냥 들떠서 호흡마저 가빠진다. 아마 다른 생명체들도 상을 주고받고 있는데, 우리가 잘 모르고 있는 것일지도 모른다. 가장 둥근 편형동물 상 또는 가장 유익한 까마귀 상 등.

조의 친구 여러 명이 헬싱키상에 대해 몇 달째 그에게 이야기를 하고 있었다. 그의 친구 해리 재클린이 말했다. "올해엔 자네가 그걸 받게 될 걸세. 이제 노년으로 접어드는 중이잖나, 조. 바지를 걷어붙여야 해. 그 사람들이 자네를 못 본 척하지는 않을 거야. 자기네들 체면이 구겨질 테니 말이야."

"**내** 체면도 구겨진다는 말이군." 조가 말했다.

"아니, **그 사람들 체면**이지." 해리가 우겼다. 해리의 주 종목은 시였는데, 그의 시를 보건대 그는 전혀 이름을 알리지 못한 채 상도 못 타고 영원히 빈손일 것이 거의 확실했다. 그렇긴 해도 그는 경쟁심이 아주 대단해서, 남이 잘되는 꼴을 못 보는 고약한 심보를 가지고 있었다. 조가 알고 있는 모든 시인들의 심보도 다를 바 없었다. 나눠 먹을 파이가 작을수록, 파이를 더 많이 차지하려는 욕심이 커지는 것 같았다.

"나는 못 탈거야." 조가 해리에게 말했다. "지난 3년 동안 줄곧 자네는 내가 수상할 거라고 말해왔지. 거짓말로 늑대가 왔다고 외쳤던 양치기 소년처럼."

"시간이 필요했던 게지." 해리가 말했다. "나는 이제 그들의 전략을 알아. 봐, 그들은 헬싱키에 앉아서 훈제 생선을 먹으면서 기다리고 있었지. 그들의 계획은 자네가 지금까지 살아있다면 상을 자네한테 주겠다는 거야. 자네는 정치적으로 올바른 작가고, 요즘 정말 중요한 건 바로 그 점이거든. 적어도 헬싱키에 한해서는 그렇단 말이지. 자네한테는 여분의 유전자가 있잖아, 여성들 기분을 헤아릴 줄 아는 세심함 말일세. 이성異性을 대상화하는 걸 마뜩찮아 한다, 이게 바로 자네에 대한 세간의 평가 아냐? 자네는 여자 주인공을 창조해서 결혼시키고는 가족과 교외에 있는 킹사이즈 침대 안에 가두어 놓는다, 그럼에도 불구하고 자네는 설명할 필요를 느끼지 않는다…. 난 잘 모르겠네만, 문학용어로 그녀의 음모陰毛를 '적갈색 빛무리'라던가? 어쨌든, 나머지 자네 무리가 해대는 것처럼 말이야."

"나는 '무리'가 없어." 조가 말했다.

"무슨 말인지 알잖아." 해리가 계속 말했다. "자네는 이런 모든 **페미니즘**을 다 버무려 넣는다고, 자네가 그걸 그렇게 이름붙이고 싶다면 말이지. 그 단어를 볼 때마다 나는 전기톱을 든 레즈비언들 생각이 나지만서도. 자네는 선구자일세, 조! 페니스만 가진 게 아닌 위대한 작가. 이보게, 자네는 어지자지(반은 남자고 반은 여자―옮긴이)야."

"허!" 조가 말했다. "그렇게 말해주니 참 사려가 깊구먼. 게다가 서정적 표현까지."

그러나 다른 친구들마저 올해는 세계 곳곳에서 헬싱키상을 받을 만큼 돋보이는 경쟁자들이 그리 많지 않다고 지적하며 그 시인의 논리에 맞장구쳤다. 미국에서는 한 해 동안 문학인들, 그러니까 1950년대 이후 조가 알고 있던 남자들이 하나둘 세상을 떴다. 50년대에 그들은 종종 사회주의자 회합을 갖기 위해 모이곤 했었다. 10년 후 그들은 베트남 전쟁에 항의하고 청중의 열기를 모두 짜내기 위한 목적으로 마라톤 같은 밤샘 낭독회에서 모였다. 그러고 나서 그들은 80년대 초에 다시 모였는데, 불미스러운 나치 역사를 가진 오래되고 우아한 독일 회사가 만든 겁나게 비싼 손목시계 광고에 함께 포즈를 취하기로 겸연쩍게 동의했던 때였다. 그러고는 드디어, 마침내 서로의 장례식에 참석하기 위해 모이기 시작했다. 조는 극작가 돈 로프팅의 장례식에서 그들이 아직도 그때 받았던 독일 손목시계를 차고 있는 걸 보았다.

해리 재클린이 옳았다. 상을 받을 만한 조 또래의 작가들은 거의 남아 있지 않았고, 작품 면에서 그럴 만한 근육질 몸매를 갖고 있는 사람이 별로 없었으니까. 레브 브레스너는 헬싱키상 수상의 순간을 7년 전에 맞이했다. 전혀 놀라운 일이 아니었다. 오랫동안 예상했던 일이었는데도 불구하고, 그 소식을 접한 조는 여러 날 동안 방을 어둡게 해놓고 침대에 누워 거의 신경안정제와 스카치위스키의 힘으로 버텼다. 그리고 3년 후 레브는 기적적으로 노벨상까지 거머쥐었고, 지금까지도 조는 그 이야기가 나오면 끝까지 듣지를 못했다.

노벨상은 조에게서 너무 멀리 떨어져 있었다. 우리 둘은 그렇다는 걸 알고 있었고 어쨌든 우리는 그걸 받아들였다. 조가 유럽에서는 유명했지만, 그의 작품이 적절하고도 영향력 있는 방식을 통해 그 밖의 지역에까지 알려진 것은 아니었다. 그는 미국인이었고 자아 관조적이었으며, 지면 위에서 늘 독자적인 노선을 취했다. 해리가 말했던 대로, 그는 정치적으로 올바르면서도 어쩐지 전혀 정치적이지 않았다. 헬싱키상도 손을 뻗으면 닿을 거리 안으로 들어왔다. 게다가 비평가들은 여성의 감수성을 남성의 감수성만큼이나 철저하게 파헤치면서도, 악의도 비난도 없이 현대 미국인의 부부관계를 조망한 조의 놀라운 통찰력에 언제나 격찬을 퍼부었다. 그리고 소설가로서의 경력 초반에 조의 소설들은 유럽으로 날아올랐고, 그곳에서 조는 미국에서보다 훨씬 더 중요한 작가로 인정받았다. 조의 작품은 나이든 전후 세대이며 '결혼생활 학파'에 속하는 이들을 소재로 삼아, 베서니 코트·옐로 스왈로 드라이브 등의 이름이 붙은 교외의 도로에 면한 자그마한 아파트, 혹은 덩치 크고 위풍이 센 식민지시대 양식의 주택에서 오도 가도 못하는 남편들과 아내들을 다루었다. 남자들은 웅숭깊으나 뚱한 성격이고 여자들은 우울하면서도 사랑스럽고 아이들은 만족할 줄을 모른다. 가족들은 무너져 가고, 늘 다투고, 미국인이었다. 조는 어린 시절과 청년시절, 그리고 두 번의 결혼생활에서 겪은 세세한 경험들을 바탕으로 자신의 인생을 녹여냈다.

그의 소설들은 12개 언어로 번역되었고 그의 서재 책장에는 그 번역본들이 즐비하게 꽂혀 있었다. 그중에는 그의 첫 소설인 《호두The Walnut》도 있었다. 아주 순진무구했던 시절 쓴 얇은 책으로, 유부남인 교수와 그를 사랑하게 된 똑똑한 여학생의 이야기이다. 결국 일이 벌어져, 교수가 서둘러 아내와 아이를 버리고 그 여학생과 함께 뉴욕으로 도피하고, 마침내 그녀와 결혼한다는 내용의 이 책은 조와 나, 그리고 조의 첫 아내 캐롤의 이야기이다.

《호두》옆에는 그 책의 외국어판들이 있었는데, 라 누아La Noix, 디 발누스Die Walnuß, 라 노체La Noce, 라 누에스La Nuez, 발노트Valnot 등, 각 나라 언어로 다양한 제목들이 붙어 있었다. 그다음에는 퓰리처상을 수상한 《오버타임Overtime》이 있었고 그 책 옆에도 역시 외르 쉬플레망테르Heures Supplémentaires, 위베르슈툰덴Überstunden, 오라스 아디시오날레스Horas Adicionales, 오베르티드Overtid와 같은 다양한 제목의 외국어판들이 있었다. 퓰리처상은 즐거움에 취할 수 있게 해줬던 상큼한 피로회복제였지만, 너무 오래전 일이라 그 약효는 이미 사라져버렸다.

《오버타임》 뒤표지에 실린 작가 사진을 보면, 조의 머리가 숱이 많은 검은색이었다는 걸 알 수 있다. 이따금, 놀랍게도 나는 아직도 그 머리 때문에 마음이 아려온다. 검은 머리칼은 오래전에 듬성듬성한 백발로 바뀌었지만, 그때만 해도 숱 많은 그의 머리카락이 이마로 쏟아져 내려오곤 해서 내가 그걸 쓸어 올려줘야 그의 눈을 볼 수 있었다. 결혼생활 초기의 조는 그레이하운드처럼 늘씬하고 매력적이었으며, 배에는 단단한 근육들이 오목하게 이랑을 만들고 있었다. 그의 발기는 끝이 없었고, 어떤 여자의 보이지 않는 손(꼭 내 것만은 아니었다)이 들어올린 것처럼 치켜 올라갔다. 그의 뜨거운 귀에 **"당신은 멋져요"**라고 속삭이고 있는 뮤즈의 손이리라. 퓰리처상을 받은 지 수십 년이 지났고, 이후에도 미국의 다른 문학상들을 여러 개 받았다. 조는 그 상들을 받기 위해 단조로운 뉴욕 호텔 연회실에서 진행되는 닭가슴살 메뉴 오찬에 참석했고, 전리품을 차지하고 연설을 했다. 그동안 나는 다른 부인들이나 또는 행사 때마다 조를 대신해 내 옆을 지켜주는 남자와 함께 조용히 앉아서 수상식을 지켜보았다. 그러나 이제 다른 상, 더 큰 상을 받을 때가 되었다. 조에게는 그 상이 제공하게 될 연료, 즉 호화로운 고칼로리의 즐거움과 그에 따르는 황홀경이 필요했다.

헬싱키에서 전화가 오기 전날 밤(그러니까 **만약** 올해 그 전화가 온다면), 나는 일찍 잠자리에 들었다. 조는, 물론, 집안을 어슬렁거리고 있었다. 우리 집은 1790년에 지어진 오래된 집이지만 흰색 페인트가 칠해져 있고 관리도 잘 된 편이었다. 앞쪽으로는 이끼가 덮인 낮은 돌담이 있었다. 건물에는 잠이 없는 남자가 들락거릴 만한 방이 많았다. 나는 내가 더 나은 인간이었다면, 매년 헬싱키상 시즌이면 그랬던 것처럼, 잠자리에 들지 않고 그와 함께 있었을 것이라는 걸 알았다. 하지만 나는 지쳐 있었고, 한때 우리 두 육체가 함께하기를 간절히 바라곤 했던 것처럼, 간절하게 잠을 원했다. 게다가 밤을 지새우는 경험을 또다시 하고 싶지는 않았다. 나는 조가 아래층에서 햄스터처럼 여기저기 들쑤시고, 주방 수납장을 열고, 물건을 꺼내고, 치즈 가는 도구와 숟가락 같은 것을 탕탕 치는 소리를 들었다. 두말할 것 없이 나를 깨우려는 안쓰러운 행동이었다.

나는 그가 어떻게 행동하는지 알고 있었다. 대부분의 아내들이 그러하듯, 나 역시 그에 대해 속속들이 알았다. 심지어는 그의 배 속 상황도 알고 있었다. 러프너 박사의 진료실에서 조의 대장을 촬영한 영상을 검토하느라 그날 거기 있었기 때문이다. 조와 나는 함께 앉아서 바륨 조영제의 흰 빛이 그의 가장 은밀한 기관을 통과하는 것을 목격했고, 그 이후 우리는 정말로 죽을 때까지 묶여 살았다. 남편의 대장이 작동하면서 움직여 갈 때, 주춤하면서 폭발하듯 움츠러드는 괄약근과 느릿느릿 바륨이 지나는 끝없는 창자를 보게 되면, 아내는 그가 진정 나의 사람이며 나는 그의 사람이라는 것을 알게 된다.

그리고 몇 년 뒤에는 비크람 박사라는 이름의 작고 품위 있는 인도 브라만 계급의 심장 전문의와 함께 조의 심장 초음파 검사 장면을 볼 기회가 있었다. 그 결함 많은, 과도하게 유착된, 고주망태가 된 듯 느릿느릿 닫히는 왼쪽 심실과 심방 사이의 승모판.

그리고 오늘 밤 그를 다시 알게 됐고, 그의 마음이 어떻게 생각을 모으고 움직여 가는지를 볼 수 있었다.

"나 이번에는 진짜 탈 것 같아." 조가 저녁을 먹으며 이렇게 말했었다. 우리는 닭요리를 먹고 있었고, 닭의 작은 뼈들을 접시에 쌓아놓았던 기억이 난다. "해리가 그렇게 생각하더라고. 루이스도 마찬가지고."

"아, 그 사람들은 항상 그렇게 생각하잖아." 내가 말했다.

"그게 **어쩌면** 사실이 될 거라고 생각하지 않아, 조안?" 그가 물었다.

"모르겠어."

"퍼센트로 말해봐." 그가 말했다.

"당신이 헬싱키상을 탈 확률을 퍼센트로 말해 보라고?" 조가 고개를 끄덕였다. 식탁 위에는 거의 비어있는 우유 단지가 있었는데, 순간 그것이 내 눈에 확 들어와서 나는 이렇게 말해버렸다. "2퍼센트."

"당신 생각에 내가 상 탈 확률이 2퍼센트라고?" 그가 풀이 죽어 말했다.

"응."

"아, 제기랄." 그가 말했다. 그래서 나는 어깻짓을 한 번 해주고는 미안하다는 말과 함께 자러 가겠다고 말했다.

그래서 나는 침대에 누웠다. 아무 것도 할 수 없는 이 시간 동안 그와 함께 있어줄 수 있는 여력이 내게 있다는 걸 알면서도, 그가 밤을 샐 때 함께해주려면 내가 그에게로 가야 한다는 것을 알면서도, 나는 그대로 있었다. 잠이 들기는커녕 오히려 완전히 깬 상태로. 얼마나 지났을까, 마침내 나는 낡고 좁은 계단을 오르는 그의 발소리를 들었다. 내가 그에게 가지 않으면 그가 나에게 왔다. 아내들이란 안식의 샘이고, 신랑신부에게 쌀을 던져주듯 안식을 뿌려주는 존재이다. 나는 그와 우리의 세 아이를 위해 이 일을 훌륭히 해냈고, 그 역할을 즐기기도 했다.

　나는 조가 고민할 때 늘 함께했고, 아이들이 갖가지 악몽을 꿀 때면 그들 곁에 있었다. 우리 딸 앨리스가 메스칼린으로 인한 환각상태에 빠졌을 때도 그랬다. 그날 밤 환각 속에서 어린 시절에 갖고 놀았던 봉제동물인형들이 모두 살아나 자신을 놀려대자, 너무나 두려웠던 앨리스는 캥거루처럼, 어린 아이처럼 나에게 매달리며 말했다. "엄마, 엄마, 도와줘, **제발,** 살려줘!"

　그 애의 울음소리는 애처로워 차마 듣지 못할 지경이었지만, 다른 엄마들이 그리하듯 나 역시 경주마처럼 뛰는 심장을 누르며 아무렇지 않은 표정으로, 나만의 주문을 끊임없이 중얼거리며 그 애를 꼭 끌어안아 주었다. 마침내 그 애는 환각여행으로부터 빠져나와 잠 속으로 안착했다.

　우리 아들 데이비드가 수년간 충동적으로 폭력을 휘둘러 사고를 치는 바람에 나는 주기적으로 이런 일들을 반복해야 했다. 학교에서는 그 애가 똑똑하지만 정서적으로 문제가 있으며, 다른 아이들을 때린다고 우리에게 알려왔다. 데이비드는 이십대와 삼십대 때는 술집에서 시비를 벌이고 거리에서 주먹다짐을 했다. 언젠가는 헤로인 중독에서 회복중인 여자친구를 무거운 빵 덩어리로 계속 때린 일도 있었다. 우리는 억장이 무너지는 것 같았다. 그 아이는 이제 삼십대 후반이고,

무관심과 분노 사이를 왕복하며, 뉴욕에 있는 어느 로펌에서 야간에만 일하는 잘 생긴 문서처리 담당자로, 더이상 야망도 없고 행복이나 영예에 대한 기대는 더더욱 없는 아이이다. 그러나 그는 **내** 아이들 중 하나이다. 조와 내가 이 아이를 낳았으니까. 그래서 그가 후회를 하며 내게 오면, 특별히 반기지도 않고 잠옷차림 그대로 말없이 의연하게 맞이함으로써 일고의 가치도 없는 그의 변명을 무력화시켰다. 자식이 고통 받는 모습을 대면하면 연민의 정이 솟아나게 마련이다.

나는 데이비드와 그의 두 누나 수재너와 앨리스 모두에게 늘 가용한 사람이었다. 그리고 나는 그런 일을 잘했다. 나는 그들에게 부드럽게 이야기했고 시시때때로 그들의 머리를 쓰다듬어줬고, 잠자리에서 마실 물도 가져다줬다.

지금, 늦은 밤 집에서 초조하게 전화를 기다리고 있는 조는 내가 늘 했던 대로 **그의** 머리를 쓰다듬어주고 머리카락을 눈에서 쓸어 올려주기를 원했을 것이다. 그가 층계참에 이르고 침실로 들어와 눕더니 잠든 척하고 있는 나를 두 팔로 안았다. 나는 그가 섹스로 이어지는 것을 원하는 건 아니지만 다른 대안이 없어서 그러고 있다는 것을 본능적으로 알아차렸다. 섹스가 반가웠던 때들도 있었다. 우리 둘이 똑같이 좋아했으니까. 누군가의 방 침대 위에 있는 코트들을 바닥으로 던져버리고, 우리의 입은 정신없이 가슴에, 페니스에 가 있었던 적도 있다. 그 뒤에 종종 우리는 대상화한 이 모든 포르노 이미지들, 그 원초적 야성, 우리를 대등하게 만든 그 방식, 우리의 모든 것을 반죽하고 납작하게 치대서 욕망과 땀과 뻔한 배출을 섞어 하나의 팬케이크로 만들어냈던 그 과정이 엄청 재미있었다고 맞장구치곤 했다.

욕구. 우리 둘 다 그것을 가지고 있었고, 조와 나는 그 욕구들 때문에 당황한 적은 없었다. 언젠가 아주 오래전에 조가 나에게 말했다. "당신 그 허벅지로 악어도 죽일 수 있겠어, 조안." 내가 그리도 격렬하게 그를 꽉 죄었다니. 그때 한 번은 당황했던 기억이 있다. 여자들은 텅스텐처럼 단단한 자신들의 성적 욕망을 지적당하고 싶어 하지 않는다. 그것은 기체의 흐름처럼 눈에 띄지 않아야 하는 것이다. 오랫동안 나는 조만큼이나 성적으로 맹렬했는데, 어느 순간 갑자기, 사십대의 언젠가, 나는 내가 더이상 그렇지 **않다는** 것을, 욕구가 훌쩍 떠나버리면서 나의 행복, 나의 의지, 조 캐슬먼의 반쪽으로서의 나의 존재감도 사라져버렸다는 것을 깨달았다.

그런데 기대하고 있던 이 밤에, 나이 들어서는 서로의 몸에 손을 거의 대지 않았음에도 불구하고(일 년 내내 그랬던가) 조는 갑자기 자신 안에 숨겨두었던 욕망의 노스탤지어를 찾으려는 것 같았다. 그의 한 손이 내 가슴으로 미끄러져 들어왔고, 그러자 나의 젖꼭지 스스로가 마음의 준비를 하고 욕망에 복종하여 딱딱해지는 것이 느껴졌다.

"이러지 마." 나는 더이상 잠든 척하지 않고 말했다.

"뭘 하지 말라고?" 그는 내 말이 무슨 뜻인지 알면서도 되물었다.

"잠을 잘 수 없어서 나를 이용하는 거." 내가 말했다.

"당신을 **이용하려는** 게 아니야, 조안." 조가 대꾸했다. 하지만 손의 움직임은 멈췄다. "당신이 너무 도발적으로 보였어. 그래서 그냥 좀 만져만 보려고 한 건데."

"혼자서 해결할 수 있는 방법을 찾고 싶어 했잖아." 내가 침대에서 일어나 앉으며 말했다. "당신 너무 초조해서 미치기 일보 직전인가 봐."

"그래, 알겠어, 당신 말이 맞는 거 같군. 그런데 어떻게 당신은 그런 기분을 **안** 느끼는지 이해가 안 가." 그가 말했다. "오늘은 세상이 나를 무시하고 지나칠 지 아닐지 알게 될 날들 중 하나잖아."

"세상이 당신을 모른 척하지 않는다는 거 잘 알면서." 내가 말했다. "당신이 무시당하고 있지 않다는 증거는 차고 넘쳐. 얼마나 더 많이 있어야 되는데? 당신은 온 세상을 소유하고 있어, 조. 여전히 저 꼭대기 위에 있잖아. 아직 중요한 존재거든."

그러나 조는 고개를 저었다. "아니. 난 전혀 못 느끼겠어." 그가 말했다.

나는 그를 쳐다보며 아직도 내 마음 한 구석에 그에 대한 애정이 약간은 남아 있다는 걸 깨달았다. 지금이 그걸 확인할 수 있는 순간이었다. 확실한 증거가 한밤중에 내 안에서 올라오지 않았는가. 나는 그에게 화를 퍼부을 수도 있었고, 그를 싫어할 수도, 그를 벌하기 위한 심리적인 방안을 생각해볼 수도, 일찍 자러 들어가서 그를 이 크고 오래된 집에서 외로이 배회하도록 내버려 둘 수도 있었지만, 그럼에도 불구하고 나는 여기 있다.

"당신 너무 애처로운 사람이라는 거 알아?" 내가 말했다.

"그 '애처로운'이란 단어가 내포하고 있는 최고의 의미를 말하는 거라고 믿겠어." 조가 웃음기를 띠고 말했다.

"응," 내가 그에게 장담했다. "물론이지." 조는 머리를 내 어깨에 기댄 채 누웠고 우리는 남아 있는 밤을 차분하게 보냈다. 전화가 울리지 않은 채 아침 해가 떠오르고 우리가 지금처럼 여기 그대로 누워있다면, 그는 또 한 해가 지나갔고 자신이 헬싱키상을 타지 못했다는 것, 그리고 이제는 아마도 결코 타지 못할 거라는 걸 알게 될 터였다. 그래도 아직은, 어쩐지, 모든 일이 잘될 것 같았다. 그에게는 아내가, 모든 사람이 필요로 하는 존재인 아내가 있으니까.

조는 언젠가 내게 자기는 남편밖에 없는 여자들이 좀 딱하게 보인다고 말했다. 남편들은 아내들의 요구에 부합하려고 애쓰면서도, 논리를 세우고 그게 접착제용 분무기라도 되는 양 고집스레 힘을 주었다. 아니면 전혀 도움을 주려는 시도조차 하지 않았거나. 그런 사람들은 어딘가 다른 곳에서, 자신들만의 세상에서 홀로 나돌아 다니기 때문이었다. 그러나 아내들, 오, 아내들은 억울한 마음이 들거나 우울하거나 실망스러워도 그런 일들에 대해 주판알을 튕기며 계산할 때만 아니라면, 그들은 꼼꼼하고도 힘 안 들이고 쉽게 남편을 돌볼 수 있었다.

새벽 5시 20분, 나는 내 나이의 사람들 대부분에게 찾아오기 시작하는 코골이와 한숨이 간간이 끼어드는 바람에 가끔 설치기는 했어도, 깊이 잠들어 있었다. 그러나 조는 그때, 그러니까 전화가 울릴 때, 잠이 완전히 깬 채 내 옆에 누워 있었다.

나중에, 그 이야기를 친구들에게 들려줄 때, 그는 그날 밤의 사건을 고쳐서는, 자신이 아무것도 모르고 잠들어 있다가 전화 소리에 놀라 깬 것처럼 말하곤 했다. 이 자연스럽고도 완벽하게 고쳐 쓴 시나리오에서는 전화가 울리고 그가 침대에서 일어나 앉아, 잠이 덜 깬 채(어떤…? 무슨…?), 그리고 손을 뻗어 전화기를 잡으면서, 물컵을 넘어뜨린다. 그가 마침내 전화기에 대고 우물거리며 준비되지 않은 목소리로 말을 시작한다. 그리고 나는 그의 옆에서 그 소식을 듣고는 헉, 하고 숨도 제대로 못 쉬며 그를 껴안아 주고("오 조, 조, 당신은 이 순간을 위해 그렇게 힘들게 일했던 거예요…"), 그러고 나선 우리 둘이 울기 시작한다.

그는 이런 식으로 그 이야기를 풀어나가야 했다. 그러지 않으면 핀란드에서 그 전화가 그 시간에 정말로 걸려 와야 **한다고** 확신하고 있었던 사람처럼, 너무 갈망했던 것처럼 보였을 테니까.

사실 조는 재빠른 동작으로 한 번에 전화기를 집어 들었고, 아무것도 넘어뜨리지 않았다. 여보세요, 라고 말할 때의 그 목소리에는 힘이 있었다. 통화 품질이 조금 안 좋았고 대화 중에 전화기에서 탁탁거리는 소리가 들렸다. 양쪽 전화 회선에서 상대방 신호를 받아들일 때 생기는 시간지연 현상 때문이리라.

외국인의 목소리가 들렸다. 온화하고 진심 어린 목소리였다. 그가 캐슬먼 씨를 찾았다. "**요제프** 캐슬먼 씨"라고 그가 이름까지 거명했다. 그러고 나서 조에게 그 소식을 전했다. 조는 침을 삼켰다. 그리고 골칫거리 심장마비의 먼 친척쯤 되는 자존심과 더불어, 자랑하고 싶은 마음에 가슴이 부풀어 오르는 것을 느꼈다. 그래서 그는 손바닥을 심장에 대고 눌렀다. 조용히 있으라는 듯이.

"내 아내 조안도 들을 수 있게 회선을 연결해도 될까요?"
조가 핀란드 문학 아카데미의 총장 대행인 테우보 할로넨에
게 물었다. "그녀도 이 소식을 함께 들어야 할 것 같습니다."

"물론이죠." 그 핀란드인이 말했다.

이미 나는 침대에서 일어나 앉아 걷잡을 수 없이 흥분한 눈
으로 그를 뚫어지게 바라보고 있었다. 심장이 두방망이질 쳤
고 온갖 곳에서 분비되는 화학물질이 물밀 듯 몰려왔다. 나는
나이트가운을 걸치고 허둥지둥 거실로 내려가 수재녀가 사용
하던 방에 있는 전화기를 집어 들었다.

"여보세요." 나는 딸의 핑크색 프린세스 전화기에 대고 말
했다. "조안 캐슬먼이에요." 나는 낸시 드루Nancy Drew와 트릭
시 벨덴Trixie Belden의 아주 오래된 초기 전집이 꽂힌 책꽂이
아래에 자리 잡은 딸의 침대에 앉았다.

"안녕하세요, 요안, 그러니까, 캐슬먼 부인. 당신이 이 대화
에 참여하고 싶어 한다고 들었습니다." 할로넨 씨가 말했다.
"에, 당신의 남편을 우리가 올해의 상 수상자로 선정했습니다."

나는 숨이 막혔다. "우와!" 내가 말했다. "오! 오, 세상에!"

"그는 굉장한 작가입니다." 할로넨이 차분하게 말을 이었
다. "이 상에 걸맞은 분입니다. 우리가 이 신사를 선택할 기회
를 가져 영광입니다. 우리는 그의 작품이 수년 간 줄곧 가슴
이 미어지도록 아름답고 중요했었다는 것을 발견했기 때문입

니다. 지금에 이르기까지 그가 걸어온 길은 위대한 역정이었습니다. 그의 위상은 점점 커졌고, 그것을 주시하는 것은 즐거움이었습니다. 책마다 갈수록 성숙해집니다. 내가 개인적으로 좋아하는 것은 《팬터마임Pantomime》이라는 걸 말씀드리고 싶습니다. 몇 해 동안 주인공들인 루이스와 마거릿 스트리클러는 내게 나 자신과 아내 피파를 떠올리게 했습니다. 그러니까 실수할 수 있어! 인간이니까! 당신이 아셔야 할 것은," 그가 계속했다. "오늘 이후로, 캐슬먼 부인, 당신은 기자들을 잘 막아내셔야 합니다."

"나는 영화 스타가 아닙니다, 할로넨 씨." 조가 다른 회선에서 말했다. "나는 소설가입니다. 그리고 미국에서는 더이상 이런 일이 별로 대단한 일이 아닙니다. 사람들에게는 지금 걱정해야 할 훨씬 더 큰일들이 있습니다."

"그렇지만 헬싱키상은 중요합니다." 할로넨이 말했다. "우리는 그것이 물론 노벨상이 아니라는 것은 알고 있습니다." 그가 세간의 평가를 인식한 듯 허허 웃으며 의무적인 말들을 덧붙였다. "그렇지만 여전히 모든 사람이 흥분합니다. 아시게 될 겁니다." 그는 계속해서 숨이 멎을 만한 액수의 상금과 앞으로 조가 수행하게 될 헬싱키 방문을 포함해 더 자세한 것들을 설명했다. "우리는 당연히 당신도 오시기를 기대합니다, 캐슬먼 부인." 그가 재빨리 덧붙였다. 이번 주에는 집에서 공식적인 인터뷰가 있을 것이고, 다음 주에는 핀란드 여행에 대비하여 사진작가가 공식적으로 합류할 거라는 내용이었다. "그렇지만 우리가 당신을 깨웠다는 것을 알고 있습니다." 할로넨이 이어서 말했다. "그러니 당신이 다시 잠자리에 들도록 해드리겠습니다. 우리 사무실의 정무비서관이 오늘 늦게 당신에게 전화할 겁니다." 그는 물론 이런 전화를 받고 나서 다시 잠들 사람은 아무도 없다는 것을 알 것이다.

우리들은 오랜 친구들처럼 작별인사를 했다. 그리고 전화를 끊자마자 나는 침실로 뛰어들어가 침대 위의 조 옆에 몸을 던졌다.

"오, 세상에, 지금부터 시작이야." 내가 말했다. "당신 말이 옳았어. 당신 말이 **맞아**. 나 기절할 것 같아, 토할 것 같아."

"내 말이 맞을 줄 몰랐어." 조가 나에게 기댔다. "새로운 단계의 시작이야, 조안."

"응, 참을 수 없는 단계." 내가 말했다.

조는 내가 하는 말을 듣지 못한 듯 말이 없었다. "난 뭘 해야 하지?" 그가 조금 있다가 물었다.

"무슨 말이야, 뭘 해야 하다니?"

"내가 뭘 **해야** 하지?" 그가 아이같이 따라 했다.

"레브한테 전화해." 내가 말했다. "그가 전에 했던 일들을 당신한테 말해줄 거야. 모든 일을 겪어봤으니까 팁을 주겠지.

한 걸음씩 차분하게 당신이 어떻게 대처해야 될지 그가 설명
해줄 거야. 기본적으로는 당신이 평소에 했던 대로 하면 될 것
같아. 똑같은 일이지. 좀 더 큰 일일뿐."

"고마워, 조안." 그가 차분한 목소리로 내게 말했다.

"아니, 그런 말 하지 마. 꺼내지도 마. 나 감당 못해."

"그렇지만 난 뭔가 말해야 해." 조가 말했다.

"새삼스럽게 말할 건 아무것도 없어." 내가 그에게 말했다.
"그리고 제발, 무슨 일이 있어도, 헬싱키의 그 거창한 무대에
섰을 때, 당신, 나한테 고맙다는 말은 할 생각도 하지 마."

"그래도 나는 **해야** 해." 그가 말했다. "모든 사람이 다 그렇
게 하잖아."

"나는 내조하느라 오래 고생한 아내가 되고 싶지 않아." 내
가 쏘아붙였다. "당신이라면 이해할 수 있을 거야, 그렇지? 내
말은, 제발, 조, 그런 말을 들었을 때 **당신이라면** 어떤 기분일
지 생각해보란 말이야."

"우리 그 문제는 나중에 다시 생각해도 될까?" 그가 물었다.

"응." 내가 말했다. "그럴 수 있을 거야."

조가 내게 세차게 키스했다. 잠에서 깬 시큼한 맛이 느껴
졌다. 그때 그가 이상한 행동을 했다. 천천히 일어나 침대 위
에 서더니 비틀거리며 탑처럼 우뚝 솟은 채, 새로운 각도로 방
안을 내려다보았다. 방은 기울어져 보였지만 여전히 평범했

다. 조 캐슬먼은 자신이 특별하다는 것을 알고 있었다. 일상의 일들을 피할 수 있을 만큼은 아니었을지라도. 일상의 일들은 늘 그래왔듯 그를 둘러싸고 있었다. 그러나 지금, 그는 알았다. 자신은 *그것들*에 널 관심을 기울여도 된다는 것을. 이제는 다른 세계에 살 수 있다는 것을, 최고 수준의 상을 받은 사람들이 햇빛 아래 긴의자에 누워 자기 자신 외에는 아무 것도 생각하지 않고 무화과나 먹으면서 살 수 있는 걱정 없는 세상 말이다. 하지만 그는 그러한 충동에 맞서 싸우고 유약한 인물이 되지 않도록 해야 할 것이다. 그는 계속 작품을 발표해야 하고, 그의 결과물이 단단하고 흔들림 없도록 해야 할 것이다.

"거기서 뭐하는 거야?" 침대 위에 서 있는 그를 올려다보며 내가 물었다.

"점프하고 싶어." 그가 말했다. "애들이 했던 것처럼."

나는 데이비드와 수재너와 앨리스를 생각했고, 그들이 점프할 때마다 작은 몸뚱이들이 공중으로 솟아오르고, 파자마가 펄럭이고, 환성을 지르던 모습이 생각났다. 아이들은 왜 점프를 좋아했던 걸까? 어린 시절에는 위-아래를 오르내리면서 찾아낼 수 있는 진정한 **즐거움**이 있었던 것일까? 침대, 놀이터 그네, 시소. 맹목적으로 결정해야 하는, 안과 밖만 있는 어른의 삶과는 정반대인?

"이리 와." 그가 말했다. "점프 같이 해."

"즐거워서 그러는 거야?" 내가 웃지도 않고 물었다.

"그럴 거야, 아마." 조가 말했다. 그렇지만 즐거움이 여기에는, 햇빛이 가만히 창으로 들어와 우리 두 사람의 얼굴을 비추고 세월이 만들어낸 남녀 사이의 유사점 - 중성처럼 변해가는 성격과 뚜렷이 아로새겨진 주름 - 을 들추어내는 새벽의 지금 여기, 이 침실에는 없다는 것을 조는 틀림없이 알고 있었다.

여기 있었던 것은 뭔가 다른 것이었다. 뭔가 흥분되지만 어쩌면 너무 흥분되는, 너무 자극적이어서 감각을 무디게 하고, 즐거워질 기회가 점점 줄어들어 결국은 아무것도 남지 않게 된 그런 것이었다.

"같이 점프하자니까." 그가 다시 졸랐다.

"안 할 거야." 내가 말했다. "하고 싶지 않아."

"제발, 이리 와, 조애니."

조애니, 그건 조가 아주 오래전에 나를 부를 때 사용하던, 지금은 사용하지 않는 이름이었다. 조는 그렇게 부르는 것이 사이렌의 노래와도 같은 효과를 발휘할 것이라는 것을 알고 있었다. 그랬다. 효과가 있었다. 그 단어는 나도 모르게 내 안에 있는 무언가를 일깨웠다. 나는 그에게 속고 또 속아 넘어가는 바보였다, 아닌가? 하지만 그를 축하하기 위한, 그를 찬양하기 위한 다른 방법이 내 안에 있는지 알지 못했다. 잠시 뜸을 들이긴 했지만, 나는 어쩔 수없이 침대위에서 비틀거리며 서 있는 자세를 취했다.

"이거 진짜 낯설다, 너무 불안해." 내가 그에게 주의를 주었다.

우리는 서로 마주 보며 가볍게 뛰었다. 우리 아이들이 한때 느꼈을 그런 종류의 자유분방함과 우리 몸의 어딘가에 내재되어 있을 천진난만함을 우리가 느낄 수 없었던 건 물론이다. 그리고 나는 반사적으로 잠옷 속에서 가슴이 흔들리지 않게 양팔로 가슴을 감싸 안고 턱을 끌어당겼다. 나는 매트리스를 시험해봤다. 그리고 그 탄력성이 주는 트램펄린과도 같은 느낌에 익숙해졌다. 모든 것은 접어두고라도, 점프에는 자의식과는 관계없는, 그 어떤 즐거움이 있었다. 점프가 주변 공기를 가볍게 자극했던 것이다.

곧 전화가 울어댈 것이고, 그 전화는 한결같이 그를 찾는 것이거나, 그에 대한 것일 터이다. 그리고 그 밖에 다른 새로운 것이 있을까? 나는 지금까지 이런 것에 익숙했다. 조는 오랫동안 유명했고, 그리고 명성이라는 것에는 수준과 질에 관계없이 반드시 공통점이 있었다. 레이저시술로 미백한 이를 드러내는 TV 부류든, 세운 머리와 커프스단추 차림을 한 정치인 부류든, 아니면 구겨진 스웨터와 언제나 두툼한 손에 술잔을 쥐고 있는 조 같은 부류든 간에.

곧 연이은 인터뷰와 축하 행사가 시작될 것이다. 얼마 지나지 않아 내가 견뎌내기에는 벅차게 될 것이다. 날이 갈수록 나는 그걸 알게 될 것이다. 나는 이 일을 잘 해내고 싶지 않았다. 그런 상황은 나를 한없는 질투로 불타오르게 할 것이다. 나는 소박한 아내로 완전히 혼자 남게 될 것이다. 조는 곧 자신의 성공에 흡족해하고 우쭐거리면서 자만심과 황홀감에 싸여 끊임없이 자신의 수상에 대해 떠들어댈 것이다. 이런 일들이 곧 견딜 수 없어질 것이다. 그리고 곧, 우리는 비행기—지금 이 비행기—에 타고, 구름을 뚫고 있을 법하지 않은 스칸디나비아의 수직강하 기류 속으로, 그리고 우리 사이의 모든 것의 종말을 향해 천천히 내려갈 것이다. 그러나 침대 위에서 짧은 순간, 조와 나는 좋았다, 완전히 똑같이. 구겨진 파자마를 걸친 우스꽝스러운 두 사람의 늘그막 몸뚱이들이 잠시 지구를 이륙하고 마침내 다시 내려앉기 전까지는.

2장

　이런 말을 하기는 죽기만큼 싫지만, 그를 만났을 때 나는 그의 제자였다. 1956년이었고, 우리 둘은 당시의 전형적인 커플이었다. 조는 열정적이고 선망의 대상이었으며 부유해보였다. 나는 날개를 파닥이며 그의 주변을 계속 맴도는 한 마리 앵무새였다. 우리의 옷차림은 아무리 그 당시 유행이었던 복고풍으로 봐주려 해도 참으로 황당했다. 팔꿈치에 스웨이드 패치를 덧댄 옷을 입은 조는 브루클린 유대인에서 미스터 칩스(Mr. Chips, 영국 소설가 제임스 힐턴의 소설《굿바이 미스터 칩스》의 주인공―옮긴이)로 변신한 듯했고, 나는 체크무늬 스커트에 납작한 플랫 슈즈 차림이었다. 내가 이런 차림일 수밖에 없었던 이유는 조는 키가 작았고 나는 컸기 때문인데, 내게 겁먹은 조가 달아날까봐 그랬기도 했다.

그럴 위험은 전혀 없었다. 그는 나를 무서워하지 않았고 유별나게 자신만만하고 집요했으니까. 그는 내 꽁무니를 따라다녔고, 나는 반응을 보였다. 전국 각지의 다른 학생들과 교수들이 하는 것과 똑같은 방식으로. 에로틱한 섹스는 즐거웠지만 기회가 거의 없어서 즐거움과 아쉬움이 극도로 불균형했다. 나는 그의 선택을 받은 것을 영광으로 여겼고 안도감마저 느꼈다. 그것이 1956년 스미스 칼리지 전교생에게 퍼진 듯한 오래된 혼수상태에서 나를 건져 올렸기 때문이다. 엄밀히 말하자면 이것은 우리들의 잘못이 아니었다. 우리 기숙사의 많은 여학생들이 대학을 졸업하고 바로 결혼하는 것에 대해, 코네티컷 주의 올드 라임 같은 지역에 집을 사는 것(챈시 포스터는 자신이 어떤 집을 원하는지 이미 결정을 내렸다. 금붕어가 노니는 연못이 딸린 거대한 튜더 양식의 집, 물론 남편은 아직 정하지 않았다!)에 대해 캐스터네츠처럼 딱딱거리며 수다를 떨었지만, 우리가 하나같이 어리석거나 말뿐이거나 세상물정에 어두운 것만은 아니었다. 우리 기숙사에서는 당당하고 정치에 관심이 많은 여학생들끼리 똘똘 뭉쳤다. 나는 그들을 좋아했고 그들이 저녁 식사 자리에서 격분할 때 나도 흥분을 느꼈지만, 그들 무리에 끼지는 않았다. 나만의 견해와 정보를 갖고 있었지만 나는 말씨가 너무 부드러웠고 온화했다. 나는 영어를 전공하면서 부차적으로 사회주의에 관심을 가졌다. 그럼에도 불구하고 나무 덩굴과 기숙사 현관의 그네, 그리고 마리화나로 이루어진 캠퍼스에서 나의 관심사를 이어나가기가 어려웠다. 여기서는 모든 것들이 황금빛과 여성성의 세례를 받았기 때문이다.

우리 가운데 조직이나 단체의 **주류**에 속한 사람은 아무도 없었다. 1956년, 우리는 중요한 세계에서 분리되어 있다는 것을 알게 되었다. 커다란 마이크를 들고 반질반질한 머리를 뒤로 빗어 넘기고 상원 소위원회에 한통속이 되어 앉아있는 혐오스러운 남자들, 호텔 방에서 긴급한 욕망을 채우고 있는 남자들의 세계와 격리되어 있다는 사실 말이다. 우리는 세균 배양액에 담긴 표본들처럼 자발적으로 우리 자신을 4년 동안 유보한 채, 어떤 다른 용도를 위해 보존되어 있었다.

그해 가을 스미스 칼리지에 처음 도착한 조는 엄청난 규모의 여성적인 분위기에 놀랐다. 그가 브루클린의 여자들 사이에서 살았던 이후 경험하지 못한 것이었다. 물론 상황은 전혀 달랐다. 여기는 젊고 방금 막 샤워를 마쳤고, 이슬에 젖은 듯이 청초했으며 기다리고 있었고 매우 반응이 빨랐다. 이것은 남자로 꽉 찬 감옥에 한 여성이 들어온 듯한 상황이었다. 그 남자들 모두는 한 여자가 감옥 문을 들어오자마자 바로 그것을 알아차린다. 그들은 그녀를 확연히 감지하고 사냥개 같은 탐지력으로 그녀를 느낀다. 그래서 그녀가 휙익 통과할 때 그

안의 모든 남자는 일심동체로 전율한다. 그해 9월, 조가 수업 첫날 17분 늦게 실리 홀에 있는 강의실로 들어왔을 때 **우리**가 바로 그런 반응을 보였다.

여학생들은 물론 그의 시선 안에 어디에나 있었다. 그는 기말 리포트, 필드하키 경기, 토요일 밤의 파티 등에서 다른 누군가를 쉽게 뽑을 수 있었지만 그 모두를 제치고 나를 뽑았고, 나는 저항이라곤 전혀 없이 **바로** 그에게 갔다. 다른 여학생들은 어디에나 나타났고 재잘거리고 동일하게 뽑힐 만했지만, 그들은 더 참을성이 있었고 그들이 하는 모든 일에서 즐거움을 찾았다. 기숙사의 욕실 문을 부드럽게 열면 여학생이 맨다리를 세면대에 올리고 거품을 묻혀 한가롭게, 천천히 면도기로 미는 모습이 보였다. 그들은 억지로 혼자 서 있게 하면 바로 넘어지기라도 할 듯, 떼를 지어 스미스 칼리지의 교정을 누비고 다녔다. 여러 종류의 꽃가루가 함께 섞인 듯한, 샤넬을 비롯한 세 가지의 유명한 향수 냄새가 공기 중에 떠도는 교정의 모든 곳은 마치 고급스러운 주스 가게 같았다.

우리가 평소에 접했던 남자들은 전혀 현실의 남자들이 아니었다. 나는 그들이 리허설용이었다는 것을 깨달았다. 그들은 우리가 나중에 부딪치게 될 남자들보다 더 부드럽고, 덜 요구하는 종족이었다. 그들 역시 자신들의 제한된 캠퍼스에 깊이 숨어 있다가 주말이 되면 갑자기 아기 같은 얼굴과 굵은 목으로 시내로 쏟아져 들어와 마치 휴가 나온 군인들처럼 자신들의 차에서 뛰어내려서는 꽃가루의 자취를 요리조리 따라가다 우리 몇몇을 동네 술집이나 댄스파티, 침대로 데려가곤 했다.

열아홉 살이었던 나는 이들처럼 소년티를 못 벗은, 반듯해 보이지 않는 남자들과는 엮이고 싶지 않았다. 그런 무리와 어울려, 작은 우산들을 꽂아 놓고 거품을 올린 전형적인 열대음료를 마시고, 스테이크와 포일에 싸인 감자를 먹으며, 졸업 후 계획이나 군대, 매카시즘, 어빙 카우프먼 판사가 스파이 혐의로 체포된 그 가난하고 얼굴이 누렇게 뜬 유대인 로젠버그 부부에게 너무 가혹했느니 아니니(**물론 아니지**, 라며 데이트 상대는 주먹 쥔 한 손을 테이블 위에 올려놓고, 아마도 그의 아버지에게서 들었을 냉혹하고도 슬픈 유죄판결을 내렸다) 같은 따분한 이야기를 하며 두어 번의 저녁을 보낸 다음, 나는 결심했다. **충분해**. 술은 이제 그만. 진주 목걸이나 털이 보송보송한 카디건은 절대 걸치지 않을 것. 테이스트 오브 재너두Taste of Xanadu 립스틱을 칠할 때 거울을 쳐다보며 입을 동그랗게 오므리지 않기. 목울대가 크게 튀어나오고 몸놀림이 투박한 남자와는 기숙사 응접실에서 만나지 않기. 더이상 나를 움켜잡지 못하게 하기, 그 남자의 자동차 안 어둠 속에서 나의 가슴이 브래지어 컵 밖으로 튀어나오게 하지 않기. 그 남자의 축축하고 기대에 찬, 개를 닮은 얼굴을 나의 가슴에 기대게 하지 않기. 만약 내가 그런 일을 계속한다면, 나는 더 작아지고 덜 중요한 인물이 될 것이며, 남자든 여자든 누구에게도 진정한 관심을 얻지 못하게 될 것이고, 내가 마침내 세상에 다가갈 수 있게 되어도 세상은 나를 원하지 않을 거라는 걸, 나는 알았다.

나는 항상 작고 평범한 것에 대한 두려움을 가지고 있었다. "사람은 왜 한 번밖에 태어날 수 없는 거지?" 열두 살 때 나는 학교에서 돌아와 뉴욕에 있는 우리 아파트의 식탁에 앉아 크룰러(링 모양의 꽈배기 도넛—옮긴이)를 먹으며 엄마에게 미심쩍다는 듯 물어 보곤 했다. 크룰러를 조심스럽게 물어뜯으며 나는 널따란 파크 애비뉴 건너에 있는 다른 아파트의 창문 내부를 들여다보려고 애썼다.

나의 엄마는 피에르 호텔과 월도프 호텔에서 자선 디너댄스를 개최하는 위원회에서 봉사하며 소일했던 뼈가 앙상하고 걱정이 많은 여자로, 내가 무슨 이야기를 하는지 정말 몰랐고 내가 갑자기 발작하듯 보인 초기단계의 실존주의 성향 때문에 늘 걱정이 많았다.

"조안, 넌 왜 그런 이야기를 하는 거니?" 그녀는 이렇게 말하고는 다른 방으로 가버리곤 했다.

대학에 다닐 때 나는 커다란 영향력을 행사하기 위해, 사람들을 압도하기 위해, 두각을 나타내기 위해 필사적이었다. 가끔씩 내가 어떻게 될지 생각할 때면 그렇게 될 가능성은 전혀 없어 보였지만. 어떤 것에 대해서도 많이 알지 못하고 어떻게 배워야 하는지도 잘 모르는 날씬하고 깔끔한 스미스 칼리지 여학생이 바로 나였다.

'영어 202−창조적 글쓰기의 기본요소'는 월요일과 수요일 오후 늦은 시간에 있었다. 전에는 이 수업을 딤프나 워렐 교수가 가르쳤다고 들었다. 그녀는 뉴잉글랜드 원예협회가 발간한 출판물에 꽃을 노래한 시들("프리지아 한 송이" "피지 않으려는 꽃봉오리")을 발표했고 로젠즈(마름모꼴의 약용 캔디−옮긴이)를 빨아먹으며 앉아서 모든 학생의 작품을 한꺼번에 쓸어버리듯이 똑같은 말―"표현력 있는 언어 사용!"―로 칭찬했다고 한다. 그러나 이제 워렐 교수는 퇴직해서 매사추세츠 주 치코피 Chicopee 근처의 요양소에 있고, 우리는 그녀의 후임에 대해서는 학사 일정표에 '미스터 J. 캐슬먼, 문학 석사'라고 적혀 있는 것 외에는 아무것도 몰랐다.

그 수업에 수강신청을 한 건, 내가 재능이 있다고 생각해서가 아니라, 내게 재능이 있기를 바라는 마음 때문이었다. 실제로 나는 그것을 시험해본 적이 한 번도 없었는데, 내가 평균 수준이라는 말을 듣게 될까봐 두려워서였다. 영어 202를 수강하는 학생은 12명이었다. 수업 첫날 우리는 실리 홀의 강의실에 도착해 기대에 차서 새로운 노트의 페이지를 열며 몇 분 동안 즐겁게 수다를 떨었다. 그러다 강의실 전체에 걱정스러운 침묵이 흘렀다. J. 캐슬먼인지 누구인지, 하여간 그가 늦어서였다.

그러나 그가 시작 시간보다 17분 늦게 문을 벌컥 열고 강의실에 들어섰을 때, 나는 그에 대한 준비가 전혀 되어있지 않았다. 그 누구도 마찬가지였다. 그는 이십대 중반이었고 깡마른 체격이었는데, 검은 머리는 헝클어져 있었고 뺨이 붉게 상기되어 있었다. 잘생기긴 했으나 태도에 성급함이 묻어났고, 책도 끈으로 대충 묶어 들고 온 것으로 봐서는 정신없이 서두르는 학생 같았다. 캐슬먼 교수는 다리를 약간 절었는데, 그래서인지 한쪽 발을 들어 올릴 때 바닥에서 주저하듯 살짝 끌리는 소리가 났다.

"미안합니다." 그가 테이블 위에 소지품들을 한꺼번에 요란하게 쏟아놓으며 학생들에게 사과의 말을 전했다. 그리고 코트 주머니에서 두 줌 가량의 호두를 꺼냈다. 그러고는 고개를 들어 학생들을 쳐다보며 말했다. "사정이 좀 있었어요. 아내가 지난밤에 아기를 낳았거든요."

나는 아무 말도 하지 않았지만, 몇몇 다른 여학생들은 축하의 말을 웅얼거렸다. 한 명이 말했다. "오…" 그리고 다른 한 명이 말했다. "아들인가요 딸인가요, 교수님?"

"딸입니다." 그가 말했다. "패니. 패니 프라이스에서 따온 이름이죠."

"유대계 연예인 이름인가요?" 누군가 조심스럽게 물었다.

"아니, 제인 오스틴의 《맨스필드 파크》에 나오는 패니 **프라이스**." 내가 작은 소리로 정정해주었다.

"그렇지." 교수가 말했다. "정답입니다. 파란 옷 여학생에게 추가 점수를 주겠어요."

그가 고맙다는 표정으로 나를 쳐다보았다. 그리고 나는 옆에 앉은 학생을 힐끗 쳐다보았다. 나만 선택받은 것이 불편해서였다. **파란 옷 여학생**. 나의 돌출 발언이 갑자기 오만하고 이기적인 것으로 보여 내 머리라도 한 대 쥐어박고 싶었다. 하지만 나는 항상 책에 밑줄을 그으며 열심히 읽었고 책을 빌려달라는 친구들이 있으면 가리지 않고 빌려주었다. 그 책을 다시 못 보게 될 거라는 걸 알면서도 친구들이 그 책을 읽고 나처럼 감동하기를 바랐다. 그래서 《맨스필드 파크》를 세 권이나 갖고 있을 때도 있었다. 어떤 이유에서인지는 몰라도 나는 그가 나에 대한 이 모든 것을 알기를 원했다.

문학 석사 J. 캐슬먼은 주머니에서 작은 은빛 호두까기를 꺼낸 다음 호두알 하나를 집어들었다. 그러고는 차분하게 호두를 깨서 먹기 시작했다. 거의 반사적으로 그가 학생들에게 호두를 권했지만, 우리 모두는 머리를 흔들며 "됐어요"라고 중얼거렸다. 그는 잠시 먹기만 하더니, 눈을 감으며 두 손으로 머리를 쓸었다.

"실은" 캐슬먼이 마침내 입을 열었다. "나는 아이를 가지면 문학적인 이름을 지어줘야겠다고 늘 생각했습니다. 내 아이들에게 책이 얼마나 중요한지 알려주고 싶었습니다. 또한 여러분 모두도 그 사실을 알게 되었으면 합니다." 그가 말했다. "나이가 들고 세월이 흐르는 동안 인생은 배터리의 산성처럼 여러분을 조금씩 부식시킵니다. 그러고는 갑자기, 여러분들이 한때 사랑했던 모든 것들이 잘 보이지 않게 됩니다. 그러다 그것들을 발견했을 때는 여러분에게 더이상 그것들을 즐길 시간이 없습니다, 여러분도 알죠?" 우리는 몰랐지만 숙연한 마음이 되어 고개를 끄덕였다. "그래서 나는 내 아기에게 패니라는 이름을 지어줬습니다." 그가 말을 이었다. "그리고 학생 여러분 모두가 몇 년 후 아기 만드는 기계가 되기 시작하면, 그때 여러분의 작은 아가씨들에게도 패니라는 이름을 지어주기 바랍니다."

불편한 웃음소리가 들렸다. 우리는 아무도 그를 어떻게 생각해야 할지 몰랐지만, 그를 좋아한다는 건 알았다. 그는 잠깐 말을 멈추더니 호두를 두어 개 더 깨느라 시간을 끌었다. 그러더니 조금 더 부드러운 목소리로 그가 특별히 좋아하는 작가들인 디킨스·플로베르·톨스토이·체호프·조이스에 대해 조금 언급했다.

"조이스는 내게 있어서 뭐랄까…" 그가 말했다. "나는 《율리시즈》라는 천재의 전당에 고개 숙여 절합니다. 하지만 정말로 좋아하는 작품은 《더블린 사람들Dubliners》이라는 것을 인정합니다. 그 책에 수록된 단편 〈죽은 사람들The Dead〉보다 더 훌륭한 작품은 없습니다."

그리고 캐슬먼은 〈죽은 사람들〉의 마지막 구절을 우리에게 읽어주겠다고 했다. 그는 초록색 표지의 《더블린 사람들》을 꺼냈다. 그가 큰소리로 읽기 시작하자, 늦은 오후의 나른한 시간이면 늘 그랬던 것처럼 연필을 만지작거리고 손가락에 낀 반지를 돌리고 슬그머니 하품을 하던 우리들은 모든 동작을 멈췄다. 특히 그 중편소설의 결말 부분은 너무도 놀라워서 강의실이 쥐 죽은 듯 고요해졌다. 책을 읽는 그의 목소리가 경건했다. 책읽기를 마친 그는 제임스 조이스의 이야기에 나오는, 엄동설한의 밤에 상사병에 걸려 번민하다 죽은 가난하고 불운한 마이클 퓨리Michael Furey의 죽음의 의미에 대해 몇 분간 이야기했다.

"나는 이 훌륭한 작품의 절반만이라도 되는 소설을 쓸 수 있기를 간절히 원합니다. 죽어도 좋을 만큼요." 그가 머리를 흔들었다. "여러분, 왜냐하면 내가 실제로 이런 상황에 직면하게 되면 이 작품의 주인공 남자가 했던 일 근처에도 못 가리라는 것을 떠올리기 때문입니다." 그는 잠시 말을 끊고, 의식적으로 눈길을 돌렸다가 다시 이야기를 시작했다. "이제, 내자신이 작가가 되려고 애쓰고 있다는 사실을 고백해야 하는 순간이 왔습니다. 나는 여기저기에 몇 개의 단편을 썼습니다. 하지만 지금은," 그는 빠르게 말을 이었다. "이 자리에서는 나에 대한 이야기를 해서는 안 되겠죠. 우리는 **문학**에 대해 이야기해야 합니다!" 그는 문학이란 단어를 장난스럽게 발음하고는 학생들을 둘러보았다. "누가 알겠습니까?" 그가 말했다. "어쩌면 여러분 가운데 한 사람이 언젠가 정말로 위대한 작품을 쓰게 될지 말입니다. 그 판결은 아직 나오지 않았습니다."

나는 그가 쓴 작품에 대한 평가는 나왔고, 그것이 좋지 않았음을 그가 암시하고 있다는 것을 알아차렸다. 그는 한동안 강의를 계속했고, 성실하고 부지런한 학생들은 필기를 했다. 나는 곁눈질로 옆자리에 앉아있는 수전 휘틀을 쳐다보았다. 그녀는 빨강 머리에 곧잘 얼굴이 붉어지곤 했는데 오늘은 모헤어 스웨터를 입고 있었다. 그녀의 노트에는 완벽한 글씨체로 다음과 같이 적혀 있었다.

소설=**감성이 혼합된 예술!** 즉, 버지니아 울프(특별?), 제임스 조이스, 등등의 소설. 경험은 희석되지 않을 것이다. *직유법들!!* 메모: **반드시 오늘** 2학년을 위한 파티에 쓸 장식용

색테이프와 케그(작은 나무통에 든 생맥주—옮긴이) 살 것. 믹서
(술에 타 마시는 희석 음료—옮긴이).

실리 홀의 높은 창문 바깥에는 하늘의 태양빛이 점점 지워
지고 있었다. 두어 명의 여학생들이 걸어가는 모습도 보였는
데, 그들은 전혀 나의 관심을 끌지 못했다. 그들은 지나가는
사람들에 불과했다. 나는 다시 캐슬먼 교수를 쳐다보았다. 그
는 처음으로 아빠가 되었고 병원의 따뜻한 산모실에 누워 있
는 아기와 부인이 있었다. 그는 감수성이 뛰어나고 지적인 사
람으로, 절뚝거리는 모습으로 보아 추측건대 한국전쟁에서 그
렇게 됐을 확률이 높고, 아니면 어렸을 때 소아마비에서 살아
남았을 것이다.

나는 그가 열 살 때 머리만 내놓은 상태로 철폐(iron lung, 소
아마비 환자 등에게 사용하는 철제 호흡 보조 장치—옮긴이)의 실린더
안에 갇혀 있고, 상냥한 간호사가 그에게 《올리버 트위스트》
의 한 대목을 읽어주는 모습을 상상했다. 그 이미지가 너무 불
쌍해서, 내 마음속에서 올리버 트위스트의 캐릭터와 헷갈리기
시작한 그 불쌍한 남자 아이 때문에 나는 거의 울고 싶을 지
경이었다. 나는 캐슬먼 교수에 대한 꾸밈없는 사랑을 느꼈고,
이 연약한 캐슬먼 별자리를 구성하고 있는 세 지점, 바로 그의
아내와 조그마한 아기에게까지도 일종의 사랑을 느꼈다.

수업이 끝나자 많은 여학생들이 그 교수와의 개인적인 접촉을 만들려고 시도했다. 마치 **"유—후 여기예요!"**라고 말하는 듯했다. 그렇다고 여학생들이 그를 꼭 자신들의 연인으로 상상한 것은 아니었다. 그는 어쨌든 이미 유부남이니까. 그러나 그가 유부남이라는 것이 오히려 그 상황을 더욱 짜릿하게 만들었다.

"여러분이 아는 것을 쓰세요." 그는 우리에게 첫 번째 글쓰기 과제를 내주면서 이렇게 조언했다.

그날 밤 저녁 식사(다진 양고기로 만든 셰퍼드 파이가 기억난다. 식탁에 앉아서 그것을 쳐다보면서 작가적인 감각으로 혼자 묘사해 보려고 애를 썼지만 기껏 떠올린 것은, 한심하게도, "으깬 감자로 만든 지붕이 고기로 만든 땅딸막한 집 꼭대기를 두툼하게 덮고 있다"였다)를 마친 뒤, 나는 닐슨 도서관의 위층으로 올라갔다. 높은 철제 서가에는 아주 오래 전에 제본한 과학논문 합본집들이 꽂혀 있었다. 식물화학 연감, 9월-12월 1922; 혈액학 국제 저널, 1월-3월 1931. 나는 어느 누가 이들 책 중 하나라도 다시 열어본 적이 있는지, 아니면 동화 속에 등장하는 마법의 주문에 의해 잠긴 문처럼 영원히 닫혀있는 건지 궁금했다.

내가 그것들을 열고, 낡고 바스라질 것 같은 페이지에 키스를 하고 마법을 깨는 사람이 되어야 한단 말인가? 시험 삼아 써보기라도 해야 이치에 맞는 일이었을까? 아무도 내가 쓴 책을 읽어 주지 않아서 대학 도서관의 차가운 서가에서 손도 대지 않은 채 영원히 버림받으면 어떻게 하지? 나는 열람실 좌석에 앉아 주위를 둘러보며 외면당한 책의 책등들과 작은 램프 속에 매달려 있는 전구들을 바라보았다. 그리고 멀리서 들려오는 의자 다리 끌리는 소리와 서가 한 층을 따라 구르는 책수레의 바퀴 소리에 귀를 기울였다.

잠시 나는 그곳에 머무는 동안 내가 실제로 **알고 있었던** 것이 무엇인지 떠올려보려고 애썼다. 그러나 나는 세상에 대해 아는 것이 거의 없었다. 열다섯 살 때 부모님과 함께 로마와 피렌체를 여행했을 때 나는 안전하고 좋은 호텔에서 지냈고 관광버스의 녹색 유리창에 붙어 앉아, 현실과 떨어진 위치에서 광장에 있는 석조 분수들을 구경했다. 내 경험과 지식의 수준은 전과 동일했고, 더이상 올라가지도 넘쳐흐르지도 않았다. 나는 다른 미국인들과 함께 서 있었고, 모두 함께 고개를 뒤로 젖히고 입을 딱 벌린 채 성당의 천장화를 구경했다. 나는 지금 내가 어떻게 남자 앞에서 한 번도 벌거벗은 적이 없는지, 어쩌다 한 번도 사랑에 빠져 본 적이 없는지, 왜 누군가의 집 지하실에서 열린 정치 모임에 한 번도 가 본 적이 없는지를 생각했다. 독립적이라거나 특별한 통찰력이 있다거나 대담하다고 여겨질 만한 일은 어떤 것도 정말로 하지 않았던 것이다. 스미스 칼리지에서 나를 둘러싸고 있는 여학생들은 그 옛날 나를 둘러싸고 있던 미국인들과 같은 의미였다. 무리를 지어 다니는 여학생들은 양치기의 파이만큼이나 안전했다.

나는 지금 도서관의 위층에 앉아있다. 꽁꽁 얼었지만 신경 쓰지 않았다. 그리고 마침내 나는 무엇인가를 쓰기 시작했다. 사소하거나 식견이 좁거나 구성이 단순하고 빈약해도 삭제하거나 배척하지 않고, 나는 내 삶을 형성한 꿰뚫을 수 없는 여성의 벽에 대해 썼다. **이것**이, 바로, 내가 알고 있던 것이었다. 나는 캠퍼스 어디서나 맡을 수 있었던 세 향수—샤넬 No.5, 화이트 숄더스, 조이—에 대해, 학위식에서 다 같이 일어나 '가우데아무스 이기투르(Gaudeamus Igitur, '대학생 찬가'로 알려진 유명한 노래—옮긴이)'를 부르는 600명 여성의 목소리가 만들어 낸 울림에 대해 썼다.

글쓰기를 마치고 나서도 나는 그 개인열람실에 오랫동안 앉아 J. 캐슬먼 교수를, 수업 시간에 눈을 감고 있던 그의 모습이 어땠는지를 생각했다. 그의 눈꺼풀은 얇고 반투명한 자줏빛을 띠어서 세상을 지켜보는 일을 하기에는 부적합한 사람으로 보이게 했다. 어찌 보면 세상을 지켜보는 일은 작가가 되는 것과 비슷한 일이었다. 작가가 되면 눈을 감고도 볼 수 있으니까.

***

그 다음 주 그의 근무 시간 동안, 나는 복도의 의자에 앉아서 가슴 졸이며 기다렸다. 방에는 누군가 이미 먼저 온 사람이 있었다. 남자 목소리와 여자 목소리가 섞여 나직하게 말하는 소리가 들리고, 이따금 여자가 즐거움에 겨운 듯 내지르는 새된 소리로 대화가 중단되곤 했다. 그 모든 것이 나의 짜증을 돋우었다. 안에서 칵테일파티라도 하나? 마실 거리와 촉촉하고 작은 샌드위치도 차려 놓고? 마침내 문이 열리고 창의적 글쓰기 수업을 같이 듣는 아비게일 브레너가 모습을 드러냈다. 그녀는 최근에 양측 폐렴으로 돌아가신 할머니에 대해 쓴 따분한 원고를, 첫 수업 이후 요점 없이 재작업해온 그 원고를 들고 있었다. 사무실 안쪽으로 책상에 앉아 있는 캐슬먼이 보였다. 재킷은 벗어놓고 셔츠와 넥타이 차림이었다.

"어, 잘 있었어요, 에임스 양." 내가 기다리고 있다는 것을 그제야 알아차린 그가 말했다. "안녕하세요, 캐슬먼 교수님," 내가 말하고는 그의 맞은편에 있는 나무 의자에 앉았다. 그는 내가 학과 편지함에 넣어둔 나의 새 글을 들고 있었다.

"그래요. 에임스 양의 글은," 그가 느긋하게 글을 살폈다. 과제물에는 표시가 거의 없었고, 빨간 펜으로 첨삭한 것도 없었다. "두 번 읽어봤는데." 그가 말했다, "솔직히 말해, 두 번다 훌륭한 글이라는 생각이 들었습니다."

그는 모든 글에 대해 이렇게 말했을까? 그가 설마 아비게일 브레너의 할머니에 대한 지루한 글에도 이렇게 말해 주었을까? 그러진 않았을 것이다. **나의** 글만 좋았을 것이다. **그를** 위해, 특히 그가 즐거워해주길 원하며 썼던 거니까. 보아하니 내가 성공한 것 같았다.

"고맙습니다." 그의 눈을 쳐다보지 않은 채 다소곳하게 내가 말했다.

"학생은 지금 내가 무슨 말을 하고 있는지 제대로 모르고 있군. 내 말이 맞죠?" 그가 나에게 물었다. "학생은 자신이 얼마나 훌륭한지 모르고 있어요. 난 학생의 그런 점이 참 좋습니다, 에임스 양. 그건 아주 감동스러운 자질입니다. 부디 변치 말기를."

나는 당황해서 고개만 끄덕였다. 나는 그런 것이 그가 나를 바라보고자 하는 방식이라는 것을 알았다. 비범하지만 순수한. 그리고 나는 내 자신이 그렇게 보인다는 생각을 해본 적이 없다는 걸 깨달았다. 어쩌면, 그게 정말 사실일 거라고 나는 생각했다.

"에임스 양, 에임스 양." 그가 미소 지으며 말했다. "내가 학생에게 뭘 해줘야 할까요?"

나도 이 낯설고 새로운 역할에 마음이 편해지기 시작해서 그에게 미소로 답했다. 나는 그에게 말했다. "내 친구 로라가 말한 것처럼, 담금질을 해주셔야 할 거예요."

캐슬먼은 자신의 머리 뒤로 손깍지를 끼었다. "음," 그가 느리게 말했다. "그러게. 로라라는 친구 말이 일리가 있어요." 그렇게 잠시 담소를 나눈 후 우리는 나의 과제물에 몸을 숙이고 본론에 들어갔다. 언뜻 그의 숨결에서 호두 냄새가 났다. "나무들이 가지를 굽혔다, 걱정스러운 듯." 그가 큰소리로 읽었다. 그는 마치 상한 호두를 먹기라도 한 듯 얼굴을 찡그렸다. "내 생각에 이건 아닌데. 약간 겉치레 같지 않은가? 학생은 이보다 더 잘 쓸 수 있어요."

"음, 맞아요. 저도 그 부분에 확신이 없었어요." 내가 말했다. 그리고 갑자기 나는 그것이 이제까지 썼던 과제물 중 가장 최악의 문장이 될 거라는 것을 깨달았다.

"학생은 그 부분에서 자신의 목소리에 흥분했어요." 캐슬먼이 말했다. "대학 다닐 때 내가 그랬지. 물론 학생과는 달리 나는 흥분할 이유가 전혀 없었지만."

"아, 교수님은 훌륭한 작가시잖아요." 나는 그에게 장담했다.

"난 내가 어떤 사람인지 모르지만 타고난 작가가 아닌 것만은 확신합니다." 그가 말했다. "나는 책상에 앉아서 하루 종일 뼈 빠지게 일하고 누가 내 노력을 인정해줄 거라고 생각하는 부류지. 그러나 여기에는 기억해야 할 중요한 게 있어요, 에임스 양. 인생에서는 당신의 노력을 인정해줄 사람은 **아무도 없다**는 것이에요."

문을 노크하는 소리가 들렸고 캐슬먼은 급히 나의 단편을 덮으며 말했다. "그러니까 밤늦게까지 앉아서 머리를 쥐어짜며 작업할 때 반드시 명심해둘 게 있어요. 학생에게는 숭배자가 한 사람 있다는 것.

"감사합니다." 내가 말했다.

"그리고 제발 좀," 그가 말했다. "그 걱정스러운 나무는 치워버려요."

나는 바라던 바를 이루었기에 소리 내어 웃었다. 내가 기대했던 건 방법을 아는 것이었으니까. 그리고 일어나 그에게서 과제물을 돌려받았다. 우리의 손이 살짝 닿았다, 손마디와 손마디가.

"들어와요!" 그가 밖을 향해 말하자, 문이 열리고, 같은 수업을 듣는 빨간 머리 여학생 수잔 휘틀이 들어섰다. 전에도 느꼈던 거지만, 그녀의 피부는 너무도 민감해서 그녀의 반응이 얼굴에 숨김없이 드러났다. 그녀는 끊임없이 낯을 가리는 것 같았다. 심지어 지금도 그녀의 목은 핑크색 컵받침을 두른 듯 분홍색으로 물들어 있었다. 반면, 나는 말에게 주는 진정제라도 먹은 듯 아주 평온했다. 나는 미끄러지듯 경쾌하게 그의 연구실을 나와, 학생들과 교수들이 진지하게 일하는 다른 사무실들을 지나, 이탈리아와 영국에서 열리는 여름 행사 일정 안내문이 붙어있는 게시판도 지나고, 사탕이 담긴 유리병을 들고 있는 나이 지긋한 영문학과 사무실 비서를 지나쳐갔다.

그날 이후 나는 그의 수업에서 마음의 평온을 찾았다. 상상속 말 진정제가 지속적인 효과를 보이는 것 같았다. 나는 캐슬먼이 문학이나 글쓰기의 기술에 대해 이야기할 때마다 완전히 몰입되었다. 그는 호두를 늘어놓은 테이블 위에 걸터앉아, 계속 껍데기를 깨뜨리고, 그 속에서 알맹이를 꺼내 먹으면서 강의를 이어나갔다.

어느 날 그는 수업 시간에 '뛰어난 여성 작가'가 다음 주에 학교에서 낭독회를 열 것이며 학생들은 모두 참석해야 한다고 말했다.

"사람들 말로는 그녀가 매우 뛰어나다는군요." 그가 말했다. "나는 그녀의 소설 첫 번째 장만 읽어봤습니다만, 여성작가들에게 있는 일종의 절망감과 불안감이 보이긴 해도, 나는 그녀가 대단히 똑똑하다고 생각합니다. 그리고 여러분 모두 그 자리에 있어야 합니다. 출석부 들고 가서 이름을 체크할 거니까 빼먹을 생각은 하지도 말 것." 몇몇 학생들이 마뜩찮은 표정으로 서로 쳐다보았고, 실제로 그의 으름장을 믿는 것 같았다.

다음 주 수요일 저녁 나는 닐슨 도서관 열람실에서 일레인 모젤에게 귀를 기울였다. 내가 참석했던 첫 낭독회였는데, 의자들이 자유롭게 놓여 있었다. 영문학과에서 온 누군가가 간단한 소개를 마치자, 그 작가가, 키가 크고 뚱뚱하며 느슨한 차림에 목에 보라색 스카프를 맨 금발의 여성이 연단에 섰다.

"이건 내 소설 《잠자는 개들》에서 발췌한 부분입니다." 그녀는 술과 담배에 잔뜩 찌든 듯한 목소리로 말했다. 나는 다른 곳에서 들어도 분간할 수 있을 것 같은 그녀의 음색에 매료되었다. 내가 알고 있는 어느 누구도 그녀처럼 말하지 않았다. "나는 여러분 대부분이 이 책을 읽지 않았다는 것을 알고 있습니다." 그녀가 말을 계속했다. "극찬의 서평에도 불구하고 겨우 1503부 팔렸으니까요. 그리고 그 1503부의 대부분은 내 친지들이 샀습니다." 그녀는 계속했다. "내가 두둑하게 돈을 집어준 사람들이죠."

나를 포함한 몇몇이 믿을 수 없다는 표정으로 웃었다. 그녀의 책이 어떤 것이 되었든, 나는 그 책을 칭찬하고 싶었다. 이것이 갑자기 중요한 목표가 된 듯했고, 그녀가 읽기 시작하면서 나는 그 책을 정말로 칭찬**할 수 있다**는 사실에 안도했다. 그것은 아이오와 주의 한 농장에서 벌어진 한 소녀의 성 입문식을 다룬 이야기였다. 일레인 모젤은 새로 온 농장 일꾼과 소녀가 함께 건초 다락에 누워, 아래에 있는 동물들의 지원사격을 받으며, 그가 그 소녀의 안으로 자신을 밀어 넣는 과정을 그래픽적인 언어로 묘사했다. 농장 일꾼뿐만 아니라 소녀의 시점도 잘 묘사하였지만, 어느 모로 보나 가정소설이라고는 할 수 없는 책이었다. 책은 소녀의 세계인 농장 생활 밖으로 관심을 넓혀, 옥수수와 콩에 대한 실질적인 세부 사실들을 다뤘고, 매우 간략하게나마 아이오와 주의 농기구 회사인 존 디어 컴퍼니의 역사도 언급했다.

남자들이 쓴 현대소설들은 종종 호머식의 거창한 정보 목록을 담고 있는 듯했다. 물건의 값부터 시작해서 자신들이 어떻게 느꼈으며 그 감상은 어떠하였는지를 나열하는 식이었다. 땅, 바다, 밀과 왕겨의 차이. 일레인 모젤의 소설에도 이와 유사한 점이 있었다. 그녀가 신중히 선택한 단어들은 니코틴에 전 목소리로 굴러 나오고, 그녀가 큰 소리로 읽을 때는 따분한 방 전체를 깨우는 것 같았다. 그녀가 꼬박 한 시간 동안 읽기를 마치자 큰 박수들이 터져 나왔고, 그녀의 안색은 상기되었다. 그녀가 연단 위에 있는 유리잔의 물을 단숨에 들이켰고, 립스틱 자국이 유리잔 가장자리에 조개모양으로 남았다.

낭독회 후, 간단한 뒤풀이에서, 일레인 모젤은 얇은 카펫이 깔려 있고 오래되어 녹이 슬고 갈색으로 변한 지구본들이 있는 방의 한 구석에 서 있었다. 양 옆에 남자 교수 한 명과 여자 교수 한 명이 함께 있었고, 세 명 모두 큰소리로 이야기하고 있었는데 일레인 모젤의 소리가 가장 컸다. 그녀의 목소리는 웃고 재미있는 이야기를 할 때마다 올라갔다. 그녀는 오늘 밤 더이상 공연할 필요가 없었다. 그녀는 거기 우리 앞에 서서 섹스와 관개 시설에 대해 이야기할 필요가 없었다. 그녀는 더이상 '탈곡기'란 단어를 사용할 필요가 없었다. 그녀가 다시 자유로워졌음이 그녀의 밝은 눈과 지금은 술기운에 붉어진 얼굴에 그대로 드러났다. 그녀는 위스키를 빠르게 마셨고, 다른 교수들이 조금씩 취하는 것처럼 보이는 반면 일레인 모젤은 확실하게 취하는 중이었다.

나는 창조적 글쓰기 수업을 같이 듣는 얼빠진 여학생들 무리 속에 서 있었다. 우리 모두는 그 소설가와 그녀 주위의 활발한 위성들을 바라보고 있었다. 캐슬먼 교수는 지금 그 위성들의 하나가 되었고, 나는 그가 일레인 모젤의 팔꿈치 쪽을 바라보고 있는 것을 보았다. 그녀가 캐슬먼 쪽으로 몸을 돌리자 두 사람이 활기차게 악수를 나눴다. 그때 캐슬먼이 그녀의 머리에 뭔가를 속삭이자 일레인 모젤이 알았다는 듯 웃으며 곧바로 그에게 귀엣말을 했다. 내가 카디건과 타탄체크 스커트 차림으로 그들 옆에 서 있다는 사실이 우스꽝스럽게 느껴졌다. 나는 갑자기 내 스커트에 꽂혀 있던 장식용의 커다란 금색 핀을 뽑아 내 눈을 찌르고 싶었다.

나는 직접 그녀에게 접근하지는 않을 생각이었다. 하지만 나를 본 캐슬먼 교수가 손짓으로 불러서는 곧장 일레인 모젤에게 소개시키면서 나를 "전도유망한 젊은 작가"라고 말했다. 그녀가 나를 살펴보았고, 나는 그녀의 눈길이 나의 볼품없는 옷핀에 꽂혀있다는 것을 느꼈다. **나는 보기보다 예쁘다고요,** 라고 말하고 싶었지만, 그녀의 크고 뜨거운 손을 잡으며 몸이 움츠러들었다. 나는 그녀에게 그녀의 낭독이 얼마나 좋았는지 말했고 내 스스로 그녀 소설의 나머지를 읽을 것이라고 말했다.

"학생에게 좋을 거예요, 학생이 그걸 찾을 수 있으면."

그녀가 말했다. "학생은 순진무구와 경험에 대한 많고도 많은 목소리 큰 남자들의 노래를 끝까지 파고들어야 할 거예요. 그래야 바닥에 묻혀 있는 내 조그마한 이야기에 닿을 수 있을 테니까."

내 주위에 있던 캐슬먼과 몇몇 다른 사람들은 그 말이 얼마나 사실과 다른지, 일레인의 소설이 그 자체만으로 얼마나 대단한지 등등 떠들어댔다.

불쑥 나의 캐슬먼 교수가 말했다. "아, 그러지 마세요, 모젤 양. 그렇게까지 나쁘지는 않단 말입니다."

"그걸 어떻게 확실하게 아는 거죠?" 그녀가 그에게 물었다.

"음," 그가 말했다. "내가 굉장히 존경하는 특출난 여성 소설가들이 꽤 있습니다. 저 남부 사람들, 플래너리 오코너와 다른 사람들로 이루어진 퀼팅 비(누비이불을 만드는 사람들 모임—옮긴이)같은 사람들요. 자신의 일과 자신이 살고 있는 지역을 분리할 수 없는 여성들이죠."

그가 그녀에게 말할 때, 나는 두 사람이 눈길을 주고받는 것을 보았다. 그들 사이에 통하는 점과 선의 모스 부호, 그녀가 머리를 쓸어 올리는 모습, 그가 평범하게 보이기 위해 팔꿈치를 벽에 기대는 모습, 그들 둘이 서로에게 관심을 보이는 모습, 그리고 오페라에서 두 주연 배우들에게 시선이 집중되게 하기 위해 마을 사람들 파트를 노래하며 뒤로 물러서는 사람들처럼, 두 사람을 반지 모양으로 둘러싸고 서 있는 교수진들과 학생들. 그녀는 억울해하고 까다롭고, 한때는 멋진 외모를 지녔으나 이제는 몸무게도 너무 많이 나가고, 짊어진 분노가 너무 깊어서 다른 사람들을 더이상 끌어당기지 못하는 여자였다. 그러나 캐슬먼 교수는 그녀에게 끌렸다. 그녀에게 퇴짜를 맞았겠지만, 그러나 그는 그녀에게 매력을 느꼈다. 그녀는 재능이 있었다. 그녀의 재능은 낯설고 거북하고 다소 **남성적**이었다. 그녀는 저 분노하는 여자들 중 한 명이었다. 일레인 모젤은 자기 소설이 1503권 팔렸기 때문에, 그리고 자신이 실제로 얼마나 재능이 있는지, 그러나 그것이 결코 정말로 중요하지 않을 수 있다는 것을 깨달았기 때문에 분노했다.

"이봐요." 그녀가 지금 말하고 있었다. "플래너리 오코너는 천재죠. 그녀를 깎아내리고 싶은 생각은 전혀 없지만 그녀 역시 꽤나 타고난 별종이긴 하죠. 지나치게 관념적이고 독실한

가톨릭 신자에다 **단호**하니까."

"그녀는 중요한 작가입니다." 다른 남자 하나가 우겼다. "매년 나는 그로테스크 문학 강좌에서 그녀에 관해 강의합니다. 그녀는 나의 목록에 있는 유일한 여자예요. 사실 그녀와 같은 여자는 하나도 없으니까요."

"그런데 플래너리 오코너는, 나는 갖지 못한 유리한 뭔가를 가지고 있어요." 일레인이 계속했다. "그녀가 살고 있는 남부라는 곳은 그녀에게 글의 소재가 되는 준비된 다채로움을 제공하고, 왠지 그것은 늘 사람들에게 믿을 수 없을 만큼 이국적으로 보이는 거예요." 그녀가 말을 멈추자 한 남자가 다시 그녀의 잔을 채웠다. "대중들은 근사한 옛날 남부에 대해 듣기를 좋아해요. 그리고 그들은 확실히 남부 여성 작가들을 존경하는 듯하지만," 그녀의 말이 이어졌다. "하지만 이거 아세요? 사람들은 그녀들을 **알고 싶어** 하진 않아요. 왜냐하면 그녀들은 이상한 존재들이거든요. 오코너하고 그 한시도 가만히 못 있는 쬐끄만 남녀추니(반은 남자고 반은 여자—옮긴이) 카슨 매컬러스만 봐도 그렇잖아요. 나는 이상한 존재가 되고 싶지 않아요. 내 생각에 나는 그저 사랑받기를 원해요." 그녀가 술을 죽들이켜고는 덧붙였다. "있잖아요, 나는 레즈비언이었으면 좋겠어요, 정말이에요."

다시 항의하는 소리가 중얼중얼 들렸다. "진심으로 하는 말은 아니지요?" 나는 소심한 여자 학장이 하는 말을 들었다. 그러나 일레인 모젤은 그녀의 말을 일축했다. "아, 어떤 면에서는 진심이에요." 그녀가 말했다. "문제라면, 제가 남자들을 열렬히 좋아한다는 거죠. 그럴 만한 존재들도 아닌데 말예요. 그래도 만약 말 **그대로** 레즈비언이 되면, 난 세상사람 모두가 나를 어떻게 생각하든, 그들이 나를 생각조차 안 한다 해도 신경 쓰지 않을 거예요."

답변이 더 이어지고, 다른 이야기가 더 나오고는 마침내 다른 사람들이 일어섰다. 밤이 점점 깊어가고 있었고, 내 눈에 대걸레를 들고 문 밖에서 기다리고 있는 청소부들이 보였다. 나는 스미스 칼리지 대학 로고가 박힌 칵테일 냅킨 한 장을 움켜쥐고 일어서서 기다렸다. 그러나 내가 무엇을 기다리고 있는지는 나도 잘 몰랐다. 일레인 모젤이 기다리고 있는 나를 보더니 느닷없이 내 팔을 잡고 다짜고짜 작은 벽감 같은 곳으로 끌어당기는 바람에 나는 놀랄 겨를도 없었다.

"재능이 있다고 들었는데."

"음, 어쩌면요." 내가 입을 떼었다.

"하지 마." 그녀가 말했다. 이 말을 들은 사람은 아무도 없었다. 우리를 둘러싸고 있는 것은 오래전에 죽은 훌륭한 여자들의 대리석 흉상들뿐이었으니까.

"뭘 하지 말라고요?"

"당신이 그들의 관심을 받을 거라고 생각하지 마." 그녀가 말했다.

"**누구의** 관심요?"

그녀는 나를 불쌍하다는 눈으로 초조하게 바라보았다. 나는 바보가 된 느낌이었다. 안전핀을 치마에 꽂고 있는 바보. "남자들" 그녀가 말했다. "서평을 쓰고, 출판사를 운영하고, 신문·잡지를 편집하는 남자들. 누가 정말로 선택될지, 자신들의 안위를 위해 누구를 권좌에 올릴지 결정하는 남자들 말이야. 똥 중의 왕이 될 사람."

"그럼 그런 건 음모陰謀란 말이에요?" 내가 조심스럽게 물었다.

"당신이 그런 단어를 사용하면 내가 질투하고 제정신이 아닌 것처럼 보이지." 일레인 모젤이 말을 계속했다. "아니야. 아직은. 하지만. 맞아, 여자들의 목소리를 작고 조용하게 만들고 남자들의 목소리를 **크게** 만드는 것을 음모라고 부른다면 말이지." 그녀는 **크게**라는 단어에서 목소리를 높였다.

"아, 예" 나는 애매하게 말할 수밖에 없었다.

"하지 마." 그녀가 다시 말했다. "다른 길을 찾아. 어디든 갈 수 있는 여자들은 극히 소수야. 대부분은 단편 작가들이지, 마치 여자들은 작은 깃들만 받아들일 수 있는 것처럼 말이야."

"어쩌면요." 내가 말을 시도했다, "여자들은 남자들과 **달라**

요. 아마도 여자들은 글을 쓸 때 다른 것을 시도하려는 것일 수도요."

"맞아." 일레인이 말했다, "그게 사실일 수도 있지. 하지만 큰 캔버스, 그 안에 모든 것을 넣으려고 시도하는 대단한 책들, 멋진 정장, 큰 목소리를 가진 남자들은 항상 더 많은 보상을 받지. 그들은 중요한 사람들인 거야. 왜 그런지 알고 싶어?" 그녀가 나에게로 몸을 숙이더니 말했다, **"왜냐면 그들이 그렇게 말하니까."**

그러고는 그녀는 갑작스레 나를 내버리고 떠났다. 나는 걸어서 내 기숙사로 돌아갔다. 하지만 밤 내내 나는 속이 메스껍고 잠도 잘 수 없었다. 그리고 예상했듯이, 일레인 모젤의 글은 오래가지 못했다. 그녀의 소설은 절판될 것이고 결코 재판되지 않을 것이다. 그 소설은 사라질 것이고, 사람들이 버몬트 길가 판매대에서 25센트에 사는, 케케묵은 잊힌 작품이 될 것이다. 그러고는 손님용 방의 책장에 꽂히지만 어느 손님도 그것을 꺼내 읽지는 않을 책 말이다.

나는 가끔 그녀가 어떻게 됐을까 궁금했다. 《잠자는 개들》 이후, 내가 알기로 그녀는 더이상 소설을 출간하지 않았다. 어쩌면 그녀에게 너무 힘들었을 수 있다. 어쩌면 결혼을 하고 아이들이 생기고 삶이 끼어들어 그저 작업할 시간이 없었을 수도 있다. 알코올 중독자가 되었거나 모든 출판사가 그녀의 원고를 거절했을 수도 있다. 아니면 사람들이 종종 상상력이라는 걸 무슨 거대한 저장고―물건으로 꽉 차있거나 또는 전시 징발로 텅 빈―처럼 생각하면서, 작가들에 대해 슬쩍 말할 때 "그녀 내부에 더이상 책이 남아있지 않아"라고 표현하는 그런 상황이거나.

어쩌면 그녀는 죽었을 수도 있다. 그녀의 소설이 엄청난 양의 사랑받지 못한 책들의 무덤으로 굴러들어가고, 결국 그녀는 슬픔을 가눌 수 없어 자신을 무덤 꼭대기에 내던진 건지, 나는 도대체 알아낼 수가 없었다.

학기가 시작된 지 한 달 동안 캐슬먼 교수의 근무 시간에 세 번의 면담이 있었다. 매번 그의 공들인 칭찬으로 분위기가 한껏 고조되었다. 어느 날 수업이 끝날 무렵 그가 내 이름을 불렀고, 나는 부푸는 가슴을 진정시키며 그에게 걸어갔다.

"에임즈 양, 물어보고 싶은 게 있는데." 그가 말했다. "좀 걸으면서 이야기를 나누지 않겠어요?"

나는 다른 아이들이 이 장면을 주목하는 것을 느끼며, 고개를 끄덕였다. 그중 하나는 뻔한 반전의 결말―그녀는 "바로 오. 헨리 같은 거지!"라며 방어하듯 설명했다―이 있는 단편 소설들을 쓰는 로셸 달튼이었다. 그녀는 두 사람이 함께 남아 있는 것을 바라보면서, 자신에게는 캐슬먼 교수가 결코 함께 걷자고 하지 않을 것이고, 남아 달라고, 어슬렁거리자고 하지도 않을 것이며, 그녀가 이미 준 것보다 더 많은 것을 달라고 하지도 않을 거라는 걸 알고 있는 듯, 자신의 코트 안으로 팔을 집어넣으며 한숨을 내쉬었다.

나는 캐슬먼이 나를 100달러짜리 대학 문학상 후보에 올렸다고 말하려는 줄 알았다. 아니면 내게 저녁식사를 함께 하자거나, 나와 같은 기숙사에 사는 한 여학생이 자신의 화학 교수와 한 것처럼 비밀 데이트를 하러 가자고 할 수도 있겠다고 생각했다. 나는 어느 쪽일지 확신하지 못했다. 예술일까 사랑일까. 하지만 조 캐슬먼 같은 사람이라면, 예술에 대한 사랑이 빠르게 인간에 대한 사랑으로 바뀔 수도 있다. 그러지 않을까? 나는 이게 사실이길 바랐다. 하지만 곧바로 스스로의 생각이 수치스러웠다. 과대망상에다 심각하게 부도덕했다.

캠퍼스 중앙에 도착하자 그가 나에게 말했다, "에임즈 양, 혹시 토요일 밤에 시간 있는지 궁금하네요."

나는 가능하다고 그에게 말했다. 우리 주변으로 여학생들이 터벅터벅 지나갔다.

"좋아요." 그가 말했다. "아이 돌보기에 관심 있어요? 집사람과 내가 패니가 태어난 후로 외출을 못했거든요."

"있죠." 내가 단호하게 말했다. "저, 아이들 좋아해요."

그건, 절대 사실이 아니었다. 나는 내가 상상했던 것들이 수

치스러워 얼굴이 달아오르는 걸 느꼈다. 진실은 너무나 달랐지만, 아무것도 없는 것보다는, 그에게 무시당하는 것보다는, 이게 훨씬 나았다. 그래서 나는 토요일 밤 노스롭 하우스의 공연 파티를 거절했고, 축음기에서 크게 들려나오는 'String of Pearls'와 그에 질세라 고래고래 소리치는 남자 목소리들을 뒤로하고, 대학생의 느낌에서 벗어날 때까지 엘름 스트리트로 향했고, 가족들이 살고 있는 이웃의 그야말로 일부가 되었다.

밴크로프트 로드는 가로등이 없어 어두웠다. 나는 앞 창문 너머로 교수들과 그들의 아내와 자녀들이 거실 주변에서 움직이는 걸 볼 수 있었다. 이것은 성인의 삶이 실제로는 재미있지도 않고 장래성도 그리 많지 **않다**는 예고인가? 어린 시절에는 사실 봉인되고 금지된 만큼 재밌고 장래성이 커 보였는데. 탁 트인 들판과 상상 속의 해방을 기대하고 있었으니 얼마나 실망스러운가. 젊은 엄마가 거실을 가로질러 가서 갑자기 몸을 숙이더니 무언가를 집어 드는 것을 보며 생각했다. 오직 남자만이 그 해방감을 느낀다고. 1956년에 여자들은 항상 한계와 타협과 맞닥뜨렸다. 밤에 나갈 수 있을지, 단 둘이만 있을 때 남자를 얼마나 멀리까지 보낼 수 있는지 같은 것 말이다. 남자들은 이러한 것들로 걱정하는 것처럼 보이지 않았다. 그들은 춤건, 어두운 도시건, 적막함이 감도는 거리건 간에 아무 곳이나 갈 수 있었고, 그리고 그들은 손을 어디에다 두건 상관이 없었다. 그리고 그들은 벨트와 바지를 풀어헤쳐도 되고, 그리고 자신들에게 이런 생각을 하지 않아도 되었다. **나는 지금 하던 것을 멈춰야 해. 절대로 더이상 하면 안 돼.**

여기 밴크로프트 로드에서, 모두가 스스로 너무 멀리 가는 것에 제동을 거는 것처럼 보이는 곳에 내가 있다는 것이 분명했다. 여기는 스미스이지 하버드가 아니다. 일류대학이지만 학문 수준이 높은 곳은 아니다. 이곳 교수직에 있는 남자들은 여기에 있다는 것에 우선 안도감을 느낄 것이고, 장기적인 안목으로 자리를 잡겠지만, 결국에는 자신들도 모르는 사이에 무언가가 빠져나갈 것이다. 옮기려는 의지, 더 큰 도시로 나가려는 의지, 의무감으로 모든 것을 빨아들이고는 바로 결혼해서 자식을 낳고 결국 피할 수 없는 망각의 긴 과정을 시작하는 여학생들에게 그들의 박사학위와 꼼꼼하게 짠 강의를 낭비하지 않으려는 의지 말이다.

회색의 전형적인 소금그릇형 주택(앞에서 보면 2층이고 뒤에서 보면 단층인 주택―옮긴이)인 캐슬먼의 집은 울퉁불퉁한 잔디밭 뒷길에서 약간 물러나 있었다. 앞쪽 현관의 초인종을 누르자 심드렁하면서도 **떠들썩한** 소리가 났다. 그러자 캐슬먼 교수가 문에 나타났고, 그의 등 뒤로 노란색 전구가 켜졌다.

"엄청 춥죠." 그가 말을 하며 나를 안으로 들였다. 그는 단추를 반쯤 채우다 만 셔츠에 매듭을 안 맨 넥타이를 목에 걸고 있었다. "미리 말해두는데, 여긴 아주 난장판입니다." 그가 말했다. 그에게서 면도 크림 냄새가 약간 났다. 턱에는 피가 난 흔적도 보였다. 멀리서 영화 〈남태평양〉의 주제곡이 흘러나오고 있었고, 그리고 그의 뒤 어디에선가 아기가 리드미컬하게 울고 있었다. 그때 여자의 목소리가 터져 나왔다. "조? 조? 이리 좀 와줘."

그의 이름은 조였다. 이름을 모르고 있기도 했지만, 그를 이름만으로 불러볼 엄두도 내지 못했었다. 그의 아내가 아기를 안고 내려왔다. 나는 눈을 들어 아기를 봤다. 아기는 이제 잠잠했고 얼굴이 약간 발갛게 달아올라 있었다. 캐슬먼 부인은 미인은 아니었다. 그녀는 체구가 작고 지쳐 보이는 이십대 중반으로, 남자 같은 갈색 머리에 흘겨보는 듯한 눈이었다. 그는 그녀에게서 무엇을 봤던 것일까? 나는 교수가 그다지 매력적이지 않은 이 작은 여자와 침대에 함께 있는 모습을 상상했다. 캐슬먼 부인은 스미스 칼리지의 캠퍼스 도처에서 풀을 야금야금 뜯어먹는 가젤 같은 여자들과는 너무나도 달랐다. 그녀는 서서 아기의 옷 뒤로 손을 뻗어 기저귀의 상태를 확인했다. 그 순간 그녀는 인형 조종사처럼 보였다. 손을 옷 안에 넣자 아기는 완벽히 그녀의 제어 아래 있었다. 적어도 당분간은 말이다.

"안녕하세요." 캐슬먼의 아내가 큰 관심 없이 말했다. "나는 캐롤 캐슬먼이에요. 만나서 반갑습니다."

나는 최대한 감정을 자제하며, 활기차고, 대학 홍보 책자에 나오는 바로 그 스미스 칼리지의 학생처럼 보이려 했다. 카펫이 안 깔려있는 계단 끝에 서 있는데, 가을 낙엽들이 내 주변으로 떨어졌다. "저도요." 내가 말했다. 그리고 아이 쪽을 바라보며 인사했다. "안녕 귀염아, 어쩜 그렇게 예쁘니."

"우리는 이 애를 베이비시터한테 맡겨본 적이 없어요," 캐슬먼 부인이 설명했다. "하지만 아이가 아직 너무 어리니, 그게 이 애의 인생에 상처를 남길지 어떨지 모르겠네요. 내가 생각하도록 훈련 받은 것과 상관없이요." 교수의 아내가 아기를 다른 팔로 옮겨 안고선 설명했다. "나는 정신 분석가가 되려고 공부중이에요." 그리고 그녀가 이어 말했다, "내가 집안을 좀 보여드릴게요."

방들은 책 무더기들과 장난감들과 기울어진 램프의 그림자들로 정신없었다. 캐롤 캐슬먼은 신경 쓰는 것 같지 않았고, 지저분한 것에 대해 사과할 필요도 느끼지 않는 것처럼 보였다. 아기는 그녀 부모의 침실에서 잤는데, 나는 그곳에 들어서면서, 내가 캐슬먼과 그의 아내가 밤에 함께 자는 방에 막 들어섰다는 것을 알았다. 침대는 서둘러 한 티가 나긴 했지만 정돈되어 있었고, 옆에 하얀 고리버들 요람이 있었다. 나이트 테이블 중 하나에는 호두들이 흩어져 있었다. 조가 화장실에서 나와 문 앞에 섰다. 옷을 다 차려입은 상태였다. 머리는 젖은 채 빗어 넘기고, 넥타이는 매듭까지 지었다. 레코드 플레이어에서 몽환적인 열대 지방 여성의 목소리가 흘러나왔다. "여기 내가 있어요, 당신만의 특별한 섬, 오세요, 오세요…."(영화 〈남태평양〉에 나오는 명곡 '발리 하이Bali Ha'i' 중에서—옮긴이).

"캐롤," 그가 말했다. "집안 투어는 끝났어? 우린 나가야 해."

그의 아내가 그의 팔을 잡았다. 그 순간의 장면에서 두 사람은 밤에 외출하는 깔끔하고 흠잡을 데 없는 젊은 교수 커플다워 보였다. 그들은 서로 상대로부터 뭔가를 받았음이 분명했다. 그는 너무 잘생겼고 그녀는 너무 작고 평범하니, 서로가 발견한 그 호감은 내가 결코 상상할 수 없는 것들이리라. 나는 내 부모님을 생각했다. 그분들은 같은 동굴 안에 나란히 매달려있는 두 개의 종유석처럼 떨어져 계시기 때문이다. 공공장소에선 손도 안 잡는다. 검은 정장을 입은 아버지에게서는 담배 냄새와 사내의 냄새가 났고, 어머니는 식탁보 같은 문양의 드레스를 입었다. 우리 부모님은 니스 칠 된 짙은 색 나무로 만든 각자의 침대를 사용했다. 언젠가 자선 활동에 골병이 들다시피 한 어머니가 저녁 파티에서 술을 많이 마셨던 날, 밤늦게 몸도 제대로 못 가누며 내 방으로 들어와 최근 아버지가 "부부 관계에서" 자신에게 "거칠어"졌다고 하소연했다. 나는 한참 후에 이 상황을 이해는 했지만, 생각만 해도 끔찍했다. 덩치가 크고 무뚝뚝하고 사무적인 아버지가 트윈 침대의 하나에서 어머니 위로 올라가 마르고 식탁보 같은 옷을 입은 어머니를 거칠게 다루다니. 나는 지금 나의 부모도 **아니고,** 내가 사는 세상보다 훨씬 복잡한 세상을 사는 이들 남편과 아내 앞에서, 내가 뒤처진 채 놀라서 입을 벌리고 있다는 생각이 들었다. 나는 패니를 "귀염아."라고 불렀지만 의미 없는 표현일 뿐이었다. 애정의 핵심은 그 아이의 아버지다. 호두를 먹으며 학생들에게 제임스 조이스의 작품을 큰소리로 읽어주던 남자.

"자, 다녀올게요!" 캐슬먼 부부가 전화번호와 아기 우유병과 깨끗한 기저귀를 남겨두고 나가며 인사했다. "잘 부탁해요!" 그렇게 말하며 두 사람은 교수들의 밤 파티로 향했다.

그들이 떠나자, 나는 느슨한 아기 포대기를 여미고 침실을 깊이 있게 탐험했다. 여기가 그 남자에 대한 단서들이 있는 곳이었다. 내게 정말 필요했던 것들이다. 이 옷장에 그의 신발들이 줄지어 정렬되어 있고, 이 서랍장 위에 그의 애프터셰이브들이 있었다. 그리고 나이트 테이블 위에서 릴케의 《젊은 시인에게 보내는 편지》를 발견했는데, 나의 교수의 이름이 책 안의 면지에 씌어있었다. 그는 '조지프 캐슬먼'이라고 큰 글씨로 멋을 부려 서명하고, '컬럼비아 대학교, 1948'이라고 적었다. 그가 언젠가는 유명해질 것이고, 마침내 이 책을 열어보고 그의 이름을 발견한 누군가가 흥분할 거라는 걸 보장이라도 받은 듯이. 물론 1956년이 되었어도, 그는 아직 유명하지 않았다. 하지만 어쨌든 그 서명은 나를 흥분하게 만들었다. 나는 손가락을 글씨에 대고 소용돌이 모양을 따라 써보았다. 그러고는 나는 그 책을 내려놓고, 아이를 내 옆에 뉘고 침대 한쪽에 앉았다. 나는 호두 껍데기를 몇 개 집어 들고는 손으로 주물렀다. 그리고 잠깐 동안 패니와 나는 서로 냉정한 관계가 되었다.

"안녕." 내가 말했다. "네 아빠를 사랑하게 될 것 같아. 그리고 정말로 그와 자고 싶어."

도저히 참을 수가 없어진 나는 일어나서 나이트 테이블의 서랍을 열었다. 아내가 된다는 것이 무엇인지, 한 남자의 곁에서 일생을 보낸다는 것이 무엇인지를 알아내야 했다. 그리고 곧바로 나는 무언가를 찾아냈다. 하얀 플라스틱 피임기구 용기, 그것과 함께 사용되었을 튜브에 든 크림, 그리고 바르는 도구도 있었다. 그 모든 것들이 나를 불안하게 만들었고, 나도 모르게 교수의 아내가 피임기구와 튜브에 든 크림을 그녀의 몸 깊이 밀어 넣고 그를 위해 준비하는 것을 상상하게 했다. 서랍에는 이쑤시개와 귀이개도 있었고, 그리고 호두 한 개가 있었다. 나는 호두를 집어 들고 살펴봤다. 빨간 하트가 그려져 있었는데 그 아래에 이렇게 적혀 있었다. **C., 너를 진실로 사랑해. J.**

그 호두가 피임기구보다 더 나를 심란하게 했다. 피임기구는 필수품이고, 스미스 칼리지의 여학생들이 스프링필드 행버스를 타고 가서 서툰 영어로 최소한의 것만 물어보는 리투아니아 빌뉴스Vilnius 출신의 나이든 산부인과 여의사를 만나면 구할 수 있는 물품이었다. 하지만 글을 새긴 호두는 훨씬 더 은밀한 존재였다. 그래서인지 어깃장을 놓고 싶은 마음이 들었다. 호두는 알맹이의 가늘고 자잘하게 팬 홈들과 빨간 하트를 그려 넣은 울퉁불퉁한 껍데기의 차가운 광택 때문에 여성적으로 보이기까지 했다. 나는 호두를 서랍의 제자리에 돌려놓고는, 갑자기 울음을 터뜨리면서 무언가를 필요로 하는 패니에게 주의를 기울였다. 우유병? 기저귀? 도대체 누가 알겠는가? 그 애의 울음소리는 바지 속에 들어 간 모래처럼 짜증스러웠다. 그리고 나는 아기들을 둘러싼 온 세상 사람들의 집착을 이해하지 못했다. 왜 내가 그 애들을 일이 년 내로 소망하게 될 것인지 그 이유를 알지 못했다.

나는 아이를 들어 안고는 어설프게 달래며 흔들어줬다. 나는 이곳에 영향력이 없었다. 권한도 없고, 심지어 남성과 처음 관계를 맺는 여성이 되어 피임기구를 몸 안에 깊이 묻은 그런 비밀도 없었다.

그래도 여전히, 캐슬먼 부부가 나중에 돌아왔을 때, 나는 한심하게도 조가 나를 더 의식하게 만들려고 애가 달았다. 그는 나에게 감사를 표하고 비용을 지불하고는 심지어 나를 노스롭 하우스까지 태워다 주겠다고 했다. 하지만 내가 혼자 가도 괜찮다고 말하자 그는 고집을 부리지 않았다. 오히려 그는 요람에서 자고 있는 아기와 어둑한 집의 고요한 무질서 속으로 돌아가는 것에 안도하는 듯했다. 나 역시 안도했다. 우리에게 무슨 할 이야기가 있을까? 가고 싶지 않은 나의 기숙사, 그곳으로 향해 가는 춥고 흔들리는 그의 차 앞좌석에 앉아서 어떻게 그 어색함을 견뎠을까? 나는 어디에 있고 싶어 **했던** 걸까? 거기는 아니다. 그렇다고 여기도 아니다. 잠에 굶주린 교수 부인으로, 언제고 내킬 때마다 집을 나들며 그저 헤매고 다니는 그의 삶을 부러워하면서 살아야 하는 곳. 그래서 나는 외로움보다는 독립적인 모습을 보이려고, 그들의 집에서 나와 혼자 돌아다녔다.

다음 날 아침, 도서관의 개인열람실로 돌아가, 나는 저녁에 남편과 함께 막 외출하려고 하는 키가 작고 남의 이목을 꺼리는 교수의 아내에 대해 썼다. 아기를 안고 계단을 내려오던 그녀는 앞으로 몇 해 동안 자신의 아기를 조종할 수 있을 거라고 상상하며, 공연 중인 인형술사처럼 한 손을 아기의 옷 안에 넣고 있었다. 아기의 엄마는 그 교수 사택의 어두움과 볼품없는 분위기를, 파티가 열리는 다른 집을 향해 차가운 밤공기 속에서 남편과 함께 걷는 상쾌한 산책으로 맞바꾸었다. 파티가 열리는 집에는 모든 전등에 불이 들어와 있고 음악이 흘러나오고 교수 부부들이 기대에 들떠 모여 서 있었다.

엄마에 대해 쓴 후, 나는 그 남편의 시점으로도 써보려 했다. 그가 아내 옆에 서서 했던 생각, 그리고 여자들이 들어갈 방을 찾을 때 도움이라도 줄 듯, 그녀의 팔꿈치를 잡고 있는 그의 손에 대해 썼지만 무언가가 나를 막았다. 나는 진정 남자가 무엇을 생각하는지, 그러니까 그들이 **어떻게** 생각하는지 몰랐고, 무엇이 그들에게 동력을 제공하는지, 무엇이 그들을 조종하는지에 대해서는 생각조차 할 수 없었다. 그래서 나는 시도하지 않기로 결정했다.

나의 습작을 제출한 후 며칠이 지나, 캐슬먼이 자신의 근무 시간에 보자고 요청해왔다. 나는 실리 홀의 넓은 계단을 올라가면서 그가 늘 하던 대로 나를 칭찬하든지 아니면 수업 시간에 다른 학생들과 함께 읽을 수도 있을 이런 글을 써서 자신의 프라이버시를 침해했다고 내게 말할 것이라고 생각했다. 그가 다른 여학생이 나가는 것을 배웅하고 나를 들어오라고 했다. 그는 손에 내 글을 들고 앉아 있었다.

마침내 그가 몸을 앞으로 기울이더니 말했다. "에임즈 양, 내 말을 잘 들어요. 이미 당신의 작품이 좋다고 말했지요. 하지만 내가 당신을 완전히 이해시킨 것 같지 않군요. 아마 당신이 보듯, 내 강의는 다른 강의들과 똑같아요. 프랑스어나 르

네상스 예술, 당신이 이번 학기에 수강하고 있는 어느 것이나. A학점을 받으면 굉장히 좋아할 겁니다. 그리고 그렇게 되겠지요. 하지만 생각해 보니 내 느낌에, 당신이 선택한다면, 이것으로 정말 무언가를 **해낼** 수 있다는 것을 당신이 깨닫는 게 중요합니다."

"무슨 말씀이세요?" 내가 물었다.

"글쎄요. 아마 당신은 이걸 좀 늘려서 단편으로 출판할 수 있겠지요, 예를 들자면 말이에요. 그러고 나서 계속 그런 것들을 더 쓰고, 그것들도 출판하는 겁니다. 아마 정상의 매체들에는 어려울지 몰라도—그들이 누구 글을 실을지 결정하는 법은 신이나 알겠죠—좋은 군소 문예지에는 원고를 팔 수 있을 겁니다. 그리고 당신은 소설을 써보겠다는 마음을 먹을 수 있고." 그는 계속했다.

"왜요?" 내가 말했다.

"**왜**라니요?"

"왜 내가 그러고 싶어 할 거라고 생각하세요? 말씀하시고자 하는 바가 뭔가요?" 나는 일레인 모젤이 나를 벽감으로 끌고 가던 모습을 생각했다.

캐슬먼이 나를 쳐다봤다. "나도 잘 모르겠어요." 그가 어깨를 으쓱이며 말했다. "당신은 재능이 있고, 말하고 싶은 뭔가를 갖고 있는 사람이기 때문이에요. 많은 작가들이 이것 아니면 저것만 가졌지 둘 다 갖고 있지 않아요. 그리고 여성의 시점으로 세상 사물을 보게 되면 하나같이 흥미롭습니다. 우리는 남자들이 바라보는 시점에 익숙해져 있거든요. 그래서 우리가 여성의 시선으로 볼 기회를 갖게 되면, **참신합니다.**"

일레인 모젤은 여성이 일반적으로 하는 것처럼 글을 쓰지 않았다. 그녀는 큰 그림을 그리듯, 다양한 정보들의 목록으로, 권위가 있는 척 글을 썼다. 이 모든 것들 때문에 그녀는 욕심 많고, 생뚱맞고, 전혀 여성답지 않게 보였다. 지금까지 내 작품의 캐릭터들은 모두 소녀거나 성인 여성들이었다. 나의 글은 고양이처럼 조용하게 지켜보는 스타일이었다. 여자들은 내 글을 읽고 싶어 할 것이라는 생각이 들었다. 남자들은 안 읽을 테지만.

어쩌면 캐슬먼의 이야기가 맞을지도 모른다. 몇 년 안에 나는 '해안에서의 여름' 같은 제목으로 성인이 되어 가는 이야기를, 매우 괜찮은 첫 소설을 출판할 것이고, 그리고 어쩌면 나는 스미스 칼리지 졸업식에서 낭독을 해달라는 요청을 받을 수도 있다. 듣고 있는 여학생들은 인정하며 고개를 끄덕이겠지만, 그 자리에 있는 남자들은 차라리 다른 곳에 있었길 바라며 손가락을 만지작거리고 있을 것이다. 남자들은 갑옷을 두른 글, 방패로 무장한 글, 뻣뻣한 근육처럼 절대로 굽히지 않는 글을 기다릴 것이다. 어느 교외에 사는 부부의 아보카도 색

부엌에서 일어난 시시콜콜한 언쟁은 물론 백년전쟁을 포함한 온 세상에서 선택된 글을.

하지만 캐슬먼 교수는 남성이고 그리고 그가 **나의** 소설을 좋아한다. "개인적으로, 나는 여성에 대해 제대로 진실되게 쓰는 게 어려워요." 그가 인정했다. "그게 전부 남자들이 하는 말처럼 들리더군요. 실력이 안 좋은 복화술사의 연기죠. 사람들은 내내 그 남자의 입이 움직이는 것을 보죠. 나는 아직도 여자들의 마음과, 그 모든 여성의 신비와 그들이 간직하고 있는 비밀들을 이해할 수 없습니다. 가끔 난 그들을 흔들어 털어내고 싶다니까요." 그가 말을 멈췄다. "그건 작가인 저를 극도로 좌절하게 만듭니다." 그가 말했다. "성별을 나누고 있는 벽, 그것이 우리가 서로의 경험을 알아가는 것을 막고 있어요. 모든 이들이 이 사실과 대면해야만 해요, 정도의 차이는 있어도요. 그래도 일부 최고의 작가들은 그것을 우회하는 현명한 방법을 찾은 것 같지만요. 나는 완전히 한계에 부딪혔어요."

"그렇지 않아요." 내가 재빨리 말했다.

"내 작품을 읽어 본 적 없군요." 그가 말했다. "난 지금까지 두 개의 단편을 출판했습니다. 당신은 아직 모르겠지만."

"읽어보고 싶네요." 내가 말했다.

"그래줄 겁니까?"

"네, 당연하죠."

캐슬먼은 책상 위에 있는 호두와 신문, 책들 사이를 뒤적이더니 〈카리아티드; 예술과 비평 저널〉이라는 얄팍한 문예지를 집어 들었다. 들어본 적 없는 잡지였다. 모르긴 해도 거의 아무도 들어보지 못했을 것이다. 캐슬먼은 나에게 그걸 건네주며 자랑스러워하는 것 같기도 하고 멋쩍어하는 것 같기도 했다.

"원하면 빌려가도 돼요." 그가 말했다. "당신 생각을 알려주세요."

나는 고개를 끄덕이며 과찬의 말씀을 들었고, 틀림없이 난 그 잡지를 좋아할 것이라고 말했다. 그러고 나서 목차를 훑어보며 그가 쓴 단편의 제목을 찾았다. 여기 있었네, 〈일요일엔 우유 금지〉, 작가 조 캐슬먼. 내가 그 이름을 읽고 있는데 그가 의자를 앞으로 당겨 앉아 우리의 무릎이 닿았다. 고개를 들어보니, 깜짝 놀랄 정도로 그가 가까이에 있었다.

"어쩌면," 그가 말했다, "당신이라면, 어떻게 그 글을 더 좋게 만들 수 있을지 말해줄 수 있을 것 같은데." 그것이 우리가 처음으로 맨 무릎을 맞댄 순간이었다. 그 첫 접촉은 뭔가를 완전히 결정한 것이 아니라, 무엇을 잡을 것인가 아직 정하지 못했다는 암시였다. 이것이 글쓰기에 대한 대화였을까? 그가 집게손가락을 천천히 내 입술에 댔다. 이어 캐슬먼의 얼굴이 다가왔고, 그리고 그가 갑자기 나에게 키스를 했다. 평범한 학생들의 글 더미가 사랑받지 못한 채 쌓여있는 아주 작은 이 사무실에서. 그는 키스를 하고 또 했다. 마치 나의 재능, 나의 통찰력, 내게 있다고 생각되는 건 뭐든 핥고 삼키고 싶은 것 같았다. 나는 아직도 우리 둘 중에서 그가 더 중요한 사람이고 나는 아직 미완성이라는 느낌이 들었다. 그가 나를 완성시킬 수 있다고 나는 생각했다. 그는 내가 실질적으로 완전한 사람이 되는 데 필요한 것들을 나에게 줄 수 있으니까.

그는 키스를 멈추지 않았지만 더이상은 하지 않았다. 그의 손은 나의 어깨를 잡고 있었고 닻을 내린 듯 움직이지 않았다. 만진 것도 아닌데도 나는 거의 오르가즘을 느꼈고, 놀랐고, 그 다음엔 비정상적으로 예민한 나의 반응에 어리둥절했다. **그 소녀는 어리둥절했다,** 라고 쓴 내 앞에서 펼쳐지고 있는 이야기를 생각했다. 그리고 나는 내 어깨를 잡고 내게 키스하고 있는 이 남자와 내 자신이 문학적인 거리를 둔 것에 안도했고, 그제야 나는 내가 바로 전까지는 작가가 아니었지만 지금은 작가라는 확신을 느꼈다.

나는 노스롭 하우스의 누구에게도 말하지 않았다. 심지어는 나의 친구 로라에게도. 그녀는 뭔가가 의심스러워도 다그쳐 묻지 않는다. "이건 좋은 일일 거야, 맞지?" 라고 그녀가 말하면, 나는 그저 미소를 지었다. 나는 그 순간은 나 혼자 간직

하고 싶었고, 역사 수업을 들을 때나, 사방의 다른 샤워기에서
물 쏟아지는 소리를 들으며 초록색 고무 커튼이 달린 함석 샤
워 칸막이 안에서 샤워를 할 때, 그 기억을 끄집어내 다시 머
릿속에서 그려보고 싶었다. 내가 독서를 방해 받지 않을 것이
란 것을 안 첫날밤에, 나는 침대에 앉아서 무릎에 〈카리아티
드〉를 펼쳤다. 세심하고 조심스럽게, 나는 그의 이야기 부분
을 열어서 읽기 시작했다. 나는 내가 그에 대해 이미 느낀 것
을 고조시켜줄 뭔가를 기대하며 흥분했다. 글을 읽으면서 내
입술은 이야기를 따라 움직였다. 하지만 그 단편이 잘 쓴 글이
아니라는 것이 점점 명확해졌다. 나는 혼란스러웠다. **어떻게
이 글이 안 좋을 수가 있지?** 하지만 〈일요일엔 우유 금지〉의
세계에서 여성 인물들은 자연스럽지 않은 문장들로 이야기했
고, 남성들은 교육받지 못한 남자들의 전형이었다. 하나같이
못마땅하고 금욕적이고 입 밖에 내지 않는 고통을 가지고 있
었다. 이 글은 자신만의 독특한 목소리를 개발하지 못한 사람
이 문학적으로 그럴싸한 것을 모방한 것 같았다.

　일레인 모젤의 농장 이야기가 오히려 더 진짜 같고 거기 나
오는 남자도 더 그럴법했다. 캐슬먼은 실제로 남자인데, 왜 그
는 그렇게 쓰지 못했을까? 뭐가 잘못 돼서 그가 할 수 없었던
거지? 나는 그 잡지를 덮고 옆으로 치워버렸다. 그것을 읽은
것이 화나고 속상했다. 그에게 뭐라고 해야할지 전혀 떠오르

지 않았다. 어쩌면, 그가 내게 이걸 빌려줬다는 걸 잊고 언급조차 하지 않을 수도 있다. 그러면 그것에 대해 그에게 말해야 하는 불편을 겪지 않아도 된다. 그 일이 절대로 거론되지 않기를 바랄 뿐이었다.

수요일 정오에, 영문학과 봉투에 담긴 메모 하나가 교내 우편을 통해 내게로 왔다. 나는 그것을 재빨리 집어 들고는, 집에서 보낸 편지와 도넛 모양의 번트케이크를 열어보느라 주위에서 북적거리는 다른 여학생들로부터 떨어져 나왔다.

친애하는 에임즈 양에게,

동양 종교를 가르치는 내 동료 다나카 교수가, 한 주에 한 번씩 금요일 오후에 와서 그의 개를 산책 시켜주고 밥을 줄 학생을 내게 추천해 달라고 했습니다. 혹시 관심이 있는지?

조 캐슬먼

내가 보기에 그 편지는 암호로 보낸 편지였다. 그래서 나는 곧바로 답장을 했다. 그 개가 존재하는지 의심스러웠지만, 다나카 교수의 개를 산책시키고 밥을 주겠다고. 그 다음 날, 열쇠와 주소가 편지함에 들어있었다. 그리고 금요일에 나는 크래프츠 애비뉴의 언덕길을 걸어 내려가서 아래층에 빵집이 있는 아파트 건물로 들어갔다. 그 건물에서는 효모 냄새가 났고, 내가 3층에 있는 'H. 다나카'라는 문패가 걸려있는 집으로 들어가자, 진짜 개가 안쪽 어딘가에서 미친 듯이 깽깽 짖어대기 시작했다. 늙고 털이 잿빛인 닥스훈트였다. 내게 기를 쓰고 달라붙으려고 하는 그 개의 등뼈는 마치 공룡처럼 튀어나와 굽어 있었다.

"이리 오렴." 가구라고는 거의 없는 거실로 들어가며 내가 말했다. 그 개는 관절염에 걸려 있는데도 내 무릎으로 기어오르기 시작했다. 그 개 역시 내가 왜 왔는지 아는 듯했다.

주방에서 나는 중-소형 개들을 위한 비프-오 통조림 한 통을 찾아냈다. 나는 통조림을 열고 냄새를 피해 머리를 돌린 채 내용물을 함석 그릇에 쏟아 개에게 주었다. 그리고 개가 늑대처럼 게걸스레 먹는 모습을 물끄러미 지켜봤다. 개를 잠깐 산책시키고 나서 안으로 돌아와 깔개위에 앉았다. 배가 부르고 기분이 좋은지 그 이름 없는 닥스훈트는 벌렁 드러누워 내 앞에 백발의 털로 뒤덮인 배를 드러냈다. 개의 성기가 배를 감싸고 있는 털 사이에서 잠시 보였다가 곧 사라졌다. 벽면에는 사람들의 시선 높이에 몇 장의 일본 그림들이 걸려있었다. 찻주전자로 차를 따르고 있는 기모노 차림의 여자들 그림과 정원 연못과 둥지에 깃들이고 있는 학들을 담은 풍경화들이었다. 낯설고 고요한 방에 앉아서 주위를 둘러보며 기다리고 있을 때, 초인종이 울렸다.

"누구세요?" 내가 인터콤을 통해 물었다.

"조." 그가 말했다.

그러니까 그는 이제부터 조였다. 새로웠다. 나는 얼른 그를 안으로 들였다.

"안녕." 그가 인사하고 나를 지나쳐 들어가서 신문과 책들을 내려놓고 외투를 접어 의자에 올려놨다. "개는 얌전하던가요?" 그가 물었다.

"괜찮았어요." 내가 말했다. "난 이 개가 진짜인 줄도 몰랐다고요."

"아, 이 개는 정말로 진짜죠." 조가 말했다.

"알아요. 이 개가 제 다리와 짝짓기를 했다고요."

조가 웃었다. "그러면 우리는 조만간 반은 개이고 반은 다리인 조그마한 괴물이 이 아파트 안에서 뛰어다니는 걸 보겠네요, 그죠?"

"맞아요." 내가 말했다.

그는 여전히 서서 나를 쳐다봤다. "에임즈 양. 아니, 조안. 내가 당신을 어떻게 해야 할까요?"

"담금질?" 내가 말했다.

그는 앞으로 다가와서 그의 팔로 나를 껴안고 내 머리와 목에 키스를 했다. "그래서, 침대로 가도 돼요?" 그가 물었다.

H. 다나카 교수의 안방은 거실과 거의 흡사했다. 벽면에 그

림들이 몇 장 걸려 있었고, 심플한 침대가 있었다. 종이 갓을 통해 흘러나오는 희부연한 불빛에 옷을 벗은 조의 본모습이 모두 드러났다. 그는 잘생겼고, 근육도 단단했다. 한쪽 발에는 흉터가 있었다. 피부 조직이 팽팽하게 당겨진 그 흉터는 분홍색으로 광이 났다. 내 추측으로는 총알구멍 하나가 그를 약간 절뚝거리게 하는 원인이었다. 나는 그가 한국전쟁의 영웅인 것처럼 느껴졌다. 나중에 물론, 그가 훈련소에서 실수로 자기 발을 쐈던 것임을 알았지만 말이다. 그가 나를 만졌을 때, 그의 살갗은 물개의 피부처럼 차가웠다. 침대에서, 내 옷들은 이미 사라졌고 내 젖꼭지들은 단단하게 일어섰다. 두 팔로 나 자신을 가리고 싶은 충동을 억눌렀다. 나의 가슴은 남자들이 대부분 좋아하는 엄청난 가슴이었지만, 나는 그것이 부끄러웠다. 나는 내 가슴과 내 음모가 있는 부분을 바라보는 그를 지켜보았다. 하지만 나는 일본식 정원에 그와 함께 있다고 상상하며, 우리가 이제 막 하려는 것이 차를 따르는 다도의식만큼 우아할 것이라고 상상했다. 나는 그의 성기를 잡고 잠시 동안 온전히 관찰했다. 그것은 내가 본 첫 남성 성기였고, 어떤 면에서는 그것이 그보다 훨씬 더 낙관적으로 보였다. 동의를 했고, 준비가 되었고, 실패할 가능성은 의식하지 않았다. 나는 베개에 기대고 누워 그가 밴조 줄처럼 한 번에 티잉하고 튕겨 나온 그의 용감무쌍한 트로이인을 움켜잡는 것을 지켜보았다.

내 안으로 밀고 들어오는 그를 받아들이며 나는 좀더 어떻게 해서든 내가 이렇게 있는 것이 그에게 도움이 되기를, 나의 존재가 그를 즐겁게 해주기를 바랐다. 나 역시 긴 격자무늬 스커트를 휘날리는 아가씨들 무리를 떠나 위로 솟아오르며 이 일이 분명히 내 자신을 돕는 길이라는 걸 알았다. 조는 곧 땀을 쏟았고, 얼음장처럼 차가운 발을 오그려 내 발을 감쌌다. 그는 나무 위에 사는 원시인이 나무에 매달리듯 나를 끌어안았다. 그가 내 안으로 들어올 때 매우 고통스러웠고, 나는 그 때문에 깜짝 놀랐다. 책에 나타난 그의 감수성과 사랑은 그가 어느 스미스 칼리지 여학생의 꽃봉오리를 꺾었을 때 주는 그 고통과 얼마간 관계가 있는 듯싶었다. 나는 다시 회색 모직 바지를 입었을 때의 그의 무릎을 떠올렸다. 그리고 지금은 그의 맨 무릎, 피부가 팽팽하게 당겨지고 귀두가 노출된 그 칙칙한 음경, 그 아래에서 힘껏 수축하고 이완하는 장딴지를 보았다. 나는 내 다리로 그를 감쌌다. 마치 내가 꽉 조이는 도구로 그를 잡고 있는 것 같았다. 나는 내 다리가 그렇게 힘이 센 줄 미처 몰랐다. 얼마 후에 나는 자고 싶었으나, 조는 그렇지 않았다. 아니 그럴 수 없었다.

"아, 내 걱정은 마. 나는 절대 안 자거든." 그가 내게 말했다. "이건 나에 대한 가장 기본적인 정보야."

"내가 아는 유일한 사실이네요." 내가 말했다.

"네가 원하는 것은 뭐든 알려줄게." 그가 말하고는 내가 물어보기를 기다렸다.

나는 내가 알고 싶은 게 뭔지를 몰랐다. 그래서 나는 몇 가지 간단한 질문을 했다. 그가 자라온 환경(브루클린, 유대인, 아버지가 안 계심), 그의 학력(컬럼비아 대학교, 석사, 박사), 그의 군 생활(한국 전쟁, 아주 잠깐. 자신의 오발로 인한 총상으로 본격적인 전투 전에 귀향), 그의 결혼 생활(나빴다, 갈수록 목소리가 새된 여자, 그녀의 가장 무거운 죄는 아기가 태어난 후 더이상 그와의 잠자리를 원하지 않았다는 것. 그의 말에 따르면 그녀는 그를 **거부했고**, 그를 외면하고 또 외면했다. "너는 그게 남자에게 무슨 의미인지 알아?" 라고 그가 나에게 물었고 나는 모른다고 말할 수밖에 없었다. 나는 몰랐다), 그의 정치 성향(성향 자체가 없음. 웰치가 매카시를 심하게 대했을 때 짜릿했고, **브라운 대對 교육위원회 소송 대법원 판결**에 흥분, 특히 동네에 가까운 흑인 친구 몇 명이 있었을 때), 그에게 가장 좋았던 순간들(컬럼비아에서 마크 반 도렌의 강의를 들었을 때), 그의 인생관(감상적, 대부분의 작가들처럼).

내가 궁금했던 것들을 묻는 인터뷰가 끝나자, 우리 사이에 잠시 침묵이 흘렀다. 그러다 그가 갑자기 "아, 너에게 물어보고 싶은 게 있어." 라고 말했다.

"해보세요." 라고 말하며, 나는 생각했다. 그는 나에 대한 모든 것을 물어볼 것이고, 나는 뉴욕시에서 성장하는 특혜를 받은 소녀의 일상을 시시콜콜 그에게 말해줘야 하리라. 맨해튼의 사립 명문 브리얼리 스쿨, 정식 댄스 교습을 받은 것, 나의 부모님 사이의 영문 모를 냉각기류, 관심을 못 끄는 장식물처럼 내 주변에 뿌려진 돈에 대해서. 그리고 나는 그에게 나의 불안감, 나에게 스며드는 정치적 공감과 연대, 비현실적인 사람이 되고 싶지 않다는 욕심들을 이야기해야 할 것이다. 나는 그에게 나 자신에 대해 말해야 한다는 것이 두려웠지만, 한편으로 후련했다. 그래, 이런 것이 남자와 함께 있다는 의미였구나. 그가 신경 쓰는 것들을 나에게 말해주고, 그 다음에는 내가 신경 쓰는 것들을 그에게 말해주고, 상대방이 이야기할 때 적절한 시점에 분노하고 동정하며 맞장구치는 것. 그건 마치 친구를 갖는 것과 같고, 전혀 다른 신체적 구조와 기억들을 가진, 낯선 자신의 판박이를 갖는 것과 같다. 그리고 둘이 모두 이야기를 털어놓고 나면 서로 상대방의 내부에 있는 기억의 채굴장과 저장소에 특별히 접근할 수 있는 권한을 가진 것처럼 느껴지는 것.

하지만 나의 예상과 달리, 그의 질문은 "내 글은 어땠어?"였다.

그의 글. **맙소사**. 잠깐 동안 나는 무슨 말을 해야 할지 몰랐다. 나는 혼란스럽고 갈피를 잡을 수 없어서 아무 말도 하지 않았다.

"아직 안 읽어 본 거야?" 그가 집요하게 물었다.

나는 끄덕이며 최대한 빠르게 임기응변할 준비를 갖췄다. "읽었어요."라고 나는 쾌활하게 말했다. "지난밤에요. 말하려 던 참이었어요." 그리고 나는 잠시 숨을 골랐다. "정말 좋았어 요."라고 내가 말했다. 그렇게 말하기는 쉬웠다.

"그랬어?" 그가 말했다. 그는 한쪽 팔로 머리를 괴었다.

"결말이 너무 갑작스럽다고 생각하지 않았어? 남자가 여자 에게 그 스카프를 주고는 떠나버리는 장면 말이야."

"아니요." 내가 말했다. "전혀 안 그랬어요. 그 스카프의 **의 미**가 중요한 거죠. 안 그래요? 나는 완벽하다고 생각했는데 요." 하지만 나는 그게 전혀 완벽하지 않다는 것을 알고 있었 다. 전부 다 적절하지 않고, 너무 억지스러웠던 것이다.

"진심으로 하는 말이야?" 그가 내게 물었다.

"그럼요. 내가 당신에게 말하려고 했는데 당신이 먼저 물어 보네요."

"그럼, 엄청 잘됐네." 그가 미소를 지으며 말했다. "조애니, 덕분에 정말 기분이 좋다."

나는 숨을 조용히 내쉬었다. 칭찬이 그를 행복하고 평온하 게 만들었다. 섹스가 그랬던 것처럼. 마침내 그가 가야 할 시 간이 되었다고 말했다. 그는 스테이트 스트리트 마켓에 들러 서 그의 아내가 부탁한 밀가루와, 딸이 먹을 유아용 유동식을 사야 했다. 밀가루와 유동식. 그것들은 나의 것과는 공통점이 전혀 없는 일상용품들이었다.

우리는 일어나 서로 부끄러워하며 등을 돌린 채 옷을 입었다. "조," 나는 아무렇지도 않은 듯, 그의 이름을 한 음절로 불러 보았다. 그가 나를 돌아봤다. "무슨 일이 벌어질 것 같아요?" 내가 그에게 물었다.

그가 잠시 대답을 않고 가만히 있다가 말했다. "내가 어떻게 알겠어? 내 생각엔 그냥 지켜봐야 할 것 같은데."

꽤 시간이 흐른 후에, 오후가 저물어가는 시간에 캠퍼스로 돌아가면서, 철물점을 지나고 헌책방을 지나고 음악대학 건물의 웅장한 파사드를 지나며, 나는 내내 궁금했다. 그가 앞으로 나를 사랑할지, 내가 어떻게 밀어붙여야 그런 사랑이 생길지.

마침내 우리에게는 곧 한 주에 한 번 내가 다나카 교수의 개를 돌보러 갈 때 만나는 습관이 생겼다. '개 산책시키기'가 비유적인 표현이 되었다. **개가 오늘은 아주 배가 고파**, 라고 그가 내 옷의 단을 뒤집고 손끝으로 나를 만지며 말하곤 했다. 나는 스프링필드의 리투아니아인 여자 의사의 어둑한 진료실에서 피임기구를 끼웠다.

어느 날 우리가 다나카 교수의 침대에 누웠을 때, 조가 내게 화장지에 싸서 리본을 맨 무언가를 내밀었다. 열어보니 호두였다. 겉에 그가 빨간색 잉크와 가는 붓으로 무언가를 써놨었다. **J에게. 경애하며 J가.** 라는 내용이었다.

　나는 그 호두를 든 채 잠깐 동안 실망감을 다른 데로 돌리려고 해 보았다. 물론 그는 내가 그의 아내의 서랍장을 뒤져보고 그녀가 갖고 있는 이것과 거의 똑같은 호두를 봤다는 것을 알 리가 없었다. 나는 호두 먹는 것을 좋아하지 않는다. 알맹이를 먹으려다 보면 종종 껍질을 씹게 되고, 결국에는 담배 부스러기처럼 혀에 붙은 그 조각들을 떼어내느라 고생하기 때문이었다. 그 맛도 너무 진하고 좀 이상하다. 마치 와인에 떠 있는 코르크 조각을 먹는 것만 같다. 조는 이래서 호두를 좋아한다며 갖가지 이유를 댔다. 호두는 껍데기 안이 온통 오톨도톨하고 주름이 진 복잡한 견과이다. 호두는 먹고 나면 기름기가 남는데, 이 또한 조가 좋아하는 뒷맛이다. 그는 여자의 것과 같은 그 맛이 좋다고도 했다. 언젠가 다나카 교수의 침대에서 그가 이렇게 말한 적이 있었다. 처음에는 내가 부끄러워서 다리로 그의 머리를 옥죈 채 긴장을 풀 수 없었는데도, 그는 내 아래를 맛볼 수 있었던 처음 순간이 좋았다고 했다. 내가 생각할 수 있었던 것은 그가 맛을 보고 있다는 것뿐이었다. 소금과 활석이 섞인 맛이라는데, 그 외에 무슨 맛인지 누가 알겠는가. 여자들의 맛을 가릴 수 있는 건 아무것도 없어, 참 감사한 일이지, 라고 그가 말했다. 호두 또한 그랬는데, 그것을 쿠키에 넣어 굽든, 기름으로 샐러드에 넣든 언제나 그 맛을 알아낼 수 있었다. 거기에서는 향긋하면서도 마치 숲 속 바닥에서 찾을 수 있는 무언가와 같이 어둡고 진한 맛이 났다.

나는 그 호두를 노스롭 하우스의 내 방 책상의 머리핀들과 콜드크림 통 옆에 두었다. 호두를 책상 위에 둔 지 몇 주가 지났다. 나는 그것이 거기에 있다는 것을 까맣게 잊고 있었다. 그러던 어느 날, 홀바인과 뒤러에 관한 예술 역사 수업에서 돌아와 방문을 열었더니 조의 아내가 침대에 앉아 나를 기다리고 있었다. 내가 들어서자 캐롤 캐슬먼이 일어났다.

"무슨 일이시죠?"라고 물으며, 그 잠깐의 혼란스러운 순간에 나는 조가 죽어서 그의 아내가 나에게 그 사실을 알리러 왔고, 그러면 그녀가 아니고 내가 정말로 사별한 사람이 되는 거라는 생각이 들었다.

"**무슨** 일이냐고요? 내가 왜 여기 왔는지 알 텐데."라고 캐슬먼 부인이 말했다. 그녀는 낙타 털 재킷과 주름치마를 입고 있었다. 작은 체구의 그녀가 제정신이 아닌 듯 이성을 잃고 있었다. "난 너를 내 집에 들어오게 했어," 그녀가 몸을 떨며 말을 계속했다. "너에게 내 아기를 맡기면서 믿었다고, 알아? 그런데 이게 그 보답이야? 그렇게 어리고 귀여운 척하는데, 너 정말 뻔뻔하다."

"누가 당신에게 말한 거죠?" 내가 참담하게 물었다.

캐롤 캐슬먼은 아무 말도 하지 않았다. 그녀는 꽉 쥐고 있던 손을 들어 올리더니 살짝 펴보였다. 그 안에는 조가 나에게 준 호두가 있었다. 증거. 노스롭 하우스의 다른 여학생들은 저녁 식사할 준비를 하고 있었을 것이다. 아래층에서부터 올라온 요크셔 푸딩의 냄새가 건물 안에 진동했으니까. 달걀이 많이 들어 있고 진하며 영양가도 풍부한 음식. 그것은 집에서의 이전 삶, 자궁에서의 삶, 사람들이 우리를 돌봐주고 우리는 스스로를 위해 아무것도 할 필요가 없었던 삶의 복사판이었다. 지금 당장, 나는 위안이 되어줄 그 음식을 먹고 싶었다. 예일대 남학생들과의 거지같은 데이트에 대한 수다를 들으며 육즙이 흐르는 스테이크 접시에 코를 박고서. 하지만 그 대신 나는 여기에서, 손에 호두를 쥐고 맹렬한 분노에 휩싸인 조의 아내와 대면하고 있다.

"그래, 한 번 말해봐." 캐롤 캐슬먼이 말했다.

"못해요."라고 내가 말하고는 울기 시작했다.

그녀는 잠시 나를 울게 놔두고, 계속 지켜보더니, 짜증을 냈다. 그러고는 마침내 더이상 참지 못하고 다시 말했다. **"말해."**

"나는 나쁜 사람이 아니에요, 캐슬먼 부인."이라고 말했지만, 내가 정말로 하고 싶었던 말은, '저 아직 그렇게 대단한 사람 아니에요'였다.

"이 못된 계집애."라고 캐롤 캐슬먼이 말했다. "글깨나 쓴다는 너 스미스 잡년. 나도 그 글들 읽어봤지. 근데 이거 알아? 그것들 그렇게 대단하지 않더라. 나는 도대체 그 인간이 무엇 때문에 그것들을 계속 붙들고 얘기하는지 모르겠어. 넌 그 글들을 빌어먹을 제임스 조이스가 쓴 것처럼 생각하겠시반."

그러고는 조의 아내가 손을 뒤로 젖히더니 호두를 던졌다. 호두가 나에게 똑바로 날아왔지만, 소리를 지르거나 몸을 피할 틈이 없었다. 호두가 내 이마 한가운데를 세게 맞춘 순간, 강한 충격과 함께 망치 소리로 두드리는 듯한 소리가 났다. 나는 잠시 비틀거리다 바닥으로 쓰러졌다.

아래층에서 뛰어올라오는 소리들이 어렴풋이 들렸다. 그러고는 여학생들의 얼굴들이 내 위에 둥그러니 떠있는 모습이 희미하게 보였다. 모두가 노래를 부르고 있는 찬송가 대원들처럼 입을 벌린 표정이었다. 누구는 헤어롤을 머리에 말고 있었고, 누구는 귀에 연필을 꽂고 있었다. 모두가 웅성거리기 시작했지만, 아무도 어떻게 해야할지 모르는 것 같았다. 그 뒤의 어디선가 캐롤 캐슬먼이 울면서 방안 가득한 여자들에게 자신의 인생이 산산이 부서졌다고 넋두리를 하고 있었다. 하지만 이마 한가운데에 부풀어 오르고 있는 혹을 달고 바닥 깔개에 누워 있으면서 내가 생각할 수 있는 것이라고는, 내 자신의 삶이 드디어 시작되었다는 사실이었다.

3장

헬싱키-반타 공항은 세상에 있는 모든 다른 공항과 비슷하다. 살짝 금발들이라는 사실을 제외하고는. 멋진 알비노(선천성 색소결핍증에 걸린 사람—옮긴이)의 천국인 스웨덴이나 노르웨이와 같은 금발은 아니지만, 미국인이 보기엔 충분한 금발이다. 핀란드인의 피 속에는 슬라브족의 어둠이 똑같이 흐른다. 하지만 이 작고 사랑스러운 북반구의 나라에는 아직도 금발들이 많다. 조와 나를 비롯한 일행의 나머지 사람들은 공항을 통해 핀란드인의 물결 속으로 들어온 터라, 이런 생각부터 들었다. 핀란드인들 중 몇몇은 사진을 찍고, 몇몇은 질문을 해왔다. 그들 모두가 조에게 뭔가를 기대하고 있었다. 가벼운 터치, 한마디 말, 약간 지친 듯하면서도 온화한 미소를. 이런 가벼운 순간들에 조가 재능을 살짝 덜어서 그들에게 약간의 빛을 더해주면, 그들은 답례로 조에게 스칸디나비아 금빛이라는 그들 자신의 브랜드를 만지게 해주겠다는 듯이.

그들 가운데 다수가 금발에 매력적이었고, 나머지 사람들도 바이킹족의 배에 새겨진 두상처럼 매우 귀티나고 영웅다워 보였다. 그리고 그들과 달리 조는, 체구가 작고 일흔한 살이고 검은 머리의, 한때는 미남이었던 브루클린 출신 유대인이었다. 하지만 어찌된 일인지 조와 그들의 회동은 멈출 바를 몰라, 공항 통로를 통해 계속 이어졌다. 나에겐 스모가스보드(스웨덴 뷔페식 식사—옮긴이) 테이블처럼 보였다. '**나를 사랑해줘.**' 그가 오랜 비행으로 지친, 게슴츠레한 눈으로 그들에게 이렇게 말하는 것처럼 보였다.

핀란드인들도 '네, 우리가 사랑해 줄게요. 요세프 캐슬먼 씨, 당신 또한 우릴 사랑해 준다면요.'라고 답하는 것 같았다.

그리고 사랑 못할 건 또 뭐야? 그들이 조를 선택했다. 그렇지 않은가? 그들이란 핀란드학술원을 채우고 있는 노인네들로, 좀 젊어 보이는 힙스터들 역시 육십대일 것이다. 조는 아무것도 알아차리지 못한 듯했다. 그만큼이나 조는 자신의 도착을 환영하는 장엄한 의식을 즐기고 있었다. 이것이 바로 그가 줄곧 기다려왔던 것이었다. 비행기에서 내리면 마치 비틀스가 미국에 착륙했을 때처럼 사람들이 맞이해주는 것. 비틀스처럼 비행기 트랩을 통해 활주로에 직접 내렸다면 더 좋았을지도 모른다. 성긴 머리카락을 바람에 흩날리며 자신을 흠모하는 사람들을 향해 손을 흔들면서 말이다. 그 대신, 우리는 비행기 출입구와 연결된 카펫이 깔린 통로로 나왔고, 그렇게 도시 경계 밖에 있는 이른 아침 공항 터미널에 도착했다. 청결하면서도 으스스하게 느껴지는 흰 공간에 백화점에서와 같은 차임벨 소리가 들리고, 평범한 유럽 여성의 목소리로 비행기의 이착륙에 대해 이해할 수 없게 안내하는 방송이 울려 퍼졌고, 알아들을 수 없는 영어로 누군가의 이름을 부르며, 수화물 컨베이어 벨트에서 일행이 기다리고 있다는 소식을 알렸다.

면세점과 신문 판매대, 그리고 벽에 걸린 핀란드의 풍경사진들을 지나는 동안 조는 자신에게 다가오는 언론인들과 정부를 대표해서 나온 사람들에게 친근하고 매력적으로 대했다. 몇 안 되는 정부기관 사람들은 공식적인 자리에서 사용하는 스칸디나비아를 나타내는 배지를 달고 있었다. 하지만 나는 그들이 정확한 영어로 말을 건네고 있음에도 조가 거의 알아듣지 못하고 있다는 걸 알아챘다. 그는 지금 굉장히 들떠 있는 상태였다. 황홀경에 빠져 있었다.

나는 브루클린의 아파트에서 여성들에 둘러싸여 살았던 조의 어린 시절을 떠올렸다. 그의 첫 번째 결혼이자 몹쓸 결혼은 요란하게 끝이 났고, 두 번째 결혼이자 오랜 결혼은 조의 경력에 날개를 달아줬다. 그리고 아이들이 있었다. 아, 우리 아이들! 나는 아이들과 함께하는 생활이란 게 어떤 것인지 정말 몰랐었다. 나는 아기들에게 마음이 끌렸지만, 두렵기도 했다. 아이를 갖고 싶은 나의 욕망은 조를 기쁘게 해주려는 필요에서 기인한 것이었다. 나는 그들을 분리할 수 없었다. 상상 속의 유모차를 응시했고 담요 아래에서 내밀고 있는 조의 큰 머리를 봤다.

하지만 아이들이 태어난 뒤, 그 아이들은 조가 아니라 자기 자신이 되었다. 아이들은 자신들만의 독특한 자질을 드러냈다. 첫 아이인 수재너는 모든 맏이들처럼 각별한 보살핌을 받았다. 어린 수재너는 내가 양갈비를 굽고 있을 때 주방에 들어와서는 "내가 도와줄게"라고 단호하게 선언하곤 했다. 침실에서 바쁘게 일하는 조를 위한 식사 준비라는 걸 알고 있는 것이다.

"좋아. 우리 딸, 도와줘." 내가 말했다. 그러면 수재너는 뜨거운 프라이팬의 양고기 덩어리를 접시에 털썩 올려놓고는 꽃처럼 보이게 한답시고 구겨진 종이로 장식했다. 그러고는 조심스럽게 접시를 들고 복도로 가서 노크 대신 조의 방문을 몇 번 걷어찬다. 부녀가 중얼거리는 소리가 들린다. 띄엄띄엄 들리는 조의 목소리, 새된 목소리로 "접시 좀 봐, 아빠, 보세요,"라고 간청하는 수재너. 그러면 다음 순간 조가 목소리의 높낮이를 바꾸고, 그의 목소리가 칭찬하는 톤으로 올라가면 위기 상황에서 벗어나는 것이다.

수재너는 나를 사랑했지만, 조를 좋아했다. 나는 이 점에 대해 전혀 신경 쓰지 않았다. 수재너와 함께 있으면 나는 완벽한 편안함을 느꼈고, 그 애의 냄새, 말캉말캉한 살결, 처음 만나는 사물들에 대한 열렬한 흥분 때문에 즐거웠다. 만약 수재너에게 꼬리가 달려 있었다면 아마 쉴 새 없이 흔들렸겠지. 내가 다른 일 때문에 함께하지 못할 때면, 그런 때가 자주 있었는데, 베이비시터에게 그 애를 맡겨야만 했다. 그때마다 수재너는 비극의 여주인공 같은 표정을 지었고, 나의 마음도 아려왔다.

둘째인 앨리스는 튼튼하고 운동을 좋아하는데다 좀 더 독립적이었다. 앨리스는 언니인 수재너만큼 예쁘지는 않았지만, 건강하게 보였다. 그 애는 아빠를 닮아 체구가 작고 단단했다. 머리칼은 밝은 갈색이고 로마시대의 남자애처럼 머리를 짧게 잘랐다. 앨리스가 십대가 되자, 그녀의 레즈비언 성향이 비로소 드러나기 시작했다. 수년에 걸친 짧고 간략한 연애 과정에서 그 애는 어리고 순진해 보이는 여교사들을 짝사랑했다. 앨리스의 침실은 마녀 머리를 한 여성 록 가수들과 구릿빛 단단한 허벅지를 지닌 테니스 여전사들이 어울리지도 않게 꽉 끼는 흰색 드레스를 입은 사진들로 도배되었다. 앨리스가 커밍아웃을 하던 날, 나는 그녀가 큰소리로 이야기를 해주었기에 안심이 되었다. 하지만 조는 많이 놀라고, 마음에 상처를 받은 것 같았다.

"난 여자가 좋아." 그 애가 어느 날 밤 난데없이 주방에서 우리에게 소리쳤다.

"뭐라고?" 테이블에 앉아서 신문에 코를 박고 있던 조가 되물었다.

"여자들이 좋다고." 앨리스가 용감하게 말을 이었다. "**그거** 말이야. 무슨 얘긴지 알잖아."

냉장고가 갑자기 흔들거리더니 이 끔찍한 침묵을 채우려는 듯, 소음을 내고 얼음덩어리를 만들어내기 시작했다.

"아," 의자에 못이 박힌 듯 몸이 굳어버린 조가 말했다. 갑자기 나의 심장이 거세게 뛰기 시작했지만, 나는 앨리스에게 다가가 안아줬다. 그리고 말해줘서 고맙다고 했다. 특별히 좋아하는 사람이 있었는지도 물어봤다. 있었다고, 하지만 그 여자애는 자신에게 끔찍했다고, 앨리스가 말했다. 우리들은 예의를 지켜가며 그 일에 대해 일이 분 동안 이야기를 나눴다. 그리고 앨리스는 침실로 들어갔다.

"**당신** 때문에 그런 건 아니야." 내가 조에게 이렇게 말했다. 그날 밤 우리는 아무리해도 마음이 진정되지 않아 침대에서 속삭이는 목소리로 격렬하게 의견을 주고받던 중이었다. 이것이 앞으로 아이들에 대한 우리 대화의 주제가 될 것이었다.

"그래, 알고 있다고." 조가 말했다. "내 말이 그 말이야."

"그래서 당신 지금 무슨 말이 하고 싶은 건데? 당신이 딸아이 성생활의 중심 잡이가 되어보겠다고?"

"설마, 그건 아냐. 당신은 엄마잖아. 내가 이 문제에 관해 어떤 느낌일지 당신은 모를 거야." 조가 대꾸했다.

"그거 참 재미있군." 내가 맞받아쳤다. 나는 엄마는 모든 걸 다 알고 있고, 엄마들이란 가족의 삶에 대한 전지전능한 내레이터라는 사실을 조가 믿어주기를 원한다.

우리의 막내이자 문제아 데이비드. 그는 자신만의 삶을 찾지 못하는 것 같았다. 조와 나는 늘 조마조마한 마음으로 그 아이의 모든 일이 잘되기를 빌었다. 하지만 이건 마술적 사고에 불과했고, 데이비드에게는 별로 도움이 되지 않았다. 이 사실은 갈수록 점점 더 확실해졌고, 그 애의 앞날은 어떻게 될지 예측불허였다.

그래도 우리는 데이비드를 사랑했다. 조와 나는 늘 함께하는 것은 아니었지만, 세 아이 모두를 사랑했다. 아이들은 두 가지의 다른 방식으로 사랑을 받았다. 나로부터는 합당한 방식으로 꾸준하게, 아빠로부터는 그가 기분 내킬 때, 그리고 자신에 대한 관심에서 벗어날 때에만 간헐적으로 사랑을 받았다. 조는 많은 시간을 자신의 일에 할애했고, 전업 작가로서의 삶을 세심하게 꾸려갔다. 각종 상을 수상해서 그 상장들이 쏟아지는 눈처럼 쌓여갔다. 아이들과 나는 조의 경력이 나날이 화려해지는 걸 지켜봤다.

그리고 이제 그는 마침내 핀란드까지 오게 되었다. 이 나라는 당혹스러울 정도로 다정하고 상쾌하고 신선했다. 일 년에 한 번씩 핀란드는 거칠게 잠에서 깨어난다. 일어나! 일어나라고! 귀하신 몸이 오는 중이야! 출판사 수행원들과 공항을 통해 걸어 나오면서, 나는 깨달았다. 만약 내가 원한다면, 이대로 아주 쉽게 이 나라의 알지 못할 곳으로 사라져 다시는 돌아오지 않을 수 있다는 것. 핀란드에서 나의 금발과 창백한 피부는 별로 두드러지지 않겠지. 너무도 잘 들어맞아서 핀란드인들은 나를 그들과 같은 민족으로 생각할지도 모른다. 여기서 놀라운 새 삶을 시작할 수 있다면 얼마나 멋질까. 일주일 후 아기 거인인 나의 남편, 나의 천재, 나만의 헬싱키상 수상자와 뉴욕 웨더밀의 집으로 돌아가는 대신에 말이다.

"조, 왼쪽을 봐. 사람들이 당신 사진을 촬영하려나봐."

조가 고분고분하게 내 말에 따라 몸을 돌렸다. 카메라 셔터가 빠르게 돌아가는 소리가 들렸다. 그가 꼿꼿하고 오만한 자세로 몸을 세웠다. 이 늙수그레한 유대계 미국인이 플래시 불빛에 눈을 찌푸리고 있는 모습은 내일 자 신문에 나올 것이다. 멋없는 인간성, 공항과 세계로 오랫동안 그를 추동했던 허영심과 비행기 여행으로 인한 피로도 함께 드러날 것이다.

공항 터미널 밖에서 대기하고 있던 리무진은 기사의 새하얀 피부색만큼이나 완벽하게 새까맸다. 얼어붙은 대기가 마치 폐부를 찌르듯 덮쳐와, 우리는 건물에서 나오자마자 미끄러지듯 자동차에 올라탔다. 지금 핀란드는 아름답게 단풍이 물드는 시기로, 이곳 사람들은 **루스카**ruska라고 불렀다. 책장을 넘기면 색상이 바뀌는 플립북 같다. 아직 늦가을인데 이렇게 매서운 날씨라니. 조와 나는 추위에 놀랐다. 이건 감당할 수 없겠다고 생각하며, 나는 집에서 차를 타고 출근했다가 다시 차를 타고 재빨리 집으로 돌아오는, 그러면 하루가 끝나는 사람들의 세계를 마음속으로 그려보았다. 오늘은, 지금 당장은 쨍하고 맑아 해가 지지 않을 것 같지만, 햇빛이 머무는 시간이 길지 않았다. 핀란드에서의 태양은 영원히 지지 않을 거라고 믿게 만든다. 위장에 있는 효소가 점심에 먹은 음식을 채 분해하기도 전에, 햇빛이 차단되는 암울한 결말을 맞이하게 된다니, 상상조차 할 수 없는 일이다.

우리를 태운 리무진은 부드럽게 달리며 부두를 지나고 만네르하임Mannerheim 대로의 전면이 유리로 된 상점들을 지났다. 주로 은박지나 주름 종이에 싸여진 섬세한 상품들을 파는 가게들이었다. 그리고 난데없이 길게 뻗은 다리 난간을 지났다. 우리는 결혼하고 나서, 1980년대에 핀란드에 온 적이 있었다. 핀란드 책의 해 500주년 기념사업의 일환이었던 낭독행사에 초대받았을 때였다. 당시 내게 핀란드는 전역이 얼음으로 뒤덮인 나라처럼 보였다.

핀란드는 공개적인 분노의 표출이나 길거리 범죄가 없어서 좋았다. 여기는 미국이 아니었고, 스페인도 아니었다. 차분하고 음울하면서도 아름답고, 세로토닌 수치가 정상에서 약간 벗어나 있는 우아한 나라였다. 우울한 나라. 스칸디나비아 나라들은 종종 부정하려고 하지만, 이것은 자살 통계 수치만으로도 바로 판단할 수 있다. 코넬 대학교에서 그 유명한 이타카 협곡Ithaca gorge에 대한 신입생 학부모들의 두려움을 잠재우려고 하는 것처럼 말이다. 이타카 협곡은 매년 가을 신학기만 되면 수확의 의례처럼, 희망을 잃어버린 몇몇 신입생들의 생명을 거둬간다. 대학교 안내 책자에는 이렇게 적혀 있을 것이다. **"걱정 마세요, 비록 몇몇 학생들이 죽음의 길로 뛰어들기도 하지만 대부분은 맥주 파티와 공부를 선호합니다."**

스칸디나비아 모두는 얼음낚시와 산꼭대기에 쌓인 눈으로 우리를 매혹시킨다. 하지만 핀란드·노르웨이·스웨덴 사람들을 잠식하고 있는 우울의 전설에 대해서는 모든 사람들이 알고 있다. 그들의 음주벽, 비통하게 울부짖는 듯한 노래들, 그리고 소리 없이 한낮에 밀어닥치는 어둠까지.

"여기가 헬싱키 오페라 하우스입니다 캐슬먼 씨." 운전기사가 말했다. 리무진은 두터워 보이는 벽 안에 나라 전체를 품을 수 있을 것처럼 보이는 거대한 건물 앞을 매끄럽게 지나쳤다. "이곳이 바로 선생님이 상을 받고, 축하를 받을(feted) 곳이죠."

"맞아. 조, 당신에게선 고약한 냄새(fetid)가 날 거야." 내가 중얼거렸지만 그는 듣지 못했다. 나는 오페라 하우스에 있는 우리의 모습을 그려보았다. 조는 핀란드인들에게는 수수께끼였을 작품으로 수상의 영예를 안았지만, 그들은 분명히 그것을 읽었을 것이다. 그들은 매우 학식 있는 사람들이었다. 겨울이 거의 끝이 없으니, 책을 읽는 것 말고 달리 무엇을 하겠는가? **"그 소설은 제게도 수수께끼입니다"**, 아마도 조는 이 말을 불확실하게나마 핀란드어로 이 나라 사람들에게 말할 수 있기를 바랐을 것이다. 핀란드인들이 하는 것처럼, 첫 음절에 있는 모든 단어에 공들여 강세를 주면서 말이다. 그의 책들은 불행하고 부도덕한 미국 남편들과 심사가 복잡한 그 아내들로 꽉 차 있다. 어쩌면 조의 소설 속 등장인물들에게는 태양이 강제로 **그들의** 우울한 부부생활과 결혼 생활 밖에서 벌어지는 허튼짓들을 더 빨리 정리할 수 있도록 해서, **그들의** 하루를 단축시켜주는 데 도움이 됐을지도 모르겠다.

시상식이 끝나면 우리는 차가운 대리석이 깔린 거대한 홀의 기다란 테이블에서 만찬을 들게 된다. 핀란드 국회의원들이 조에게 귓속말로 뭔가를 속삭이겠지만, 그렇다고 그가 주

눅이 들진 않을 것이다. 그들은 왕족이 아니므로. 하지만 노벨상이라면 스웨덴 왕족들과의 거창한 만남이 있고, 구스타브 왕 옆에 앉아 저녁을 먹으며 어색한 대화를 나누게 되겠지.

그날 밤 스톡홀름에서 우리의 친구 레브 브레스너는 크림을 얹은 청어처럼 예복에 감싸인 채 옆자리의 스웨덴 국왕과 무슨 이야기를 나눴을까? 전혀 짐작조차 못 하겠다. 조라면 결코 그런 대화를 하지 말아야 할 것이다. 시야에서나 장르에서나 그는 충분하지 않다. 헬싱키에 있다고 생각만 해도 벌써 끔찍하게 여겨진다. 사람들에게 둘러싸인 그를 보고, 그들의 심각하고 진지한 질문에 귀 기울이고, 그의 답변을 듣고, 그가 최고라고 추켜세우며 그에게 성유를 바르는 그들을 보는 것 모두가 지겹다.

뉴욕에서 비행기를 타기 전까지도, 내가 그를 떠나게 될 거란 사실을 확실히 알지는 못했다. 수년간 나는 환상을 가지고 있었다. "조, 끝났어."라든가, 아니면 그야말로 간단하게 "이거 알아? 이제 당신 혼자 잘 살아봐."라고 말하는 시나리오였다. 하지만 그 어떤 것도 **행동**으로 옮기지 못했다. 대신에 여느 아내들처럼 소중한 삶에 열중했다. 하지만 지난 몇 주간은 너무 심했고, 예상했던 것 이상이어서, 이제 더이상 머물고 싶지 않았다.

나는 가만히 조를 지켜보았다. 그의 코에 있는 낯익은 혹,

눈꺼풀의 자줏빛 피부, 숱이 적어진 흰 머리에 집중하며. 그도 한때는 천사 같은 어린 소년이었고, 야심 있는 젊고 잘생긴 글쓰기 교수였으며, 예민하고 유명한 소설가였다는 걸 회상했다. 밤새껏 깨어 있으면서 온 세상을 가득 들이마시고 그것을 내뱉기 전까지 가슴에 담아두려고 했던 사람. 그런데 지금 그는 늙었고, 가슴을 가르고 생체 이식한 돼지 판막이 쐐기처럼 그의 심장에 박혀 있다(어떻게 잘랐건 그건 돼지고기일 뿐이다). 돼지의 기억이 왠지 그의 뇌 속으로 들어갔을 것 같다. 떨어진 복숭아 열매와 테니스화들이 뒹구는 곳들 주변을 헤집어 먹을 것을 찾으러 다니던 행복한 기억들. 천 갈래 만 갈래로 흐르던 활력은 이제 모두 고갈되어 버렸다. 가는 곳마다 월계수들이 그의 발밑에서 바스락거리며 부서졌고, 그를 휘감은 덩굴과 잎사귀들 속에서 그는 빈둥거리며 안주했다.

이윽고 리무진이 헬싱키 스트랜드 인터콘티넨탈 호텔 앞에 멈춰 섰다. 안에서 제복을 입은 남자들이 동시에 뛰어나와 추위도 아랑곳하지 않고 얼어붙은 우리 차의 문을 열어젖혔다. 곧바로 우리는 호텔 안으로 들어섰고, 뒤이어 짐 가방들이 운반되었다. 호텔 대표와 기쁨에 겨워 흥분한 그의 아내가 한달음에 달려와 인사를 하며 조에게 축하의 말을 건넸다. 넉넉한 온기가 우리를 겁먹게 만들었던 추위를 곧바로 밀어냈고, 호텔 실내장식은 어느 스칸디나비아 민담에 등장하는 숲의 가장 깊은 부분처럼 느껴졌다. 그 민담 제목은 아마 "젊은 파보와 다섯 가지 소원Young Paavo and the Five Wishes"이었을 것이다.

거대한 나무의 가지들 틈새를 뚫고 들어온 것처럼, 빛이 로비 안으로 기울어 보였다. 있음직하지 않았지만 어디선가 소나무와 수액 냄새가 풍기는 듯했고, 나는 그와 동시에 느닷없이 몰려드는 시차 때문에 미칠 지경이었다. 지금 여기 인터콘티넨탈 호텔의 촘촘한 카펫에 드러누워 올해 헬싱키상 수상자의 슬프고 불안정한 아내라는 걸 스스로 입증할 것만 같았다.

그래도 우리는 계속 나아가야 했다. 기막히게 말끔한 벨맨과 두 명의 직원을 따라, 발이 빠질 듯 푹신한 밀림 바닥을 밟으며 마호가니의 벽과 기다란 복도를 지나갔다. 그들 모두 틀림없이 핀란드 호텔 산업을 위해 특별히 가족처럼 닮은꼴로 양육된 사람들이리라.

조는 지금 자신만만했고, 빠른 걸음으로 걷는 중이었다. 편안해 보였고, 별 문제없이 걸어가고 있었다. 그가 브루클린 출신의 아웃사이더라는 사실은 이 낯선 나라에서 그가 누리고 즐겼던 명성에 더해진 하나의 특성일 뿐이다. 군데군데 무리 지어 있는 기자들과 사진가들, 조의 편집자로 이름만 얹고 따라온 실비 블래커, 그리고 나머지 몇몇 출판계 사람들과 최근 몇 년간 조의 에이전트로 일해 온 '잠꾸러기' 어윈 외에, 더 이상의 미국인들은 눈에 띄지 않았다. 유럽에 올 때마다 느끼는 거지만, 여기서 미국인들을 알아보는 건 아주 쉬웠다. 구부정한 자세와 웃음, 그들이 좋아하는 신문인 〈헤럴드 트리뷴〉을 움켜쥔 모습, 그들의 너무 밝은 색상의 옷들, 다른 미국인들과 대화하려고 안달하는 모습들을 보면 영락없었다. 세계의 중심이라고 자부하는 미국의 친숙하고도 혀가 꼬부라진 음절이 들리지 않으면 마치 길을 잃은 아이처럼 겁먹게 될 거라는 듯이 말이다.

두 딸 모두 우리 부부와 동행해서 핀란드에 오겠다고 했지만 조가 탐탁지 않게 여기는 것 같았고, 그러자 애들도 더이상 물어보지 않았다. 그 아이들은 이제 이런 것들에 익숙하다.

"사실은," 조가 수재너에게 말했다. "함께 오면, 너랑 같이 있을 시간이 없으니 내 마음이 불편할 거야. 그게 걱정이 돼서 내 정신이 산만해질 거라고. 대신에 내가 돌아오면 너랑 마크가 아이들을 데리고 웨더밀에 오는 건 어떠냐? 집에서 여유 있는 주말을 보내는 거야. 그때쯤이면 나는 아주 한가할 거거든. 내 이 한 몸 너희들에게 바쳐주마. 기꺼이 사랑의 노예가 되어줄게."

조의 눈에 장난기가 역력했다. 저 엉뚱한 늙은이는 나이에 발목을 잡혀 몸이 둔해지고 심장에 무리가 오고 나서야, 이제는 가족에게 잘해야 한다는 걸 배운 것 같았다. 나는 그가 애들이랑 같이 있으면 정신이 산만해질 거라고 **생각한다는 걸**

느꼈다. 정말로 그가 걱정하는 건 아이들이 아니라 자기 자신이었으니까. 조는 헬싱키상을 받았고, 그 사실을 엄청난 것으로 받아들였다. 그는 그 느낌을 천천히, 조심스럽게 음미하고 싶었고, 그걸 방해받지 않기 위해 자신의 주변에 있는 모두가 행복하다는 사실을 확인하고 싶었다. 하지만 그건 어느 집에서도 불가능한 일이다.

여러 해 동안 조는 좀 덜 유명한 소소한 상들을 수상했다. 그 수상 환영만찬과 디너파티, 그리고 칵테일파티에서 유년기와 사춘기의 다양한 단계에 있던 우리 아이들은 예복을 떨쳐입고 조의 옆을 지켰다. 조가 자식들의 존재를 어떻게 받아들이고 있었는지는 알 수 없다. 하지만 나는 그 애들이 있다는 게 너무나도 좋았다. 지나치다 싶을 정도로 아이들에게 매달렸다. 솔직히 말하자면 난 그 애들을 인간 방패막이로 이용했던 것 같다. 딸들은 깜찍하고 앙증맞은 드레스를 입었고, 데이비드는 턱시도 차림에 예복 전문점에서 산 녹색과 황금색이 섞인 타이를 목에 맸다.

이런 축하의 자리에는 늘 마실 것이 많았고, 나는 사람들이 권하는 대로 화이트 와인과 샴페인 그리고 온갖 술들을 마셔댔다. 나의 아이들은 그 장면들을 모두 지켜봤고 내 눈이 풀리기 시작하는 순간을 알 수 있었다.

"엄마," 수재녀가 속삭였다. 미국예술문학아카데미에 조가 회원으로 추대 받아 취임하는 야외 행사장에서였다. 점심으로 한입 먹은 연어조림은 내가 들이부었던 독한 술의 취기를 상쇄하기에 어림도 없었다. 나는 완전히 취해 있었다. 걸을 때마다 앞뒤로 비틀거리는 나를 열세 살의 수재녀가 흔들리지 않게 붙잡아 주었다.

"엄마," 그 애가 살짝 목소리를 높여 나를 불렀다. "엄마 **취했어.**"

"약간 그런 것 같네, 우리 딸," 내가 속삭였다. "미안해. 엄마가 너를 곤경에 빠뜨린 거 같아서 미안하다는 말이야."

"아니야, 엄마. 어쨌든 여기서 좀 나가자." 그 애가 나를 행사장에서 데리고 나왔다. 우리는 맨해튼 중심가 쪽으로 걸었다. 거리에는 택시 몇 대가 천천히 지나가고, 한 사내가 술집 밖에 서서 담배를 피우고 있었다. 우리는 드레스 차림으로 건물 벽에 기대어 있다가, 수재녀가 술집에서 사온 구아바 넥타를 마신 후, 축제 행사장으로 돌아가기 위해 안개 속을 천천히 걸었다.

"그렇게 비참하다면 아빠를 떠나는 게 어때, 엄마?" 딸이 조심스레 말문을 열었다.

아, 착한 우리 딸, 정곡을 찔렀네, 라고 말할 수도 있었다. 수재녀의 세상에 대한 관점으로는, 불행한 결혼은 원치 않는 임신을 했을 때처럼 그냥 끝내면 되는 거였다. 딸아이는 여자들의 이런 하위문화에 대해 아무것도 몰랐다. 결혼생활에 안주하는 여자들, 남편과 가정에 대한 헌신을 논리적으로 설명할 수 없는 여자들, 결혼생활이 자신들이 편안하게 할 수 있는 일이라고 느끼고, 실제로도 가장 좋아하고 잘 맞는 일이었기에 결혼생활을 단단히 붙들고 있는 여자들. 수재녀는 익숙한 것과 알고 있는 것들에서 누리는 호사를 이해하지 못했다. 이불 밑의 늘 같은 자리가 튀어나와 있는 침대, 귀를 덮은 머리카락. **남편.** 결코 내가 기어오를 수 없고, 흥분해서도 안 되는 존재. 그래도 엉성하게 바른 회반죽으로 벽돌을 쌓아가듯, 세월에 세월을 얹으며 그저 옆에 사는 사람. 두 사람 사이에 결혼이라는 벽이 세워지고, 기꺼이 그 안에 눕게 되는 부부의 침대.

"내가 비참하다고 누가 그러던?" 이것이 내가 수재녀에게 실제로 한 말이었다.

그 애가 나를 쏘아보며 잠시 침묵했다. "나는 결혼하면, 헤어질 때도 다른 사람들이 우리를 보고 정확히 무엇 때문에 끝내는 건지 쉽게 이해할 수 있기를 원해." 라고 수재녀가 말했다.

그래서 큰 딸아이는 좀 다른, 그러나 결국 다르지 않은 남자와 결혼했고, 만족스러워했다. 마크는 매력적이며 경주용 개처럼 날렵한 몸을 가졌고, 햇볕에 그을린 기다란 팔뚝에는 금빛 털이 더부룩하게 나있었다. 하지만 그 남자는 제퍼슨이나 프랭클린의 전기, 북극 원정대를 다룬 실화 외의 책은 전혀 읽지 않았다. 소설은 그에게 관심 밖의 영역이었고, 실은 예술도 마찬가지였다.

수재녀는 외로웠다. 나는 그 애를 잘 알았기에, 딸아이가 내 앞에 기세등등하게 늘어놓는 이런저런 작은 불행의 전리품들을 보면 느낄 수 있었다. 이건 아이들이 종종 써먹는 방법인데, 실망스러웠던 것들을 죄다 모아 박물관을 차리고는 엄마 아빠를 불러, **'보여요? 당신들이 나를 어떻게 망쳐 먹었는지, 그래서 어떻게 됐는지 알겠죠? 결국 이 꼴이 됐잖아요!'** 라고 말하는 것처럼 말이다.

조는, 그녀의 아빠 조는 딸을 실망시켰다. 수재녀는 미술 수업을 듣는 몇 년 동안 조를 위해 찰흙으로 그릇을 빚었고, 아빠의 관심을 얻으려고 끊임없이 도자기 세례를 퍼부었다. 딸은 이미 아빠의 사랑을 가지고 있었다. 사랑은 쉬웠다. 하지만 관심은 전혀 다른 이야기였다. 그러니 그 애가 어떻게 관심을 얻을 수 있었겠는가? 그 애는 섹스 파트너가 아니었고, 직장 동료도 아니었으며, **책**도 아니었다. 그 애는 맹렬하게 도자기 물레를 돌려서 아빠를 위한 컵이며 그릇이며 접시들을 만들었지만, 조는 그것들로 먹어 본 적이 한 번도 없었다. 하지만 딸아이는 이따금씩 그 컵이나 접시에 연필 몇 개를 담아 아빠의 책상에 다시 가져다 놓는, 그런 애였다.

결국 수재녀는 도자기를 일절 굽지 않게 되었다. 시간이 너

무 많이 드는 일이라서 그렇다고 했다. 하지만 그 즈음은 수재
너가 회사를 그만두고, 이선과 대니얼 두 아이와 함께 하루 종
일 집에만 있던 시기였다. 내 귀여운 손자들!

둘째인 앨리스는 그 애의 언니가 했던 것과는 달리, 아빠의
관심을 끌기 위한 어떤 시도도 하지 않았다. 그 아이는 마치
초장부터 그에 대해 가늠해봤고, 그 이기주의자의 마음을 사
로잡는 일은 불가능하다는 사실을 터득한 것처럼 보였다. 다
른 여자들은 앨리스를 좋아했고, 그 애에게 매료되었다. 앨리
스는 예쁘고, 갓 세탁을 마친 옷처럼 상큼해 보이는 아이였다.
어른이 되자, 앨리스는 조를 받아들였다. 아빠에게 힘껏, 애정
어린 포옹을 해줬고 엄마인 나도 조금씩 더 사랑하기 시작했
다. 콜로라도에서 앨리스와 함께 사는 여자애인 팸은 나를 당
혹스럽게 했다. 앨리스의 인생 파트너로는 **상상력이 너무 부
족해**보였기 때문이다. 밋밋하고 올망졸망하게 생겨서 어떻게
보면 예쁜 얼굴이었다. 눈은 작았지만 눈빛이 부드러웠다. 그
애는 필라테스를 배웠고, 요리 실력도 대단했다. 다종다양한
뿌리채소들의 신비로운 세계에 마음을 열 수 있다면 말이다.

그래도 나는 앨리스가 이 결혼으로 뭘 얻었는지 진심으로
이해할 수 있었다. 팸은 아내였고, 그것이 바로 내 딸 앨리스
가 원했던 거였다. 아마 그것에 대해 알지도 못했을 거면서.

두 딸은 지금 자신의 가족들과 함께 집에 있다. 한 명은 후

회와 함께, 진심으로 여기에 우리와 함께 있기를, 조의 옆에 있기를 갈망하고 있을 것이고, 다른 하나는 그런 것에는 그다지 신경을 쓰지 않을 것이다. 물론, 데이비드는 함께 오겠다는 말조차 하지 않았다. 그는 아무데도 거의 가지 않고, 매일 모노레일처럼 똑같은 길만 오고 갔다. 집, 동네 카페, 중고 만화책 서점, 테이크아웃 중국음식점, 직장, 그리고 다시 집. 그 애는 우리의 이번 여행에 대해 아무런 관심도 보이지 않았다. 아무것도 부탁하지 않았고, 축하의 말도 생략했으며, 질문도 없었다. 조와 내가 핀란드에서 호텔 로비를 오가는 동안, 데이비드는 지하에 있는 자신의 아파트에서 그가 좋아하는 그래픽 노블들 중 한 권을 읽고 있을 것이다. 만화로 그린 암울한 미래 사회를. 무릎 위에 뚜껑이 열린 흰색 중국음식 포장용기를 올려놓고, 사방에 면발을 흘리고 있겠지. 나는 그 애가 기름진 테이크아웃 음식으로 배를 채우고, 환상적인 삶과 감춰진 후기 종말론적 세상에 대해 읽는 것을 보았다. 그리고 가끔 그 애가 길지 않은 삶에서의 어느 시기의 기억 한 가닥과 씨름하는 경우도 보았다. **유년시절.**

나는 지금 조 옆에서 걷고 있다. 우리의 몸은 공간을 가로지르며 함께 움직이지만 우리 둘 모두 상대방을 바라보지 않는다. 순수한 애정 따위는 존재하지 않는다. 우리에게 있는 것이라고는, 그게 무엇이건 익숙함으로 엮인 것들뿐이다. VIP

전용 층으로 가기 위해 벨맨의 안내를 받으며 유리로 된 엘리베이터로 향하던 길에, 나는 어떤 젊은 여자가 조에 대한 관심을 내비치며 흘끔거리고 있는 걸 알아챘다. 긴장한 태도로 머뭇거리던 그녀가 우리를 향해 걸어오더니 조에게 불쑥 말을 걸었다.

"요세프 캐슬먼 씨, 당신은 정말 훌륭한 작가입니다!" 그녀가 말했다. "축하드려요."

정확히 말하자면 예쁘지는 않았지만, 스칸디나비아인 특유의 우아한 표정을 짓고 있었다. 그녀의 머리카락은 서류봉투의 색상 같은 누런색이었다.

"감사합니다." 조가 미소 지으며 말하고는 잠시 뜸을 들이다 말을 맺었다. "그렇게 말씀해주셔서 감사합니다."

그가 손을 내밀어 여자에게 악수를 청했다. 그녀는 조의 손을 붙잡더니 지나치다 싶을 정도로 오랫동안 움켜쥐었다. 확실하지는 않지만, 나는 그녀가 스토커일지도 모른다는 생각이 퍼뜩 들었다. 하지만 나는 핀란드 스토커 얘기는 들어본 적이 없다는 걸 기억해냈다. 스토커들은 때로는 플로리다 습지에서 늪 속의 괴물처럼 일어나기도 하지만, 주로 중서부에서 나오는 것 같았다. 몇 년간 조는 스토커들로부터 편지를 받았는데, 남자들이 더 공공연하게 위협적으로 나오는 경향이 있었다. 그렇지만 조가 가장 두려워했던 존재는 여자들이었다. 남자들의 경우 적개심이 매우 분명해서, 위험에 처하면 그 사실을 알아차릴 수 있다. 조는 여러 번 위험에 처했던 적이 있다. 그리고 누구보다도 그를 적대시했던 사람은 우리 아들이었다.

데이비드는 미치지 않았고, 사이코패스도 아니었다. 그저 '주변인'이었고, 예측 불가능한 모든 아웃사이더들을 일컫는 단어인 '경계선상'에 있었을 뿐이다. 그리고 데이비드는 부서지기 쉬운 아이였다. 그래서 그를 거꾸러트리고, 길을 잃게 만들어 버리기는 쉬웠다.

데이비드가 조를 협박했던 밤, 나는 집에 없었다. 그날 나는 오랫동안 함께 책을 읽어온 여자들의 독서 클럽 모임에 참석하느라 로이스 애커먼의 집에 갔었고, 그 달에는 헨리 제임스의《골든 볼》을 읽고 있었다. 조와 데이비드 부자만 집에 남아 있었다. 뉴욕 주 북부가 온통 얼어붙을 정도로 추운 밤이었다. 당시 이십대였던 데이비드는 그의 아파트가 물에 잠기는 바람에 갈 곳이 없어 우리 집에 머물고 있었다.

데이비드가 처음부터 뛰어난 아이였다고 말하는 건 그의 지성과 그가 크고 작은 모든 사물에 다가가는 우울한 방식을 너무 가볍게 만드는 것이다. 데이비드가 태어났을 때, 조는 마침내 한 남자아이의 아버지가 되었다는 사실에 몹시 흥분했었다. 그 남자아이가 조를 곤경에서 벗어나게 해줄 것이고, 오래전 조의 아버지가 세상을 떠났을 때 조가 잃어버린, 미래를 바꿀 무언가를 되돌려 줄 것이었다.

조는 종종 데이비드에게 관심을 기울였는데, 딸들에게 했던 것과는 다른 방식이었다. 부자는 함께 낚시를 가고, 포켓볼을 쳤다. 등산화를 신고 뉴햄프셔 주의 카디건 산에 갈 때는 둘이 좋아하는 음식들을 내가 배낭에 챙겨주었다. 조는 이런 일들의 대부분을 다른 남자들, 주로 작가들과 함께했다. 조와 데이비드 둘이서만 가는 경우는 매우 드물었다. 두 사람은 매번 무슨 이야기를 나눴을까? 어린 시절의 데이비드는 질문으로 치고 들어오기를 좋아했다. 질문 하나가 끝나면 또 다른 질문이 이어졌는데, 아동용 도서를 가득 메우고 있는 내용들 가운데 하나였을 것이다. 곤충에게도 눈꺼풀이 있어요? 어떻게 하면 스스로에게 간지럼을 태울 수 있어요? 사람들은 왜 자신의 방귀 냄새에 관심을 가질까요? 등등. 하지만 조는 곧 싫증을 내기 시작했고, 두 사람만의 나들이에서 돌아오면 내게 데이비드를 넘겨주고는 몇 시간씩 사라지곤 했다.

내가 데이비드를 데리고 그 애 방으로 들어가자, 그 애는 침대 옆에 앉아 흙투성이가 된 신발을 벗었다. "재미있게 놀았어?" 내가 아이의 머리를 쓰다듬으며 물었다. 어느 날, 나는 깨달았다. 내가 데이비드의 머리를 만질 수 없게 되리라는 것을. 언젠가 그 애는 내 손길이 닿으면 불에 데기라도 할 듯 움츠러들리라는 것을. 그러니 나는 아들이 아직 어릴 때, 최대한 많이 쓰다듬어 주어야 했다. 데이비드는 내 손길을 잘 견뎌냈지만, 결코 딸애들이 했던 방식으로 누리지는 않았다. 남자라서 그런 거라고, 나는 결론을 내렸다. 남자다워지기 위한 필수 조건. 아들은 그저 참을성 있게 앉아서 내가 쓰다듬기를 끝낼 때까지 기다렸다.

아빠처럼 데이비드도 검은 눈과 자만심 많은 성격에 검은색 곱슬머리의 미남이었다. 조는 학교에서 데이비드에게 천재라고 했다는 말을 듣고는 아들의 지적 능력에 몹시 흥분했다. 데이비드가 어릴 때 조는 가끔 술집에 데려가곤 했었는데, 그런 일이 있었다는 걸 나는 뒤늦게 알았다. 우리의 어린 왕자님은 아빠의 발치 근처 톱밥으로 뒤덮인 곳에서 미니카를 가지고 놀았다. 그 자리에 있던 유명 작가들과 그 작가들 주위를 맴도는 팬들이 무심히 손을 뻗어 데이비드의 머리를 건드렸다. 데이비드는 그들의 손길에 거의 감정을 드러내지 않았다. 반응을 보였다 해도 그것을 애정으로 느껴서 그런 건 절대 아니었을 것이다. 그에게는 애착의 감정이 거의 없었다. 그 애는 우리들 한가운데에서 살며, 놀라운 속도로 학교 공부를 따라갔고, 실수하는 경우는 아주 드물었다. 데이비드는 조, 그리고 조의 친구들과 하이킹을 다녔지만, 그 아이에게 진정 따뜻한 온기를 기대하기는 어려웠다. 그의 누나들은 강아지처럼 늘 나를 기쁘게 해주고 싶어 했다. 내게 친구들에 대해 털어놓고, 몇 시간씩이나 애를 써서 아빠에게 줄 밸런타인데이 카드를 만들곤 했다. 하지만 데이비드는 더 쌀쌀해졌고, 더 멀어졌고, 그럴수록 얻는 것은 더 줄어갔다.

오래전에 우리는 정신과 의사의 상담도 받았는데, 의사는 우리가 아무것도 아닌 걸 문제 삼고 있다고 했다. "아드님은 아주 똑똑합니다"라고 그 의사가 그랬다. 데이비드처럼 IQ 테스트에서 높은 점수를 받은 아이는 본 적 없다는 게 그 이유였다. 그리고 글래스 가족 수준인 그의 IQ가 그에게 문제의 가능성을 상쇄한다고 했다. J. D. 샐린저의 소설들에 나오는 글래스 가족은 모두가 우수한 두뇌의 소유자들이었다. 데이비드는 자폐증이 아니었다. 우리가 아는 어떤 시인의 자폐증 아들은 온 집안을 돌아다니면서 텔레비전 광고 노래의 한 소절을 반복해서 불렀는데, 그 남자애의 목소리는 높고 아름다웠다.

데이비드는 비범했고, 모든 사람들이 그렇게 말했다. 그래서 우리는 그 애를 그냥 내버려둬야 했다. 조가 특히 고집을 부리며 우리가 데이비드에게 충분한 '재량'—조의 표현에 따르면—을 줘야한다고 했다. 상상력을 말하는 것일까, 하고 나는 생각했다. 데이비드가 재량껏 발명하고, 치유하며, 작곡을 하고 꿈을 꿀 수 있게 해주자는 것이었다. 하지만 그 애는 재량껏 학교에서 다른 애의 사타구니를 걷어찼고, 학교 식당의 테이블을 뒤엎었다. 어느 날은 교사를 웃음거리로 만들기도 했다. 그 여교사에게 히틀러 같은 콧수염이 나 있어서 어떤 남자도 그녀를 사랑하지 않을 거라고 비웃었다고 했다. 그리고 그 여교사는 그게 사실일까 두려워 일주일간 병가를 냈다.

데이비드는 학교를 옮기기로 했다. 문제아지만 지능이 높은 아이들을 위한 기숙학교로. 빈백beanbag 의자들이 여기저기 놓여있고, '이야기나누기 활동'이 있고, 치료사들이 넘쳐나는 곳이었다. 데이비드는 다른 학생들과 어울리지 않았고, 반에서 일등으로 졸업을 했으며, 기적적으로 웨슬리언 대학교에 진학했다. 약간의 배후 공작, 그리고 조의 입장에서 보면 막대한 물물교환 덕분이었다. 그렇지만 데이비드는 네 학기도 채 버티지 못했다. 2학년 봄 방학 때 뉴욕 이스트 빌리지의 바에서 어떤 남자를 커터 칼로 위협했고, 결국 유치장에 구금되었다. 우리는 유치장으로 면회를 가서 안전창 너머로 데이비드와 이야기를 나눴다. 데이비드는 불안해서 어쩔 줄 모르는 상태였고, 유치장에서 부모와 대면하고 있다는 사실을 치욕스러워 했다. 조는 그 애에게 어떻게 네가 이런 일을 저지르게 되었냐고 물었고, 데이비드는 그 말의 숨은 뜻을 "어떻게 네가 이런 일을 **아버지**에게 저지를 수 있니?"라는 의미로 이해했다.

"내가 어떻게 이럴 수 있냐고요? 무슨 질문이 그래요?" 데이비드가 물었다.

"합당한 질문이지. 그러니 대답해봐."

"우리는 걱정이 돼서 그러는 거야." 내가 덧붙였다.

"엄마가 걱정하는 건 알고 있어요." 데이비드가 마침내 조는 그 자리에 없다는 듯이, 나만 쳐다보며 말했다. "내가 다 망쳐버렸어, 그렇지? 난 분노 조절 문제anger issues가 있거든."

"**여러 호(issues)**겠지." 조가 신랄하게 쏘아붙였다.

"그래요, **문제들(issues)**." 데이비드가 대답했다.

"넌 여러 호만 갖고 있는 게 아니라, 평생 구독권(whole subscription)을 가진 거야."라고 조가 말했다.

데이비드는 돌아서서 구석으로 가버렸다. 그리고 그를 유치장에서 꺼내줄 때까지 우리와 말을 섞지 않았다. 그날 밤 우리 집으로 데려온 후에도 그 애는 며칠 동안 거의 말을 하지 않았다. 데이비드와 법률적인 문제에 대해 이야기를 나눠보려고 애를 썼지만, 그 애는 별로 신경을 쓰지 않는 것 같았다. 그의 학교가 있는 코네티컷 주 미들턴으로 데려다주었을 때, 데이비드는 우리가 빨리 가주기를 원했다.

"이제 됐어요." 우리가 그 애와 함께 안으로 들어왔을 때 말했다. "어, 태워다 주셔서 감사하고요. 더 하실 말씀 있으세요? 하던 일을 다시 해야 …." 하지만 그 애는 몇 주 뒤에 아무 설명도 없이 갑자기 학교를 그만둬버렸다, 영원히.

그날 밤 데이비드는 우리가 자기를 귀찮게 하지 말고 바로 떠나기를 원했다. 그 애는 우리를 내쳐버리려 하고 있었다. 잠시 모욕당한 기분이 들었지만 참았다. 조는 그렇지 않았다. 그는 코트 주머니에 손을 찔러 넣은 채 우두커니 서 있었다. 잠시 후 우리가 떠날 때 데이비드가 나를 껴안아 주었다. 갑작스러운 동작으로 나를 놀라게 해놓고, 조에게는 고개만 끄덕였다. 데이비드는 제 아버지를 좋아하지 않았다. 어쩌면 한 번도 좋아한 적이 없었을지도 모르겠다. 그런데 이제는 그 좋아하지 않는 양상마저도 바뀌어 가는 건가. 어느 단계에 이르렀는지 알아차릴 방도가 없었고, 그건 조도 마찬가지였다.

데이비드는 학교를 그만두고 뉴욕으로 거처를 옮겨 몇 년간 지내며, 가끔 술집에서 싸움을 벌이고 여자들을 사귀었다. 아들은 그 모든 일들을 당혹스러울 정도로 세밀한 부분까지 묘사해가며 내게 들려주었다. 마치 전혀 모르는 누군가에 대해 이야기하는 것처럼. 조에 대한 적개심에 대해서는 한 번도 구체적으로 얘기한 적이 없었다. 아들들이란 종종 자기 아버지에게 격렬하게 화를 낸다는 걸 나는 안다. 나는 아서 밀러의 희곡들, 그리고 보편적인 그리스 희비극들을 읽어 왔다. 머나먼 옛날, 대단히 뛰어난 아버지, 원초적이고도 충족되지 못한 욕망으로 가득한 아들을 상상했다. 세월의 흐름에 따라 이미지들을 재구성해나가다가, 아들에 관한 부분에서 천천히 멈췄다. 결론에 이르면 아버지의 마음이 서서히 풀려 부자가 서로 만나지만 그때는 너무 늦었다. 이미 입은 상처로 만신창이가 된 아들은 등을 돌리며 "미안해, 아빠."라는 말을 남기고 늙은 아버지를 떠난다. 그러면 늙은이는 구부정한 자세로 고급스런 서재의자에 앉아 흐느낀다. 하지만 우리 가족 사이에서 그런 일들은 결코 일어나지 않았다.

오랫동안 데이비드와 조는 서로를 싫어하는, 어쩌면 서로를 경멸하는 상태로 긴장을 유지하며 그럭저럭 지냈다. 그러나 급기야, 위험 수위가 훨씬 더 높아진 일이 벌어졌다. 데이비드의 아파트가 물에 잠긴 날 밤이었다. 뉴욕의 모든 곳이 더러운 물에 발목까지 잠겨버려서, 데이비드의 책과 신문들이 떠내려갔고, 달리 갈 곳이 없었던 그에게 집에 와서 지내라고 고집을 부린 건 나였다.

"당분간만이야."내가 말했다. 그렇게 데이비드는 집으로 왔다.

처음에는 함께 지내는 상황이 놀라운 정도로 괜찮게 돌아갔다. 웨더밀의 집은 넓었고, 데이비드는 식사를 할 때, 간식으로 먹을 에그 샌드위치를 만들 때, 동네 술집에서 술을 마시며 당구 칠 때를 제외하고는 혼자서 지냈다. 여전히 이 동네에서 살고 있는 데이비드의 고등학교 친구들이 연락을 해왔다. 렉솔 드러그스토어나 자신의 아버지가 운영하는 방역업체에서 근무하는 친구들이었다. 전화선을 통해 들리는 그들의 목소리는 낮고 처량했다. 그들은 정말 누구였을까? 포르노 제작자? 마약 딜러? 전혀 모르겠다. 아들은 자기가 사는 세상을 나에게 보여주지 않았다.

데이비드가 조에게 달려들었던 밤, 시작은 평화롭다고 할 만했다. 우리는 함께, 셋이서 식사를 했다. 조와 내가 대화의 대부분을 이어갔고, 데이비드는 스테이크를 먹는 동안 한마디씩 거들었다. 내게는 평소와 전혀 다를 바가 없어 보였다. 독서 모임에 참석하려고 로이스 애커맨의 집으로 가면서, 집에서 벗어난다는 것이, 그럴 명분이 생긴 것이 고마웠던 게 기억난다. 데이비드는 숨 막히게 하는 존재였다. 자신의 아들로부터 떨어져 있고 싶다는 생각이 드는 건, 비극이라고까지는 할수 없지만, 슬픈 일이다. 굽이진 도로를 운전해서 로이스의 집에 도착했다. 상냥하고 지적인 여자들과 거실에 둘러앉아 우리 모두가 대학 때 이후로 잊고 지낸 책들을 꼼꼼히 읽고 공동의 관심사에 대해 서로 의견을 나누고 있자니, 로이스의 집에 빈방을 얻어 거기에 머물고 싶었다. 로이스는 이혼녀였고, 확실히 외로워보였다. 그녀는 모두의 뺨에 키스를 하며 반길 때마다 너무 세게 껴안았고, 쉽사리 품에서 놓아주지 않았다. 로이스는 큰 키에 턱은 갸름하고 뾰족했으며, 홀로 남서부를 여행했을 때 구한 무거운 터키석 장신구를 두르고 있었다. 로이스는 늘 혼자였다. 고립된 삶이 그녀에게는 힘들었겠지만, 내게는 너무도 달콤해 보였다. 그녀의 집은 오아시스처럼 보였다. 커다란 침대에는 새것 같은 깃털 이불이 깔렸고, 침실 나이트 테이블에는 프랑스제 캐러멜 상자, 니베아 로션, 그리고 머천트-아이보리 프로덕션의 오래된 비디오테이프 한 무더기가 놓여 있었다. 그 장소에 남자란 없었다. 고요. 지금은 그 고요가 여자들의 목소리와 조화를 이루고 있다. 하나하나의 단어와 문장들이 대화에서 떠오른다. 모더니티, 서사구조. **캐저매시머 공작부인**(헨리 제임스의 소설 제목―옮긴이).

음식도 훌륭했지만, 커피 테이블 위에는 소스를 곁들인 핑거 푸드들이 가득 차려져 있었다. 나는 긴장을 늦추고 먹고 마시며 결혼생활에서의 배신 행위를 주제로 한 열띤 대화에 참여했다. 피해망상인지는 모르겠지만, 내가 말을 꺼낼 때면 모두들 열심히 귀를 기울이는 것처럼 보였다. 마치 그들은 내가 배신에 대한 체험적 지식이 있다고 믿고 있는 것 같았다. 여전히, 그때까지만 해도 나는 특별히 배신감을 느끼지 않았다.

그 시간에 조는 우리 집 거실에서 버본 잔을 흔들어 마시며 자신이 얼마 전에 사들인 새로운 보스 사운드 시스템으로 허비 행콕의 음악을 감상하고 있었다(세상을 다 가진 남자들은 사운드 시스템에 열광한다. 이유는 묻지 마시라, 나도 모르니까). 그는 자신의 마룬 체어(maroon chair, 의자 이름―옮긴이)에 둥지를 틀고 앉아 뭔가를 읽으며 술을 마시고 음악을 들었다. 데이비드는 집 위층에, 어릴 때 자신이 사용하던 방에 틀어박혀 있었다.

나는 그렇게 저녁 시간이 지나갈 거라고 생각했다. 모두가 자신이 해야 할 일을 하고 있을 거라고. 그때 로이스의 집에 전화벨이 울렸다. 그녀가 전화를 받았고, 나에게로 오더니 전화를 연결해주었다. "조에요." 로이스가 소리 없이 입 모양으로만 알려줬다.

나는 로이스의 주방에서 전화를 받다가 조의 긴장된 목소리에 깜짝 놀랐다. "여보세요, 조안? 방해해서 미안한데, 여기 상황이 좀 어렵게 돌아가고 있어서 말이지."

"그게 무슨 말이야?" 내가 물었다.

"데이비드." 그가 대답했다.

"데이비드? 무슨 일인데?"

"그래, 지금 옆에 있어." 조가 말했다.

"얘기 못 할 상황인 거야?" 내가 물었다.

"응, 난 못해. 그래서 당신이 바로 집으로 와야겠어. 당신이 여기 있으면 좋겠어."

그때 로이스가 괜찮은지 확인하려고 주방으로 얼굴을 내밀었다. 물론 전혀 괜찮지 않았다. 나는 모임 참석자들에게 양해를 구하고 바로 나와서 집을 향해 전속력으로 차를 몰았다. 그렇게 되어, 그날 밤 나는 데이비드에게 웨스트체스터의 작은 정신 병원에 가서 검사를 받자고 설득했다. 그 애는 결국 그곳에서 2주를 보냈다. 잠을 아주 많이 잤고, 병원에서 처방해

주는 항우울제 약물에도 적응해갔다. 독서 모임 멤버 두어 명이 무슨 일이냐고 내게 물었을 때 나는 조와 데이비드 사이에 '일'이 좀 있었다고 에둘러 대답하고는, 그걸로 이야기를 끝냈다. 그 일에 관해 누구와도 말하고 싶지 않았다. 자세히 묻는 사람도 없었다. 그들은 내게 문제아 아들이 있다는 걸 알고 있었고, 내가 얼마나 힘들어하는지도 알고 있었으니까.

데이비드는 아직도 약을 먹고 있고, 앞으로도 계속 투약을 해야겠지만, 그래도 다시 병원에 입원하는 일은 없었다. 지난 몇 해 동안 그 애는 같은 로펌에서 계속 일을 해왔고, 밤늦게까지 일하는 것 같았다. 종종 몰골이 말이 아닐 때도 있었지만, 그래도 그 애의 타이핑 실력은 온전했다. 가끔은 싸우고 주먹다짐도 오갔지만, 대단한 건 아니었다.

데이비드와 조 사이의 긴장감은 조금도 사라지지 않았다. 우리 모두 익숙해진 것 같기는 했다. 그런데 잠재적 폭력은 우리 아들로부터가 아니라 다른 곳에서 왔고, 조는 자신의 어떤 점이 다른 사람들을 흥분시켰는지 궁금해 했다.

언젠가 조는 이런 내용의 편지를 받았다:

친애하는 캐슬먼 씨,

당신이 **신의 축복**을 받은 것 같지? 나는 이렇게 **쓰레기**로 지내는데 말이야!! 하지만 나도 소설을 쓰고 있어. 그러니 당신 조심하는 게 좋을 거야, 캐슬먼. 왜냐하면 당시니(맞춤법 틀림—옮긴이) 이 책에도 나오거든. 그리고 당신 캐릭터는 이야기의 끝을 보지 못하고 죽을 거야….

조는 이 편지 때문에 경찰을 불렀다. 내가 그렇게 하라고 다그쳤기 때문이다. 그런데 그날 밤 웨더밀의 경찰 두 명이 왔을 때, 그는 약간 난처함을 느꼈을 것 같다. 왜냐하면 아무리 생각해봐도 누군가가 소설가 한 명을 죽이고 싶어 한다는 걸 자기 자신도 좀처럼 믿을 수 없었을 테니까. 혹 르포 작가라면 그럴 수도 있겠지만, 그것조차도 신빙성이 없어 보이기는 마찬가지였다. 도대체 소설가 한 명을 죽인다고 해서 무슨 소용이 있겠는가? 정치인, 배우들, 전성기의 비틀스, 이런 사람들이라면 세상을 움직일 수 있는 실재적인 **힘**이 있으니 어떻게든 그가 이해할 수 있겠지만, **소설가**라니?

조는 정신병자들을 두려워했다. 그리고 온라인 게시판에서 그의 작품에 대해 토론하는 독자들의 무리를 약간 무시하는 경향이 있었다. 그가 출간한 모든 작품들을 공들여서 찾아내고, 조와 가까워지려는 새로운 방법을 찾고 싶어 했던 독자들 말이다. 독자들과 실제로 대면했을 때, 조는 쑥스러운 듯 주저하는 기색이었다. 약간 겁을 먹었고, 사생활이 침해받은 것에 대해 짜증을 냈다. 그래도 우쭐대면서 언제나 자기가 잘난 줄

착각에 빠졌고, 그의 눈은 허영심에 젖어 번들거렸다.

하지만 조는 자신의 팬이 어리고 아름다운 여자일 경우에는 고개를 들어 그 여자의 눈을 똑바로 응사하면서 몸을 살짝 앞으로 기울여 그녀가 애용하는 향수의 냄새를 확인할 수 있는 범위내로 접근했다. 그건 세상 누가 봐도 알 수 있는 일이었다. 예쁜 여자들에게 다가가, 그녀들을 강렬하게 욕망하며, 그녀들의 따뜻한 목덜미에 부드럽게 감겨드는 낮은 목소리로 속삭이는 걸 보면 알 수 있었다. 수십 년 전, 이런 일이 생겨나던 초기에는 대부분 내가 얼굴을 돌려 외면하곤 했다. 파티에서 제공하는 와인을 한 잔 더 마시러 가거나, 장소가 대학교라면 학장과 담소를 나눴다. 그도 아니면 조의 홍보 담당자나 행사 진행자에게 말을 걸었다. 몇 발짝 안 되는 거리에서 벌어지는 유혹과 구애의 현장에서 나는 등을 돌렸다. 그런 날, 아주 가끔은 그와 싸웠다. 내가 잘못을 지적하면 조는 공연히 내가 일을 부풀려서 말한다고 받아쳤다. 아니면 납작 엎드려 용서를 구하고, 자기가 얼마나 나약한지 알고 있으며 자신의 그런 모습이 정말 싫다고 했다. 하지만 시간이 지나도 그의 행동은 변하지 않았고, 그런 일이 일어날 때마다 나는 외면했다. 그리고 일회용 잔으로 술을 마시고, 샐러리 스틱에 소스를 듬뿍 찍어서 먹었다. 등 뒤에서 나의 남편이 젊고 예쁜 여자, 충성스러운 독자와 가까워지고 있음을 알면서도.

그 여자는 조에게 이런 말을 하고 있을지도 모른다. "《오버타임》에서 딸의 머리를 감겨주는 장면으로 시작하는 부분 있잖아요. 여자아이의 사춘기에 대한 묘사가 정말 아름다워요. 지금까지 읽었던 책들 중에서 최고였답니다. 어떻게 그런 것들까지 다 **아시나요, 캐슬먼 씨?**" 그러면 조는 으쓱 어깻짓을 하며 그녀에게 감사의 뜻을 전할 것이다. 때때로, 며칠 지난 다음 그들은 내가 절대 알아낼 수 없을 수단을 통해 서로를 다시 찾았을 것이다.

헬싱키 인터콘티넨탈 호텔 로비에서 조와 마주쳤던 그 매력적인 젊은 여자는 어느 지방 출신의 똑똑한 핀란드 여자인 것 같은데, 헬싱키상 수상자의 손을 지나치게 오랫동안 잡고 싶어 했고, 조가 그녀와 헤어져 엘리베이터로 가고 있는데도 여전히 그에게 미소를 짓고 있었다.

"좋겠어, 어딜 가나 사람들이 당신을 좋아하니까." 내가 조에게 속삭였다. 벨맨이 계기판에 열쇠를 꽂자 유리 상자처럼 생긴 엘리베이터가 유럽 승강기에서만 느낄 수 있는 나즈막한 소리를 내며 올라갔다.

"그 여자가 나를 좋아하는 것 같지는 않던데, 당신이 과장하는 거야." 조가 속삭였다.

"아, 나라면 판돈을 조금만 걸겠어." 내가 말했다.

"**누군가는** 나를 사랑해 줘야지." 그가 말했다. "내가 알기로 그 자리는 현재 공석이거든."

옆에 서 있던 벨맨은 부부 사이에 오가는 이런 수수께끼 같은 논쟁을 이해했는지 어쨌는지 아무런 내색도 하지 않았다. 엘리베이터는 케이블 소리와 함께 계속 올라갔고, 피오르fjord가 살짝 보이는가 싶더니, 우리를 조용하고 깔끔한 VIP 층에 내려 주었다. 멀리서 객실 메이드가 종종걸음을 치는 모습이 보였다. 오크 나무로 된 커다란 객실 문이 열리고, 우리는 귀빈실로 들어섰다. 거대한 유리창 너머로 아래에 있는 자갈들과 나무들이 보였다.

"뜨거운 물입니다." 벨맨이 화장실 한 곳에 들어가 나에게 물결무늬 대리석으로 된 세면대의 놋쇠 수도꼭지를 돌리며 말했다. "차가운 물이고요." 그가 다른 한쪽을 돌리며 말했다.

귀빈실에는 식당, 두 개의 침실, 거실, 그리고 작은 서재와 사우나가 있었다. 부부용 침실에는 키 큰 기둥이 달린 흰색의 대형 침대가 있었고, 두 벌의 두툼한 욕실 가운이 그 위에 놓여있었다. 항공 여행으로 인한 피로와 과도한 관심, 그리고 이 모든 화려함 때문에 멍한 상태였던 조는 옷을 하나씩 벗고 가운으로 갈아입었다.

"다음으로 우리가 해야 할 일이 뭔지 모르겠어." 조가 나에게 말했다.

"우리가 뭐 할 건지 몰라? 자는 거야."

조가 고개를 끄덕이고는, 침대에 앉아 매트리스를 시험해 보면서 과시하듯 하품을 했다. "당신 그거 정말 좋은 생각인 거 맞아?" 그가 내게 물었다. "저녁까지 기다려야 하는 거 아닐까? 우리가 여기 사람들 일정에 맞추려면 깨어 있어야하지 않겠어? 아무튼 나는 못 잘 것 같은데." 그가 말했다. "당신도 내가 못 자는 거 알잖아."

"오늘은 자게 될 거야." 내가 말했다. "당신이 지금까지 살아왔던 날들 중 제일 피곤한 날이거든, 틀림없어."

"그건 그래." 조가 인정했다.

곧바로 우리는 옷을 벗고 두꺼운 하얀 이불 속으로 기어들어갔다. 우리는 상대의 육체를 거들떠도 보지 않았다. 우리는 서로에게 무관심했다. 최근 몇 년 동안 그래왔던 것처럼. 다만 나의 무관심은 적개심과 섞여있었고, 지금 조는 그걸 무시하려고 애를 쓰고 있다. 사랑 없이 우리는 함께 몸을 뉘었다. 귀빈실의 다른 방에서는 메이드들이 숨겨진 문(벽면이나 가구의 일부처럼 보이게 만든 문―옮긴이)을 통해 조용히, 눈에 띄지 않게 드나들었다. 과일을 윤이 나게 닦아 바구니에 담고, 롤 화장지의 끝부분은 종이접기처럼 접어 두었다. 마침내 주변의 소음이 잦아들었고, 조와 나는 말없이 누워 있었다. 고급스런 침대 시트는 우리 피부에 완벽한 온도로 맞춰졌다. 침대에서 내 옆에 누운 조의 모습이 약간 드러났다. 이불 가장자리 위로 하얗

게 센 가슴털 몇 가닥과 젖꼭지가 드러났다. 이제는 퇴화되어 흔적만 남은 신체 기관. 그는 쇠약하고 지쳤지만 만족스러워 보였다. 그리고 평소답지 않게, 매우 오랜만에 단잠에 빠졌다. 우리 둘 다 그랬다.

마지막에는 결국 우리의 잠을 깨우는 목소리들이 들려왔다. 천상의 성가대 같은 목소리가 부자연스러운 잠에 빠졌던 여행객들을 서서히 깨웠다. 우리가 눈을 떠보니 그때는 이미 다음날 늦은 아침이었다. 우리는 환하게 밝은 호텔방에 낯선 얼굴들이 가득해서 놀랐다. 흰색 옷을 입은 소녀들이 촛불을 들고 마음을 담아 노래를 부르는데, 전부 핀란드어로 된 가사였다. 이게 헬싱키상의 통과의례였다는 걸 나중에 저녁식사에서 만난 누군가가 우리에게 설명해줬다. 스웨덴에서 노벨상 수상자들에게 치러주는 의식을 핀란드 버전으로 고스란히 베껴온 것이었다. 그리고 우리가 그렇게 잠에서 덜 깬 몽롱한 상태로 누워있는 동안, 사진기자들은 이 장면을 기록에 담기 위해 방의 끝쪽에서 오갔다.

사진기자들이 그러는 동안 촛불을 들고 있던 소녀들은 뒤로 물러서고 과일과 치즈, 그리고 슈거파우더를 뿌린 페이스트리 등의 접시를 든 소녀들이 앞으로 나섰다. 그들이 물러나자 이번에는 커다란 커피 잔을 든 두 소녀가 나타나, 마치 새끼 고양이들처럼 무릎을 꿇고 음식과 음료와 촛불이 담긴 은

쟁반을 침대 발치에 올려놓았다.

"이게 얼마나 오랫동안 진행될까?" 조가 나에게 속삭였다. 나는 그를 조용히 시키고 소녀에게 미소를 지었다. 그도 나를 따라 해야 한다는 것만큼은 알았다.

때맞춰, 그 예쁜 소녀들이 손을 맞잡고 우아한 팔을 들어 올리며 얼어붙은 심장이라도 녹일 것 같은 목소리로 우리에게 노래를 불러줬다. 내용을 이해할 수 없었지만, 아마도 영광스러운 날을 맞이하여 크게 축하한다는 뜻으로 부르는 노래겠지. 그래야 말이 되는 거겠지만, 어쩌면 자기네들끼리 장난을 치려고 이런 노래를 불렀을지도 모른다.

"엿이나 드시지요, 조 캐슬먼,
우리가 경멸하는 과대평가된 작가
건방진 미국 놈, 엿이나 드시지요,
우리 상을 가로채러 온 놈…."

***

옛날 옛적 뉴욕에는 지금 우리가 묵고 있는 곳과는 아주 다른 호텔 방이 있었다. 작고 형편없는 방인데다가 천사 같은 소녀들이 아침에 우릴 위해 노래를 불러주지도 않았다. 그로부터 45년의 시간이 지났건만 나는 아직도 그 방의 형태와 냄새, 보이지는 않지만 은연중에 풍기는 추잡하고 더러운 흔적을 떠올릴 수 있다. 조와 내가 그곳에 가려면 우선 버스를 타고 노샘프턴으로 함께 간 다음, 시트에 노란색 천을 씌우고 벽면을 드래프트 세제와 치클렛 껌 광고로 도배한 뉴욕 지하철을 타야 했다. 열아홉 살이었던 그때의 나는 지하철 손잡이에 매달려 있었다. 이마 한 가운데에 이틀 전 조의 아내 캐롤이 던진 호두에 맞아서 생겨난 우스꽝스러운 자줏빛 혹을 달고. 나는 일상적인 다른 통근 승객처럼 손잡이를 잡고 서 있다가, 조가 나를 바라보고 있다는 걸 알았다. 내 이마에 달린 혹과 주름진 노란색 드레스 안으로 오목하게 드러난 겨드랑이를. 나는 고작 주말 동안에 입을 옷만 가져왔다. 나머지는 스미스 칼리지에서 트렁크에 담아 나중에 보내줄 것이었다. 나는 방과 후에 친구들과 함께 거의 매일 타다시피 했던, 도심을 가로지르는 버스의 정거장은 다 알고 있었지만, 내 인생에서 거의 타본 일이 없는 여기, 지하철에 타고 있었다.

나는 부모님에게 전화를 해서 내가 한 일을 털어놓기가 두려웠다. 대학을 다니는 동안만큼은 이런 특권을 누려도 되리라 추측할 뿐이었다. 부모님들은 바로 여기 이 도시에 살았고, 그래서 그들과 실제로 맞닥뜨릴 수도 있었지만 그럴 가능성은 거의 없었다. 그들은 절대 지하철을 타지 않았고, 조가 나를 데리고 가는 이 도시의 구석진 지역을 방문할 일은 없을 것이다. 공원, 매디슨 애비뉴, 렉싱턴 애비뉴를 포함해서 그들의 동선은 예측 가능하고 아주 짧았다. 그리고 그 외 몇 군데가 더 있는 정도였다. 물론 조와 나는 돈이 거의 없었기에, 그들에게 손을 벌릴 수도 있었다. 하지만 어쨌든 지금은 그들의 도움을 받으면 안 된다는 것을 나는 알았다. 내 인생의 이 부분은 그들과 전혀 관계가 없으며, 그들을 끌어들이고 싶지도 않았다. 적어도 아직은 아니었다. 지금 내 옆에는 조가 있지 않은가. 그래서 나는 자발적으로 스미스 칼리지의 문을 박차고 나와 나의 교수와 함께 뉴욕으로 떠나는 학부생다운 당당한 태도를 취했다. 그 기분이 오래가지 않을 것 같기는 했지만.

당연히 그 분위기는 오래가지 않았다. 조와 내가 웨이벌리 암즈의 좁고 녹색을 띤 로비에 들어섰을 때, 격자창 너머 접수대에는 야간 근무 직원이 있었다. 내 눈에 들어온 그곳의 분위기는 끔찍했다. 나는 조가 숙박부에 서명을 하는 동안, 궁지에 몰린 여교사처럼 침묵 속에 뻣뻣하게 서 있었다. 402호실은 로비보다 훨씬 더 심각했다. 이곳 또한 녹색이었고, 창문 판유리 사이에는 죽은 파리 떼들이 수북했다. 어떤 자연주의자가 그곳에서 의도적으로 눌러 죽인 것 같았다. 그 방이 불미스러운 장소였음을 넌지시 알려주는 흔적이 곳곳에서 발견되었다.

누군가 핫플레이트에서 특정한 종류의 수프를 끓였던 게 거의 확실하고, 또 다른 날에는 누군가가 아파서 혼미한 상태로 매트리스의 움푹하게 꺼진 부분에 한동안 누워있었던 게 틀림없었다.

"여긴 정말 역겨워." 침대 끝자락에 앉아 이렇게 말하고 나는 울기 시작했다.

조는 그 호텔이 그리니치빌리지에 있었으므로 당연히 내가 호텔의 기본적인 노후함 따위는 못 본 체할 수 있을 거라고 생각했다. 조는 내가 그리니치빌리지에 울려 퍼지는 유혹적인 노래와 꿈결처럼 들려오는 호른 연주 소리를 들으며 일어날 거라고 희망했고, 사람들이 일종의 저항이나 백수의 자유로움으로 치장하며 바라보는 방식을 기대했다. 조는 내가 주변을 둘러보며 **내가 원하던 게 바로 이것이야**라고 말해주길 바랐다. 하지만 세상경험이라고는 남자와의 침대에서 일어난 일밖에는 없는 스미스 칼리지 여학생이, 그녀가 한 번도 되어 본 적이 없으며 되고 싶지도 않은 모습으로 그녀를 바꾸는 것은 불가능했다.

"**이것**이 내가 저지른 일의 결과인 거야?" 신파극 대사처럼 물으며 나는 울부짖었다. "죽은 파리들이 가득한 끔찍하고 거지같은 작은 방이?"

"아니, 아니지. 여긴 잠시 머무는 곳일 뿐이야, 조애니." 조가 달래며 말했다. 하지만 그 역시도 우리가 돌이킬 수 없는 나쁜 선택을 한 건 아닌지 걱정했을 것이다.

정말이지 당시에는 선택지가 그리 많지 않았다. 캐롤 캐슬먼은 내게 호두를 던진 후 그녀의 남편을 집에서 쫓아냈다. 조는 자신이 스미스 칼리지 영문학과 교수직을 사임하지 않는다 해도 결국 해고될 것임을 알았다. 그래서 지금 그는 학문적으로도 재정적으로도 완전히 엉망인 상태였다. 그런데 내 경우에는, 내가 노스롭 하우스에서 걸어 나올 때, 그것은 '불명예와 기회'의 기묘한 조합이었다. 나의 친구 로라 소넨가드를 비롯한 다른 여대생들이 나이트 가운 차림으로 줄지어 서서 셜리 템플 영화에 나오는 고아들처럼 내게 작별인사를 해준 이야기를 나는 조에게 들려주었다. 그들이 눈물을 글썽였고 내가 자신들의 인생보다 더 강렬한 삶을 살아가리라는 사실에 감명을 받았다는 것을. 적어도 얼마간은 말이다.

"당신은 잠시라고 하지만, **인생**도 잠깐이야." 내가 그에게 말했다. "그러니 당신이 하는 말로는 위로가 되지 않아." 나도 내 자신이 한심하다는 것을 알았다. 이마에 튀어나온 혹이며, 고집스럽게 어린 여자애 같은 옷을 걸치고 호텔 침대에 앉아 있는 모습이라니.

"너를 위로해주는 건 내 의무가 아니야." 그가 내게 말했다. "그리고 네 신입생 철학을 내게 가르치려 들지 마. 여기 있는 게 싫으면 그냥 가. 저 버스를 타고 다시 스미스로 돌아가 버려. 널 다시 받아줄 거야, 내가 장담할게. 학교 측에서는 법적인 문제로 불똥이 튀는 걸 제일 두려워할 테니까. 성욕 과잉의 유대인 교수가 사랑스럽고 어린 사교계 초보자인 제자를 강간한 문제로 말이야."

"난 사교계 초보자가 아니야." 내가 대꾸했다. "엿이나 먹어요, 조. 당신은 나를 강간하지 않았어. 내가 스스로 결정한 거야. 나는 내가 뭘 원하는지 알고 있었고."

내 말이 그를 깜짝 놀라게 한 것 같았다. "그랬어?" 그가 내게 다가와 앉으며 말했다. "교수 연구실에서 내가 먼저 키스를 했잖아. 모든 걸 주도한 건 나라고 생각했는데."

"아니, 수업 첫날부터 나도 그러고 싶었어." 내가 말했다. "당신이 교정에서 실리 홀로 걸어갈 때의 모습은 엉망이었고, 그때 당신의 아내는 막 아기를 낳은 직후였지. 그리고 당신은 수업시간에 제임스 조이스의 〈죽은 사람들〉을 큰소리로 읽어 줬잖아. 교실의 여자애들 모두 당신과 어떻게든 엮이고 싶어 했어."

"오," 그가 흡족한 목소리로 말했다. "그건 몰랐는데."

"뭐, 사실이었으니까."

"사랑해 조애니, 알잖아." 그가 내게 말했다. 나는 어쩌면 그가 정말로 나를 사랑하고 있을지도 모른다고 생각했다.

이 대화로 나는 얼마간 진정이 되었고, 곧 그리니치빌리지의 수다와 떠다니는 음악 속으로, 봄날의 밤 속으로 그와 함께 나가는 것에 동의했다. 조는 나를 그랜드 티치노Grand Ticino로 데려가 저녁을 사주었다. 거기서 나는 **스파게티 알 부로**(파르메산 치즈와 버터로 만든 소스를 넣은 파스타—옮긴이) 한 접시를 먹었는데, 이것이 조를 짜증나게 만들었다. 당시 이탈리안 레스토랑에서 내가 주문할 줄 아는 유일한 메뉴는 이것밖에 없었기 때문이다. 조는 비프 브레인(어린 송아지의 뇌로 만든 요리—옮긴이)을 먹었다. 늦은 시간이었지만 식당은 여전히 꽉 차있었다. 식당들이 일찍 문을 닫는 노샘프턴과는 많이 달랐다. 조는 뱅크로프트 로드에서 보낸 밤들에 대해서 이야기해주었다. 그의 우울한 집의 방들을 서성이고, 캐롤에게 에이앤디 연고(기저귀 발진 치료제—옮긴이)를 가져다주고. 그녀가 부패한 오렌지 젤리처럼 보이는 연고를 아기 엉덩이에 바르는 것을 지켜보던 밤들.

"거기서 빠져나오게 돼서 정말 기뻐." 조가 비프 브레인을 먹으며 말했다. "나는 그 집에서 죽을 거라고 생각했어. 그래서 고마워. 그런 삶에서 구해줬으니 정말 감사해야지. 예상 밖의 일이었지만 말이야."

"아, 고맙다는 말 안 해줘도 돼." 내가 말했다. 그가 테이블을 가로질러 내 손을 잡았다.

"입술에 버터가 묻었어." 조가 내게 말했다. "빛이 나는군.

넌 성녀가 분명해. 성녀 조안."

곧 우리는 다른 이야기로 넘어갔고, 그 대화는 저녁 식사가 끝날 때까지 이어졌다. 조는 캐롤과 딸아이 패니를 떠난 것에 안도감만 느끼는 게 아니라는 사실을 시인했다. 그는 일말의 슬픔도 함께 느낀다고 했다. 목이 메는 듯한 목소리로 젖먹이 아기인 딸아이를 안으면서 정수리에 있는 숨구멍, 뼈가 아직 다 붙지 않은 그곳을 만졌던 때의 느낌을 내게 들려주었다.

"내가 도와줄게." 내가 거의 반사적으로 말했다.

"넌 날 도와줄 수 없어."

젊은 아버지의 상실감을 나는 이해할 수 없다고, 조는 주장했다. 하지만 이상하게도, 나는 이해할 수 있을 것 같았다. 우리 둘은 조가 제인 오스틴의 소설《맨스필드 파크》의 주인공 이름을 따라 패니 프라이스라는 이름을 지어준, 그 버려진 아기의 이미지를 떠올렸다. 몇 주 후 조는 그의 아내 캐롤에게 잔잔한 어조로 뉘우치는 내용의 편지를 썼다. 사실은 조가 전달하고자 하는 내용의 개요를 서술했고, 그걸 내가 글로 옮긴 것이었다. 그 편지는 감동적이고 진심어린 내용을 담았지만, 지나치게 감상적이지는 않았다. 조는 변호사 친구인 네드와 상의해서 이혼 수당과 양육비 지원 계획의 초안을 만들었고, 매달 아기를 보러 갈 수 있게 해달라는 부탁도 했다. 더이상 한집에 살 수 없게 된 아버지의 절박함을 그녀에게 호소하면서.

내가 할 수 있는 일이 많지는 않았지만, 나는 나름대로 조를 도왔다. 그와 몇 주 동안 웨이벌리 암즈에서 머물 때, 우리에게 매일 다가오는 나날들을 헤쳐 나가기 위해 우리는 섹스에 의존했다. 나는 방에 있는 작고 때가 낀 세면대에서 속옷과 스타킹을 빨았고, 옷들은 마르고 나면 사용했던 비누 때문에 뻣뻣해졌다. 복도에 있는 화장실의 변기는 수압이 약해서 다른 거주자들의 소변과 휴지가 내려가지 않고 남아 있었다. 그 끈적거리는 웅덩이는 우리가 차이나타운에서 먹었던 계란탕을 떠올리게 했다. 이따금 조와 나는 몇 시간 동안이나 거리를 걷다가 다른 사람들처럼 건물 현관 입구의 계단에 앉아 키스를 했다.

하지만 우리는 대부분의 시간을 방에서 보냈고, 나는 우리가 그 작은 방안에 하루 종일 갇혀 지낸다면 결국은 서로를 비난하게 되리라는 사실을 알았다. 비록 조가 당장은 떠나려 하지 않았지만. 그는 작가, 아니면 곧 작가가 될 예정이었기에 글을 쓰기 위해서라도 그곳에 머물러야 했다. 그는 모아둔 약간의 돈으로 적어도 당분간은 캐롤과 아기를 돌봐줄 수 있을 것이다. 내게는 조와 같은 글쓰기에 대한 열망이 없었다. 스미스 칼리지에 있을 때 그가 글을 써보라고 격려해주기는 했지만, 우리는 뉴욕에 있었고 우리는 오직 그의 글에 대해서만 이야기를 나눴고, 나도 신경 쓰지 않았다. 내게 열망이 있었다고 해도, 말해야 할 만큼 많다고는 생각하지 않았다. 일레인 모젤이 그것을 말한다는 것이 얼마나 헛된 일인지 내게 확신을 심어주었기 때문이다. 단편 소설을 쓰는 사람은 조였고, 나는 할머니로부터 받은 적은 액수의 보조금을 아끼고 돈을 벌기 위해 일을 하러 나갔다. 그래서 내가 뉴욕에서 자라며 쌓아온 인맥을 십분 활용해서 몇 통의 전화를 걸다가, 브리얼리 스쿨을 함께 다녔던 캔디 멀링턴의 엄마가 바우어&리드 출판사의 인사 책임자였다는 사실을 기억해냈다. 멀링턴 여사는 나를 만나주었고, 나는 편집자인 할 웰먼의 보조편집자로 일하게 되었다. 조는 흥분했다. 내가 괜찮은 일을 잡았고, 실제로 **출판계**에서 일하게 되어 더욱 좋아했다. 내가 온종일 책에 둘러싸여, 그리고 편집자들과, 자신이 팔릴 만한 소설을 쓰게 될 그 언젠가를 위해 잠재적인 연줄이 되어 줄 사람들과 함께 있을 것이기 때문이었다.

바우어&리드는 메디슨 애비뉴와 46번가에 있는 중간 정도 크기의 석회암 건물 9층에 있었다. 나는 매일 아침 그랜드 센트럴 역까지 기차를 타고 갔다. 조는 여전히 자고 있었다. 그는 내가 잠옷을 꺼내는 모습을 보게 될 쯤에나 잠이 깰 정도로 오랫동안 잠을 자는 게 좋다고 했다. 그는 매일 내가 전날과 다름없이 똑같아 보인다고 말했다. 시간이 당신으로부터 모습을 감췄나봐, 아니면 최소한 중력이 사라졌든가, 라면서.

내가 시간을 보내고 있는 하루하루의 세계가 조에게는 신비스러웠다. 그는 자신이 거기에 없어도 된다는 것에 감사하면서도, 동시에 그 세계에 침범하고 싶어 했다. 그래서 내가 좁아터진 방에서, 다정하고 늘 과로에 시달리며 쑥스러운 듯한 얼굴을 한 할 웰먼과 통화하는 걸 지켜보았다.

"그 사람 어때?" 조가 물었다.

"웰먼 씨? 아, 그 사람은 왕자 같은 존재야. 거기 있는 모든 사람들에 대한 걸 내게 알려주고, 실무를 맡을 수 있게 해줬어. 보조편집자 이상으로 나를 대우해준다니까. 투고된 원고 더미들도 내게 맡겼어."

"운이 좋군." 조가 말했다.

"원고 더미 자체가 문제는 아닌데." 내가 말했다, "그 질이 문제거든. 어찌됐든, **누군가**는 그걸 읽어야 하니까."

밤이면 나는 원고 한 무더기를 들고 호텔로 돌아왔다. 우리는 함께 호텔 침대에 누워 그 원고들이 얼마나 형편없는지를 보면서 즐거워했다.

"이거 읽어볼게 들어봐," 내가 그에게 말했다. "'**용기여, '내 길잡이가 되어줘**'란 제목의 소설인데 이렇게 시작해. '체스터 매키는 행복을 위해 당구장과 술집들을 찾아다녔다. 그것이 돈 주고는 살 수 없다는 빌어먹을 사실을 어느 날 깨닫게 되기 전까지.'"

그 어처구니없는 글이 우리 둘의 기운을 북돋아 주었다. 우리 스스로를 가늠할 수 있게 해주는 잣대 같은 존재였다. 다른 사람들이 힘겹게 쓴 안타까운 글들을 읽으며 우리는 둘 다 그들보다 월등한 존재라는 듯 굴었다. 비록 조가 쓴 〈일요일엔 우유 금지〉의 망령이 우리의 주위를 떠돌고 있었지만. 하지만 그 소설은 어쩌다 잠시 마가 끼어서 그랬던 게 틀림없다. 아니면 왜 그가 바우어&리드의 원고 더미들을 완전히 똥으로 취급하며 자신 있어 하겠는가? 조는 좋은 것과 나쁜 것을 구분해낼 줄 알았다. 그 둘의 차이점을 알고 있었다. 그의 작품은 나아질 것이고, 시간이 지남에 따라 점차 더 좋아질 것이다. 조가 그 글을 쓸 때만 해도 너무 젊었었다. 그때는 자기가 무엇을 하고 있는지 몰랐지만, 이제는 알기 시작했다.

어느 날 우리는 그로브 스트리트에서 가까운 곳에 사는 조의 오랜 친구 해리 재클린과 그의 아내 마리아의 집에서 열린 파티에 함께 참석했다. 우리가 도착했을 때, 사람들이 계단에 줄지어 모여 있었고, 마리화나 담배 연기가 자욱하게 떠돌고 있었다. 조는 나를 감싸듯 이끌고 사람들 사이를 헤쳐 가며 컬럼비아 대학의 오랜 친구들, 뉴욕에서 캐롤과 잠시 살 때 사귀었던 친구들과 인사를 나눴다. 사람들은 조가 그곳에 왔다는 사실에 놀랐고, 물론 그와 함께 있는 나를 보고는 더욱 놀라워했다. 내 눈에도 그게 보였다. 그는 모든 것이 재치 있고 유머러스하게 보이려 애쓰며 재빨리 상황을 설명했다("선수를 트레이드 했어"라거나, "신형 모델로 바꿨지. 더 부드럽게 잘 달려. 물건을 던지지도 않고"라고 말했다). 다른 사람들이 캐롤을 별로 좋아하지 않았던 게 확연히 드러났다. 전에는 조에게 그렇게 말할 용기가 없었을 뿐이고, 지금에야 진심을 밝힐 수 있어서 무척 다행이라는 듯이.

조는 뭔가를 몹시 마시고 싶어 했다. 그를 바로잡아 줄만큼 확실하고 효과적인 것을. 곧 그는 보드카를 마시며 딕비라는, 동성애자 같은 이름을 가진 마른 몸매의 흑인이 건네 준 마리화나 담배를 한 모금 깊이 빨아들였다. 딕비는 마사 그레이엄 무용단에서 입단 제의를 받은 무용수라고 누군가 귓속말로 전해주었다. 레코드플레이어에서 흘러나오는 으스스한 전자음악이 분위기를 짓누르는 것 같았다. 딕비는 아파트 한쪽 구석에서 라디에이터 위에 걸터앉아 젊은 백인 여자들에게 둘러싸여 흑인의 권리에 관해 이야기하며 좌중을 장악하고 있었다. 여자들은 그가 공산주의자들의 집회에 등장한 흑인 배우 폴 로브슨이라도 되는 것처럼 경건하게, 반쯤 감은 눈으로 그를 바라보고 있었다. 이 여자애들이 흑인의 권리에 대해 뭘 알고 있을까? 내가 아는 것만큼도 아닐 거라는 생각이 들었다. 그들은 한 눈에 봐도 학비가 엄청 비싼 뉴욕의 사라 로렌스 대학이나 배닝턴 대학 타입이었다. 나는 그들이 토가를 입고 꽃밭에서 춤을 추는 모습을 상상했다. 갑자기 나도 그들과 춤을 출 수 있으면 좋겠다는 생각이 들었다. 발에 밟히는 촉촉한 흙을 느끼고, 남자에게 집착하지도 않고, 끔찍한 침대에서 잘 필요도 없이, 그저 들판에서 춤을 추는 저 여자들의 일부가 되고 싶었다. 이런 생각들이 떠오르는 건 내가 마리화나 연기 속에 있어서 그런 것이라고 생각했다. 얼마 지나지 않아 내 생각이 옳았다는 게 더욱 확실해진 것이, 그로부터 15분도 채 지나지 않아 내가 복도에서 페루 출신의 여가수 이마 수맥Yma Sumac의 음악에 맞춰 그 느낌을 표현하는 춤을 추고 있었기 때문이다. 그리고 나는 방 건너편에서 조가 나를 자부심과 감탄, 그리고 나에 대한 소유권 비슷한 걸 확신하며 쳐다보고 있는 모습을 봤다. 물론 내가 요청했고, 원했고, 스미스 칼리지라는 근사한 곳에서의 조의 비전에 나를 묶은 것이다.

얼마 후 음악이 조용해지면서 파티 분위기가 진정되고 춤도 멈췄다. 몇몇 남자들이 대화를 나누러 비상계단으로 나가자, 조도 나를 데리고 나가 그들과 합류했다. 시립대학에서 언어학을 가르치는 라일 새뮤얼슨이 창턱에 빈 맥주병들을 나란히 세우고 첫 번째 병을 두 번째 병 쪽으로 살짝 두드리자, 두 번째 병이 쓰러지면서 세 번째 것을 건드려 쓰러뜨렸다. 병들은 하나도 깨지지 않고 옆으로 굴렀다.

"보라고, 아이젠하워의 도미노 이론 기억나나?" 새뮤얼슨이 말했다. "저기 캄보디아, 그리고 태국이 사라져가네, 그리고, 어이쿠, 이건 뭐지? 저기 일본도 망하는군." 그러곤 그가 방 쪽을 향해, 딱히 누구에게라고 할 것 없이 외쳤다. "여기 맥주 좀 더 주세요!"

멀리서 어떤 여자가 대답했다. "금방 가져갈게요!"

나는 여기 있는 남자들을 몰랐다. 그저 조에게 기댄 채 그들의 대화를 듣는 게 좋았을 뿐이다. 그들의 목소리는 깊이 울렸고, 박식해보였다. 대단한 걸 얘기하는 것도 아니었다. 그러다 갑자기 어떤 남자가 하나 등장했는데 나는 그가 바우어&리드의 직원임을 알아봤다. 밥 러브조이. 동안童顏의 편집자로, 어느 보조편집자와도 말을 섞지 않았다. 인사말을 건네는 법도 없었고, 늘 굉장히 바빠 보였으며, 대학을 졸업한 지 고작 이년 밖에 안 되었음에도 고압적인 태도를 지닌 사람이었다.

러브조이가 갑작스레 몸을 돌렸다. 그래도 내가 누구인지 그가 알아볼 거라는 생각은 들지 않았다. 그가 높낮이가 없는 이상한 목소리로 말했다. "조안, 조안, 피리꾼의 아들, 그녀는 두 마리의 돼지들을 훔쳐 저 멀리 달아났지.'" 그리고 덧붙여 물었다. "도대체 그 돼지들은 왜 훔친 겁니까, 조안?"

'피리꾼의 아들'은 어린이들에게 범죄 행위에 대한 책임과 처벌의 엄격함을 가르치기 위해 영어권 나라에서 애창되는 노래 아니던가. 별로 재치 있는 이야기도 아닌데, 다른 남자들이 애매하게 웃었고, 조도 마찬가지였다. 처음부터 내가 느낀 것은 나를 향한 밥 러브조이의 설명할 수 없는 적대감이었다. '이 여자가 여기서 뭘 하고 있는 거지? 고작 보조편집자에 불과한 여자가? 연필이나 깎고, 서류를 정리하고, 쓰레기 같은 원고 더미나 읽는 사람이 여기 비상계단에서 남자들이랑 도대체 뭘 하고 있는 거야?'라는 표정이었다.

"그녀는 아무 것도 훔치지 않았소." 조가 말했다. "엄청나게 양심적이지, 이 여성은. 난 그녀에게 내 인생을 맡길 거요. 그리고 아무튼, 러브조이 씨, 그녀는 아주 이해가 빠릅니다. 단편 소설을 아주 잘 쓰는 작가이기도 하고."

"음, 정말 멋집니다." 밥 러브조이가 말했다. "우리는 여성 작가들이 더 필요합니다. 인정하고 싶지는 않지만, 요즘에는 좋은 작가들이 몇 안 되거든요."

러브조이는 그 사실을 인정하기 싫어했고, 자신이 싫어한다는 걸 인정하게 돼서 기뻐하고 있었다. 그는 의무감에 차서, 작품성이 진지하게 논의되고 있는 몇몇 여성들에 대해 언급했다. 바다거북이 같은 얼굴이 인상적인 어떤 정치적 극작가, 다른 사람들의 저자 사인회에서 갑자기 자신의 작품을 추천하고는 즉흥 낭독을 했던 시인, 어느 소도시의 일거수일투족을 소재로 활기차게 고자질하는 작품을 쓰는 사람으로 분류

되는 소설가 등. 그 소설가는 헨리 제임스의 《나사의 회전The Turn of the Screw》에 등장하는 아이들 중 하나에게 오싹하다는 반응을 보였는데, 그런 아이가 한 명이라도 있었다면 장차 자살이라도 할 것 같았다는 이야기도 했다.

나더러 이야기를 해보라고 했으면, 내가 간직하고 있는 중요한 여성 작가들의 명단을 줄줄이 읊었을 텐데. 매리 매카시Mary McCarthy의 이름이 늘 곧바로 떠오른다. 그녀의 비범한 산문, 그녀의 구조적으로 완벽한 광대뼈, 뒤로 묶은 아주 긴 머리, 고전적인 목, 그리고 그녀의 각양각색의 사회적 연결망에는 파워풀한 남자들이 있었다. 마지막 조건이 가장 필수적인 부분으로 보였다. 그 연줄들이 없다면 그녀는 너무 자유분방하고, 지나치게 이국적이어서 주목을 덜 받았을지도 모르겠다. 나는 그녀가 매력적이고 아름다우며 무서운 존재라는 걸 알고 있다. 남자들이 그녀를 조롱하거나 무시할 방법을 찾기란 어려울 것이다. 거의 없을 거라는 게 내 생각이다.

그 대신 남자들은 그녀를 존경한다. 남자들이 생각하기에 그녀는 아주 독특한 존재였다. 그래서 남자들은 그녀 앞에서는 침묵하거나, 초조하게 수다를 떨거나, 어려운 상황에 잘 대처하고 싶어 한다. 그녀는 모든 기대에 저항하기 위해, 그리고 그녀가 존재한다는 단순한 사실만으로도 겁을 먹은 남자들의 화살을 막기 위해 존재하는 것 같아 보인다. 그리고 심지어 그녀는 강인했다. 가끔은 정치와 예술에 대해서 그것들을 배배 꼬인 생가죽마냥 씹어대야만 했다. 메리 매카시와 그녀보다 덜 유명한 한두 명의 다른 여성 문인들은 그들의 눈부신 재능을 바탕으로 불을 밝혔고 재기발랄함에 톡특한 문체를 더해서, **남성용**이라고 또렷하게 아로새겨진 문을 통과했다.

하지만 재능은 있으나 완벽한 광대뼈가 없고 이 우주에서 안락하게 지낸 여성들에게는 무슨 일이 일어났을까? 강력한 힘을 가진 남성들에 대해 아무런 애착도 보이지 않던 여자들 말이다.

"여성 작가들은 폭풍처럼 세상을 흔들진 못해도, 확실히 인생을 좀 더 밝게 해주죠." 새뮤얼슨이 말하고 있었다. "적어도, 웬만큼 괜찮은 사람들은 그래요. 어찌됐든 말이죠."

"혹시 들어본 적 있어요?" 러브조이가 천천히 입을 열었다. 한동안 조용히 갈고닦아온 이론을 꺼내보려는 듯싶었다. "그들 가운데 놀랄 만큼 많은 사람들이 《이상한 나라의 앨리스》에 나오는 모자 장수처럼 미쳐버렸다는 걸?"

"우리가 그들을 그렇게 되도록 몰고 갔겠죠."라고 조가 말했다. "그게 이유일 겁니다."

"맞아요, 우리가 그들을 벼랑 끝으로 내몰았죠."라고 러브조이가 쾌활하게 말했다. "당신도 그렇게 말하고 싶지 않아요, 조안?"

모두들 대답을 기대하며 나를 쳐다보았다. 내가 마치 모든 여자들을 대변해서 그들의 잠재적 정신질환에 대해 말해줄 것처럼 말이다. "잘 모르겠는데요." 내가 말했다.

"지금까지 그런 부류의 사람들을 몇몇 만나봤어요." 라고 새뮤얼슨이 말했다. "정말이지, 그들은 아주 경쟁적입니다." 남자들 모두가 고개를 끄덕이며 가볍게 웃었다. 조도 그들을 따라 웃다가, 내가 쳐다보고 있는 것을 보고는 곧바로 진지한 표정을 지었다.

"당신도 그런 부류 아닌가요?" 러브조이가 내게 부드럽게 말했다. 그는 몸을 앞으로 기울여 손을 뻗더니 손가락으로 나의 팔뚝을 아주, 아주 살짝 만졌다. 내가 재빠르게 팔을 움직였다.

"이러지 말아요." 내가 말했다.

러브조이가 손을 거뒀다. "미안해요." 그가 말하고는 조에게 어깨를 으쓱해 보였다. "참을 수 없었거든요."

"여자들처럼." 라고 라일 새뮤얼슨이 말했다.

"여자들처럼." 러브조이가 따라했다.

"저기, 밥." 조가 모호하고 웅얼거리는 소리로 말했다. "저 표지판 봤소? '손대지 마시오.'" 나는 그때 깨달았다. 남자들 무리가 은밀하게 불평하는 자리에 수적으로 불리한 상태로 앉아 있는 게 어떤 기분인지 조가 처음으로 인지했다는 사실을. 여자가 무엇을 느끼고 생각하는지를 그가 깨닫게 된 보기

드문 상황이었다. 그에게도 물론 견해는 있다. 공산주의와 인종 문제, 그리고 베트남의 도시 디엔비엔푸Dien Bien Phu에 대한 당시의 전형적인 의견들. 하지만 여성에 관한 주제로 넘어가면, 그는 아무 말도 할 수 없었다.

남자들이 낄낄거리며 함께 고개를 끄덕이는 동안, 나는 그들 사이에 불편하게 앉아있었다. 밥 러브조이가 내 팔을 만졌고 나는 약탈당하고 협박을 받은 기분이었지만 어떻게 적극적으로 대응해야 할지 몰랐다. 남성이 여성을 만졌고, 예상 밖의 일이었다면, 여성은 "그러지 말아요." 라고 속삭이거나, 아니면 소리를 지르거나, 아니면 남자를 밀어낸다. 그러면 남자는 하던 짓을 멈추거나, 어쩌면 그래도 멈추지 않는다. 이게 세상이 돌아가는 방식이다. 나는 여기에 조와 함께 왔기에 혼자 일어나서 떠나버릴 수는 없었다. 나는 비상계단의 난간에 기대어 적막한 거리를 비참한 기분으로 내려다봤다. 조가 드러난 나의 어깨에 팔을 둘렀다. 날씨가 차가워서 뭔가 덮을 게 필요하던 참이었다.

"조안." 조가 내 머리카락 사이로 드러난 귓바퀴에 대고 속삭였다. "여기서 나가자."

그것이 나는 고맙고 또 고마웠다. 마치 그가 나를 구해주기라도 한 것 같았다. 그렇게 우리는 스스로를 구해냈고, 파티장을 떠났다. 자정이 넘은 시간에 그리니치빌리지를 함께 걸으며 서로에게 기대고 이따금 키스를 했다. 서로에게 사과하는 것처럼. 신문가판대가 아직 열려 있는 셰리던 광장의 가로등 아래에 잠시 멈춰 섰다. 〈헤럴드〉 전날 최종판이 빨래처럼 걸려있었다. 우리가 서 있는 아래쪽으로 지하철이 따뜻한 공기를 강하게 쏟아내며 지나갔다. 소변과 땅콩냄새도 났다. 아래에서 지나가는 것이 서커스 열차라도 되는 것처럼, 우리는 그기차에 올라탈 수 있기를 기원했다.

어느 일요일 아침에 눈을 뜨자마자 조가 소설을 하나 시작해야 한다고 말했다. "잠을 깨우려던 건 아닌데, 조애니." 그가 놀랍게도 아주 이른 시간에 침대에서 몸을 일으키며 말했다. "그렇지만 난 일어나야 해. 책을 하나 쓰기 시작하려고. 다른 이야기가 아니야. 바로 여기, 우리의 이야기야."

그는 트렁크 팬티 차림으로 책상의 작은 로열 타자기 앞에 앉았다. 그리고 담배를 피웠고 몇 분 전까지 우리의 칫솔이 들어있던 유리잔으로 코카콜라를 마셨다. 호두들은 사라졌다. 캐롤과의 불쾌한 사건 이후로 그는 호두에 대한 입맛을 잃었고, 이후로도 그 입맛은 돌아오지 않았다. 나는 침대에 누워 그가 글을 쓰는 모습을 보며 잠시 색다른 기분을 만끽했다. 하지만 결국은 지루해져서 나가야겠다고 말했다.

내가 간 곳은 부모님의 집이었다. 스미스 칼리지를 떠난 이

후 처음이었다. 무서웠지만 내가 그들보다 더 강하다는 결론을 내렸다. 내 쪽에는 조가 있다. 짐작했던 대로 부모님은 스미스 칼리지에서 내가 자퇴를 했다는 연락을 받고 소스라치게 놀랐다. 부모님은 내가 있는 곳을 알아낸 후, 아버지의 이름이 인쇄된 편지지에 화가 가득 담긴 편지를 써서 호텔로 보냈다. 편지에서 두 분은 나를 '실망스러운 자식'이라고 했지만, 말미에는 '너의 어머니와 아버지로부터'라고 썼다. 사랑한다는 말은 없었고, 그런 티조차 나지 않았다. 그래서 내가 지금 그곳을 가는 게 맞나 싶기도 했다. 하지만 웨이벌리 암즈는 너무나 우울한 곳이고, 그리고 본격적으로 소설가가 되겠다고 새로 마음을 굳힌 조는 마치 태아처럼 자기 자신을 만들어가고 있었다. 로라 소넨가드와 나머지 다른 친구들은 집을 떠나 대학교에 가 있었다. 그러니 그들은 지금 공부를 하고, 남자친구와 키스를 하고, 깔끔한 스웨터에, 산뜻한 구두를 신고 있을 것이다. 나는 호텔방의 우중충한 분위기와 말없이 무겁게 버티고 앉아 있는 조로부터 잠시 벗어나야만 했다. 반사적으로 그 모든 일에도 불구하고 내게 부모님이 필요하다는 생각이 들었고, 그래서 나는 부모님 집으로 갔다.

부모님 건물의 당직 도어맨 레이는 나의 불미스러운 사건을 몰랐기에, 모자를 살짝 올리며 인사를 건네고는 '여대생'이 된 기분이 어떤지 내게 물었다. 엘리베이터맨 거스가 놋쇠 손잡이를 잡아당기자 엘리베이터가 천천히 올라가기 시작했다. 거스는 내게 자신의 아들은 뉴저지 공과대학에서 냉동 시스템을 공부하고 있다고 말했다. 이윽고 나는 내가 자랐던 아파트의 현관 앞에 섰다. 현관 옆 통로에는 우산 꽂이와, 인체와 접촉하는 축복을 누려 본 적이 없는 고리버들 의자가 있었다. 나는 안으로 들어가 입구에 서서 머뭇거리며 말했다. "안녕하세요?"

엄마가 물빛 공단으로 된 실내가운을 걸친 모습으로 나타났다. 나를 본 엄마가 울음을 터뜨렸고, 예상하지 못한 엄마의 반응에 놀란 나는 엄마에게 달려갔다. 울음을 그치지 않는 엄마를 달래며, 나는 아무 말도 할 수 없었다. 그렇게 우리는 창백하게 보이는 거실의 나직한 흰색 카우치에 앉아 있었다. 비 내리는 뉴욕 거리를 그린 파스텔화가 눈에 들어왔다. 한참을 울던 엄마가 손수건으로 코를 풀더니 날카로운 시선으로 나를 살펴보았다.

"네 아버지는 돌링스 부부와 골프 치러 나가셨어. 우리도 이런 일로 세상이 망하는 게 아니란 건 알고 있다." 그녀가 내게 말했다.

"잘됐네요." 내가 말했다.

"그런데 학교에서 그 남자가 유대인이라고 말하던데."

"학교에서 그걸 **알려줬다고요**?"

"그래. 우리가 그 사람들에게 물어봤지. 그 남자는 유대인과 결혼도 했는데, 그 남자가 너를 사랑한다고 설득했을 거라고 하더라." 말을 마친 엄마가 앉아 있던 카우치에서 일어나 내 쪽으로 왔다. 각각의 카우치는 길고 매끈해서, 하나하나가 마치 독립된 원양여객선 같았다. "내 말 좀 들어보렴, 조안. 네가 왜 그랬는지 난 알아. 아주 솔깃했을 거야." 엄마가 계속 말을 이어나갔다. "한번은 밀턴 피시라는 남자가 여기를 찾아왔었는데, 네 아버지에게 자신의 회사에 투자하라는 말을 하러 온 거였지. 섬유산업 회사였어. 나는 그 남자가 입고 있던 옷을 절대 잊을 수 없어. 줄무늬 정장이었거든. 그리고 저녁이 끝날 무렵, 불쌍한 네 아버지는 완전히 밀턴 피시의 손아귀에 든 거나 마찬가지였지. 우리 가족을 영원히 파산시킬 엄청난 액수의 수표에 거의 사인까지 할 뻔했거든. 내가 네 아버지를 침실로 불러 잔소리를 하고 나서야 네 아버지 정신이 돌아왔지 뭐니. 세일즈맨의 감언이설에 놀아나고 있었다는 걸 그제야 알아차린 거지. 너와 그 교수 사이에 벌어진 일도 똑 같은 거란다. 설득의 힘. 그런 사람들은 말을 잘하고 자신들의 '교육' 전력을 자랑스러워해. 그들은 말하는 걸 좋아하고, 현란한 어휘를 구사할 줄 아는데다 어둠과 신비에 싸여 있어서 네가 마치 집시들 소굴에 들어선 것처럼 느껴지지. 네가 알던 알렉 미어즈나 벡슬리씨 아들 같이 익숙한 남자애들과 같이 있는 것보다 훨씬 더 설렐 거야, 내 말이 맞지?"

엄마의 말이 너무 빠르고 거침없어서 나는 마치 반짝거리는 조명등 앞에 있는 것처럼 눈을 깜빡거리기 시작했다.

"내 말이 맞지?" 나의 엄마라는 분이 이렇게 말하고 있었다. "다른 남자애들과 사귀어 **봤지**, 조안? 내 말은, 다른 남자애들과 남자와 여자로서의 육체관계를 가져봤느냐는 거야. 왜냐하면, 만약 해봤다면 너는 그 교수를 그 분야에서의 기술 때문에 선택했을 거야. 남자들은 섹스를 무서워하지 않아, 않고 말고! 그들은 끊임없이 그것을 하고 싶어 해, 심지어는 여자들이 생리를 할 때도 말이야. 게다가 그들은…."

"엄마, 너무 엉뚱한 이야기만 하고 있다는 거 아세요?" 내가 벌컥 화를 냈다. "내가 여기에 온 건 조가 작업을 하고 있어서 내가 외롭기 때문이에요." 나는 엄마에게 말했다. "그는 유대인이에요, 맞아요. 그리고 그가 항상 섹스를 하고 싶어 한다는 게 어때서요? 나도 그런 걸요." 엄마는 나의 말에 몇 번이나 눈을 깜빡거리는 걸로 대답을 대신했다. "하지만 그는 뛰어난 작가라고요, 알겠어요? **훌륭한** 작가이고, 유명해질 거예요. 그때 가면 엄마도 그 남자에 대한 감정이 달라지지 않을까요?"

"눈곱만큼도."라고 엄마가 말했다. 엄마는 그녀가 최근에 머리 위에 단단하게 붙인 곱슬머리 컬처럼 완고하게 입을 다

물었다. 지금도 나는 미장원에서 나던 카네이션 향기를 맡을 수 있고, 바다에 떠다니는 생물체처럼 생긴 금속 빗을 떠올릴 수 있다.

〈카리아티드〉에 실린 조의 형편없는 단편을 읽고 있는 것 같았지만, 나는 그 어느 때보다도 열심히 조의 명예를 지켜야만 했다. 내가 아니면 누가 하겠는가? 조의 아내 캐롤은 그를 싫어했고, 패니도 머지않아 그를 미워하도록 키워질 것이다. 막 걸음마를 뗀 조의 소설은 내세울 것이 못됐다. 하지만 나는 여기, 나의 어린 시절을 보낸 마요네즈 색 거실이 울리도록 소리 높여 조를 칭찬하며 그것들이 사실이라는 믿음이 싹트기를 바라고 있었다. 그는 재능이 **있었다**, 그렇지 않은가? 어쨌든 그는 재능이 있어 보였다. 그는 사색적이고 예견하기 어렵고, 내가 이해할 수 없는 감각, 내가 **남성적**이라고 이름 붙인 감각으로 고삐를 제어하고 있었으니까. 수컷의 굳건한 힘으로, 전쟁터에 있는 남성들이나 연기 자욱한 포커판에서 웅크리고 둘러앉은 남자들의 그 감성으로. 나는 모든 이들에게 조가 재능이 있다고 말할 것이었고, 그 다음엔 그가 위기를 헤쳐나갈 것이었다.

"그럼 그를 만나보지 않으실래요?" 내가 엄마에게 물었다.

"아, 정말, 너 무슨 생각을 하는 거니, 조안?" 엄마가 말했다. 나의 부모님과 조가 마주 앉아있는 장면을 생각해보면 어떻게 본다 해도 끔찍할 게 사실이었다. 그는 뼈다귀만 남은 두 분이 하이볼 음료를 움켜쥐고 있는 장면을 볼 것이고, 부모님은 안식일 빵 덩어리만큼 큰 페니스와 유창한 말솜씨를 지닌 의류 세일즈맨을 보게 될 테니까. 아니, 그들은 결코 만나서는 안 됐다.

하지만 물론 그들은 만났다. 아주 나중에, 모든 게 편안해지고, 충분해지고(이건 보는 사람에 따라 다르겠지만), 더불어 조의 위치가 그 세계에서 확고해졌을 때였다. 실제로 부모님은 그때야 그에 대해 알고 싶어 했다. 그들이 만나봤던 유명한 작가는 손턴 와일더가 유일하기 때문이었다. 1940년대에 손턴 와일더가 한 친구에 대한 호의로 아버지의 클럽을 방문해서 연설을 했는데, 8분간 미국 연극계 상황에 대해 요점도 없는 이야기를 늘어놓다 자리를 떴다고 했다.

하지만 지금은 아직 그가 성공하지 못했고, 조는 여전히 유대인 강간범이고, 나는 아직 그런 남자를 사랑할 리가 없는 여자아이에 불과했다. 나는 부모님의 아파트를 나와 파크 애비뉴를 걸었다. 이제는 이곳도 내 부모님의 거실처럼 공허하고 매력 없는 곳으로 보였다. 갑자기 정신이 번쩍 들었다. 그리고 깨달았다. 내가 정말 독립해서 조와 함께 있을 요량이라면, 내가 엄마에게 말한 것이 반드시 실현되어야 했다. 조는 재능이 있어야 했고 명석해야 했다. 그래야 그의 유대계 혈통, 간통으로 인한 불미스러운 다툼, 우리를 위해 그가 빌린 쓰레기 같은 방, 그리고 그를 둘러싼 모든 단점들과 실망스러운 것들을 상쇄할 수 있었다.

글쎄, 그는 정말로 재능 있는 작가였을지도 모른다. 어쩌면 나 자신에게도 충분한 재능이 없었기 때문에 내가 못 보고 지나쳤을 수도 있다. 나 자신에게도 충분한 재능이 없었기 때문이다. 하지만 조는 내게 재능이 있다고 말했다. 그게 나를 뉴욕으로 데려간 이유 중 하나일 것이다. 오로지 나를 침대로 끌어들이기 위해서만은 아니었다. 그런 것이라면 그는 다른 많은 여자애들과 할 수도 있었다. 그들은 생글거리며 행복하게 다리를 벌렸을 것이다. 그에게는 재능이 **있어야**만 했다. 그래야 그 재능이 우리를 끌어올릴 수 있었다. 그 재능이 조를 확실히 만족시키고, 내 옆에 있을 때나 다른 남자들 사이에 있을 때 조의 마음을 편안하게 해줄 것이다. 그 재능이 나의 부모님을 끼쁘게 하며 점수도 딸 것이다. 엄마는 감정이 '눈곱만큼'도 달라지지 않았다고 우기겠지만. '눈곱만큼', 얼마나 이상한 말인가. 나는 다시 시내를 향해 렉싱턴 애비뉴까지 걸어가 기차에 오르면서 생각했다. 어느 누구도 "두 눈곱two iotas만큼"이라고 말하지 않고 언제나 그저 눈곱만큼이라고 한다. 언어는 무한수라는 느낌이 들었다. 그런데도 사람들은 너나없이 말할 때나 글을 쓸 때 놀랄 만큼 좁은 수로에서 헤엄을 쳤다.

눈곱만큼이란 말이 다른 것들과 함께 내 안에서 춤추고 있었다. 정말 저속하고 성마른 엄마의 말들, 조가 위대해지길 바라는 나의 원대한 꿈들과 함께. 그는 작가가 될 것이다. 내가 그에게 걸고 있는 기대는 남자들이 스스로에게 거는 기대와 같았다. 정복하고, 짓밟고, 세상을 놀라게 하는 것. 나는 특별히 그것 가운데 어느 것 하나라도 내 스스로 하기를 원하지는 않았다. 내가 그럴 수 있다는 생각조차 들지 않았다. 나는 줄곧 일레인 모젤에 대해서 생각해 왔다. 그녀가 남자들 사이에서 성공하기 위해 얼마나 노력했을까. 손으로 잔을 가볍게 쥐고 술을 마시던 일레인, 살짝 번진 그녀의 립스틱. 나는 남자들과 같은 분야에서 겨루고 싶지 않았다. 절대로 편안하지 않을 것이고, 경쟁할 수도 없을 것이다. 나의 세계는 크지 않고 넓지 않으며 드라마틱하지도 않을 뿐더러, 내가 다룰 소재들도 거의 없었다. 나는 나의 한계를 알고 있었다.

내가 웨이벌리 암즈에 돌아왔을 때 기적 같은 일이 벌어졌다. 조가 마치 그를 위해 만든 내 희망의 새 목록들을 꿰뚫어 보고 있는 것 같았다. 내가 방에 들어서자, 그가 원고 뭉치 두 개를 들고 서서 나를 향해 흔들었기 때문이다.

"이게 뭐야?" 내가 다 알면서도 물었다.

"《호두》의 첫 21페이지."

"알겠어.《호두》란 말이지." 내가 말했다. "그럼 내가 맞혀

볼게. 호두 공장에서 일하는 누군가에 대한 소설이겠지? 호두 공장 인부가 세상을 직시하는?"

조가 웃었다. "아, 맞아. 호두 포장 산업을 **첫머리** 부분에 내세울 거야."라고 그가 말했다. 그가 나를 침대에 앉히고는 내 손을 들고 천천히 당겨 내려서 그의 원고에 가져다 댔다.

"당신이 읽어봐." 그가 말했다.

4장

그러니까 그때부터 그는 왕이었다. 순식간에 벌어진 일이었다. 모든 일이 그러하듯. 내가 타자기에서 종이를 빼서 입술에 대고 '아, 정말 내가 싫다. 나 미쳤나봐.' 같은 말들을 중얼거리고 있는데, 어느덧 왕실 전령이 문 앞에 등장해서는 나의 주도권을 공식적으로 만드는 선언을 해버리는 식이었다.

당연하게도 그는 곧바로 수직 상승했고, 그 어떤 꺼림칙함도 없이 태연했다. 우물쭈물하지도 않았고, 때로 한밤중에 젊은 작가들을 위협하는 '모든 것이 달라지면 어떻게 하지? 만약 우리가 달라진다면?' 등의 두려움도 없었다.

조는 모든 것이 달라지기를 원했고, 나도 그랬다. 누추한 게 지겨웠고, 자주 먹던 에그 푸 영(양파·새우·다진 돼지고기·달걀 등

192

으로 만든 중국식 오믈렛—옮긴이)에도 질렸다. 남자에게는 뭔가 붙잡을 것, 자기 자신이 괜찮다고 느낄 수 있도록 해주는 그 무언가가 필요하다. 아니면 그가 살아오면서 겪었던 실패들이 하나하나 슬그머니 되돌아올 것 같았다. 온갖 수학시험, 여자의 큐 사인을 기다리지 못하고 해버린 사정들, 이제는 얼굴도 기억나지 않는 구두 판매원이었던 온순하고 의기소침한 아버지의 꾸지람을 귓등으로 흘려들었던 일들. 팔리지 않는 소설은 또 하나의 실패였다.

하지만 엄청난 성공을 거둔 한 권의 소설은 아름다움 그 자체였다. 조와 나는 침대 위에서 점프를 하고 서로의 등을 두드려주고 침대 속으로 뛰어 들어갔다가 거리로 나왔다. 그 소설과 조, 서평들, 그리고 '미래'라는 모호하고도 흐릿한 통로에 대한 것 외에는 그 어떤 이야기도 나누지 않았다. 1958년 겨울, 우리는 웨버리 암즈의 방을 벗어나 그리니치 애비뉴 외곽의 찰스 스트리트에 있는 진짜 아파트로 이사했다. 그곳은 성공한 작가가 살 만한 곳답게, 욕실이 딸리고 높은 천장과 넓은 들보가 있는 방이 있었다.

작가들은 빛을 필요로 한다. 그들은 늘 이렇게 말한다. 마치 목이 마른 듯, 아니 자신들이 **식물**이라도 되는 듯, 마치 그들이 작업 중인 페이지가 남향의 빛을 받으면 완전히 다르게 보이기라도 할 듯. 작가들에게는 빛이 필요하고, 찰스 스트리트의 집은 빛이 넘치는 곳이었다. 그래서 우리는 빛과 따스함을 가졌고, 우리가 같이 지낸 이후 처음으로 쉴 새 없이 돈이 쏟아져 들어왔다. 우리는 우리가 초대된 모든 저자 사인회와 낭독회와 디너에서마다 끌어안고 마시며 새로운 친구들을 끌어모았다. 스미스 칼리지를 떠난 것에 대한 회의는 사라졌다. **우리는 즐겁게 살았다.** 무엇보다도, 우리의 삶은 그가 받은 것들 덕택에 무척이나 많이 달라졌다. 가끔 나는 그것을 왕관이라고 생각했고, 가끔은 열쇠라고 생각했다. 그것이 있으면, 어깨가 넓은 작가들의 거대한 세계 안으로 들어갈 수 있었다. 그리고 이 세계에서 남자들은 밤늦도록 맘껏 먹고 마셔댔다. 가끔씩 강연 요청도 받았다.

조는 무엇보다도 이런 장면을 좋아했다. 그는 그를 그 자리에 서게 해준 그 말끔한 첫 소설을 들고 무대 위에 올랐고, 나는 고개를 갸우뚱하거나 끄덕이며 그 강연을 지켜보는 장면 말이다. 그 초창기 시절 그는 낭독회 요청을 받으면 종종 낭독회에서 할 말을 전날 밤에 연습했다. 농담이나 일상적이고 즉흥적인 이야기, 심지어는 어느 부분에서 물을 마실 것인지까지 구성하고 계획했다.

뉴욕에서의 첫 해 어느 날 밤, 조는 어디엔가 참석할 예정이었다. 내 기억으로는 렉싱턴 에비뉴 92번지 Y남녀 유대 청년회 커뮤니티센터였는데 확실치는 않다. 지금 생각해보니 많은 사람들이 모일 수 있는 커다란 강당 같은 곳으로, 천여 개의 좌석이 놓인 거대한 공간이었다. 내가 푸른색 벨벳 드레스를 입었던 것은 확실하다. 화장은 하지 않고, 머리는 뒤로 넘겨 리본으로 묶었다. 그것은 조의 첫 번째 순회 낭독회 중 하나였다. 나는 너무 긴장한 나머지 속이 메슥거려서 여자 화장실의 변기를 끌어안고 구역질을 했고, 민망해서 화장실에서 바로 나오지 못했다. 나는 바닥에 무릎을 꿇은 채, 두 여자가 세면대 앞에 서서 조에 대해 이야기 하는 걸 듣고 있었다.

《호두》는 올해 내가 가장 좋아하는 책이야. 그 작가는 낭독도 굉장히 잘한다고 그러더라. 내 친구 앨리스가 지난주에 그가 낭독하는 걸 들었거든."이라고 한 여자가 말했다.

그러자 다른 여자가 말했다. "그래 맞아, 게다가 그는 정말 매력적이지. 아이스크림처럼 한 입에 몽땅 그를 먹어버리고 싶어."

"하지만 그럴 수 없을 걸. 임자가 있잖아."라고 첫 번째 여자가 대꾸했다.

두 번째 여자가 "그래서 뭐?"라고 대답했고, 두 여자가 동시에 웃음을 터뜨렸다.

그 순간 나는 서부극에서 총잡이가 술집 문짝을 밀치며 갑자기 들이닥치듯, 나도 모르게 문을 확 열어젖히고 화장실 칸에서 나왔다. 하지만 그 여자들은 내게 아무런 관심도 보이지 않았다. 나의 빈약한 옷매무새와 창백하고 단정한 용모로는 그들의 적수가 될 수 없었다. 나는 이미 원하는 남자를 포획한 여자의 모습을 하고 있었고, 두 여자는 아직도 한가로이 사냥 감을 찾으며 즐기고 있었다.

한 명은 올리브색 피부에 검은 머리의 까무잡잡한 여자였다. 다른 여자는 흰 피부에 주근깨가 있고 비현실적으로 가슴이 컸다. 나는 그녀가 연한 빛깔의 두 젖꼭지를 환희에 찬 조의 얼굴 앞으로 내밀고 있는 모습이 머리에 떠올랐다.

조는 두 여자 가운데 누구를 선택할까? 그가 좋아하는 것을 내가 알아낼 수 있고, 내가 그걸 알고 있는 것이 매우 중요해 보였다. 그래야 미래에 그의 이상형으로부터 그를 차단하고, 그의 주의를 딴 데로 돌리고, 그를 격리할 수 있을 것이다.

어리석게도 나는 그 여자들에게 말을 걸었다. "저기, 두 분 다 조의 작품을 좋아한다니 참 기쁘네요."

"뭐라고요?" 둘 가운데 한 명이 입을 열었다.

"맙소사." 다른 한 명이 은밀하게 소곤거리듯 말했다.

"잠깐만요, 조지프 캐슬먼이 당신 **남편**인가요?" 까무잡잡한 여자가 말했다.

"그래요." 내가 대답했다.

"그는 정말 대단해요. 남편이 무척 자랑스럽겠어요." 화사한 여자가 거들었다.

"그럼요." 손을 씻으며 내가 말했다. 끓는 듯한 뜨거운 물이 쏟아졌지만 나는 손을 거둬들이지도 않았다. 마치 이 젊은 여자들 면전에서 내 손을 데치려고 작정이라도 한 듯.

"그가 새 작품을 쓰는 중인가요?"라고 까무잡잡한 여자가 물었다.

"네, 두 번째 소설이죠."

"잘됐군요. 우린 오늘 그가 낭독하는 걸 무척 기다리고 있답니다." 화사한 여자가 경쾌하게 말했다.

그러고는 여자들이 나갔다. 화장실 문이 채 닫히기도 전에 그들이 소곤거리며 웃는 소리가 들렸다. 나는 내가 상대하는 것이 무엇인지 알고 있었다. 젊은 여자들이 죽음에 대한 동경 대신 사랑에 대한 소망을 가진 레밍 쥐처럼 조의 품으로 뛰어들 것이다. 사랑스러운 레밍 쥐들은 속눈썹을 깜빡거리며 작고 뾰족한 발톱으로 그의 바지를 벗기려고 할 것이다. 나는 안다. 어떻게 보면 나도 그런 여자들 가운데 하나였기 때문이다. 그리고 분명 나 이전에도 다른 여자들이 있었을 것이다. 짐작일 따름이지 명확한 증거는 없다. 하지만 이제는 조가 레밍 쥐들을 거절하고, 그들의 발톱을 셔츠에서 살살 걷어내는 방법을 배웠으리라. 시간이 지날수록 계속 그들을 거부하게 될 것이다. 이제 그에게는 내가 있고, 나는 그들과 다른 사람이니까.

무대 위에서 조는《호두》의 1장을 읽었다. 코네티컷 소재의 작은 여자 대학 글쓰기 강사인 마이클 던볼트가 미래가 촉망되는 제자인 수전 로우를 만나는 부분이었다. 그렇게 수전과의 격정적인 성관계가 시작되고, 그러는 가운데 마이클은 결국 부인이자 정서가 불안정한 도예가인 데어드러와 갓난 아들을 버린다. 소설책은 경사진 단상에 펼쳐져 있었고, 조는 여러 잔의 물을 마셨다. 낭독을 한다는 색다른 경험에 너무 흥분해서 입안이 바짝 말랐고, 이야기를 할 때면 혀가 쩍쩍 들러붙는 소리가 나서 아기 염소처럼 계속 물을 마셔대야만 했던 것이다.

청중은 조의 매력에 빠졌다. 그 여자들이 원했던 것처럼. 청년들은 조처럼 되기를 갈망했고, 그들 자신의 소설을 쓰겠다고 새롭게 다짐하며 집으로 돌아갔다. 청중의 대부분이었던 여자들은 그의 것 뭐라도 가질 수 있기를 원했다. 소맷부리 한 자락, 손톱 부스러기, 짙고 짙은 눈썹의 한 터럭, 영원히 그들의 것이 될 수 있는 거라면 뭐든지. 청중은 그를 동경했다. 조가 **그들의** 아파트에 있는 타이프라이터 앞에 앉기를, **그들의** 침대에서 담배를 피워 주기를, 그가 나에게 하는 것처럼 똑같이 그들에게도 스스럼없이 편안하게 팔과 다리를 올려놓기를 고대했다.

나는 조의 책과 노트가 든 가방을 들고 맨 앞줄에 앉아 자랑스러운 마음으로 그가 읽는 걸 들었다. 내가 별로 좋아하지 않는 부분이 나오면 움츠러들었고 내가 좋아하는 내용이 들리면 기분이 좋아 고개를 끄덕였다. '**이게 바로 조의 가방**'이라고 주위 사람들, 특히 화장실에서 마주쳤던 여자애들에게 소리치고 싶었다. 허리를 졸라매고 속눈썹을 깜빡거리던 그 여자애들에게는 덤으로 '엿이나 먹으렴'도 얹어서. 조에 대한 소개가 끝나자, 그는 자리를 박차고 나가서 계단을 성큼성큼 뛰어올라 무대에 섰다. 스미스 칼리지에서의 수업 첫날 그랬던 것처럼 의욕이 넘쳐 허둥된 행동이었지만 지금은 좀 더 새롭고 박력있게 보였다. 하지만 이렇게 유명인이 되지 않았다면 부적절하게 보였을 일종의 허세가 들어 있었다.

나중에 리셉션 파티에서 보니 그 까무잡잡하고 화사한 2인조가 조의 옆구리에 찰싹 붙어 있고, 조는 두 여자를 저울질하며 흘긋거리는 중이었다. 나는 조가 술잔을 만지작거리고 등을 살짝 굽혔다가 펴는 모습을 구경했다. 나의 상관이자 조의 편집자이기도 한 할 웰먼이 내 옆에 서서 조를 쳐다보는 나를 바라보며 부드러운 목소리로 말을 건넸다. "걱정하지 않아도 될 거요."

"걱정하지 말라고요?" 나는 그에게 얼굴을 돌리고 물었다.

"그래요. 그를 봐요, 그저 좀 으쓱거리는 중이잖아. 누구라도 그럴 만하지." 키가 크고 구부정한 체격에 혈색이 좋은 할

이 약간 피곤한 표정으로 말했다. 그는 곧 센트럴 역에서 기차를 타야 했다.

우리는 나란히 서서 조와 여자들을 구경했다. 화사한 여자가《호두》한 권을 꺼내들고 사인을 요청하고 있었다. 보아하니 까무잡잡한 여자가 펜을 건네줄 때 조가 웃기는 말을 한 모양인지 그녀가 꺅꺅 소리를 질렀고, 화사한 여자는 그녀를 바라보며 박수를 쳤다.

"봐요, 그다지 보기 좋은 광경은 아니잖아요."

"그래, 안 좋아. 조안, 알면서 왜 그래? 와인이나 한 잔 가져다 줄 게."

파티가 끝날 때까지 할은 내 곁을 지켜주었다. 함께 술을 마시고 조를 바라보면서 우리는 은근히 그를 꼬집고 빈정거리는 대화를 주고받았다. 마침내 할이 시계를 보더니 기차를 타러 가야 할 시간이라고 말했다.

이후 수십 년에 걸쳐 할이 이끄는 대로 조는 출판사를 세 번 바꿨다. 미처 다 읽지 못하고 쌓아둔 원고더미 위에 할이 머리를 박은 채 뇌출혈로 세상을 떠날 때까지. 할은 그 오랜 세월 동안 내가 그를 필요로 할 때마다 수많은 칵테일파티에서 내 곁에 있어 주었고, 그런 장소들에 늘 도사리고 있던 예기치 않은 위협적인 것들로부터 나를 지켜주었다.

Y에서의 그날, 낭독회와 파티가 끝난 다음 근처 프렌치 레

스토랑에서 간단한 뒤풀이까지 마친 조와 나는 메스껍고 머리가 어지러운 상태로 그리니치빌리지에 있는 우리 아파트로 돌아왔다. 숨을 쉴 때마다 마늘 냄새가 올라왔고, 와인에 절어서 움직일 때마다 몸 안에서 철벅거리는 소리가 들리는 것 같았다. 결국 우리는 침대에 쓰러졌다. 나란히, 만지지는 않으면서.

"그거 알아, 당신? 내가 유명인이라는 거." 조가 말했다.

"당연하지."

"그런데 유명인이라는 느낌이 안 들어. 전과 똑같은 기분이야. 멍청한 여자애들 한 무더기 모아놓고 영어수업 하는 거랑 다른 게 없어. 당신이 들어서면 모두 당신을 쳐다보는 것도 그렇고. 당신, 대단해."

"난 멍청한 여자애가 아니었거든."

"그래. 조금도 멍청하지 않았지." 그의 목소리에서 만족감이 묻어났다. 그는 배부르게 먹고 술에 취해 벌렁 드러누워 자신의 명성의 고동을 감지하고, 그 고동의 힘찬 말발굽 소리를 들었다. 나는 낭독회에서의 2인조에 대해 생각했다. 그들의 까무잡잡함과 화사함, 그리고 그들이 조에게 기울인 관심과 그 반대급부로 조가 보였던 반응이 뇌리에서 맴돌았다.

"무슨 일 있어?" 조가 물었다.

"아무것도 아니야." 내 대답은 늘 같았고, 이건 시간이 흘러도 변함없이 계속될 말이었다. 가끔 심각하게 그의 배신행위를 비난하고 울부짖을 때를 제외하고는. 대개의 경우 "아무것도 아니야"라는 말이 내게는 만트라mantra가 되어주었다. 잘못된 건 아무것도 없었다. 아무것도. 혹 뭔가 잘못되었다면 그건 내가 자초한 일이었다. 조와 그의 온갖 문제들은 **자업자득**인 셈이다. 내가 그를 필요로 했고, 여기에 그가 있고, 그는 내 것이었다. 《호두》가 교정 중일 때 그는 전처와 이혼했고, 우리는 책이 출간되기 직전에 결혼했다.

그 가을, 〈라이프〉 잡지가 신예작가 대거 진출을 특집기사로 다뤘을 때, 그들이 주목하고 전면을 할애했던 작가는 조였다. 흐루쇼프, 아이젠하워 대통령부부, 복숭아를 따는 남부 어린이들, 그리고 잠시 유행하던 댄스 광풍에 빠진 십대 커플들의 사진들과 함께 담배를 손에 쥐고 깊이 사색하는 듯한 표정으로 거리를 걸어가는 조의 모습이 실렸다. 거기에는 그리니치빌리지에 있는 예술가들의 성지 화이트 호스 태번에서 뒷모습만 보이는 어떤 작가에게 말을 걸고 있는 조의 모습도 찍혀있었다.

《호두》는 조에게 첫 번째 소설인 셈이었다. 절대 반복할 수 없는 열기를 뿜어내고, 아무리 힘들다 해도 작가는 그 레시피를 재창조해야 하고, 잠들지 못하는 신경, 단어의 증발 같은 그 모든 것을 견뎌내야 하는 첫 소설 말이다. 그 소설이 마침내 끝나자, 우리는 그랜드 티치노에서 축배를 들었고, 다음날 나는 원고를 두꺼운 고무줄로 묶어 나의 직장인 바우어&리드로 가져갔다. 그러고는 얼굴을 붉힌 채 우물거리며 할 웰먼의 책상 위에 원고를 조심스럽게 놓았다. 꼭 읽어봐야 할 원고란 말은 했지만 더이상은 말하지 않았다.

그날 저녁, 할이 원고를 집으로 가져가는 것을 보았다. 나는 그가 원고를 겨드랑이에 끼고 라이Rye로 향하는 통근 열차에 올라 좌석에 등을 기대고 앉아 고무줄을 풀고 읽기 시작하는 모습을 상상했다. 그다음에는 그가 튜더 양식의 집에서 마실 것을 한잔 들고 거실에 있는 안락의자에 앉아있는 모습도 그려보았다. 할의 아이들이 그에게 매달리고, 등에 태워달라고 보채며 그를 바닥으로 끌어내리려 하고, 그가 버티는 모습도 떠올려 보았다. 이 무명의 작가가 부르는 사이렌의 노래인 《호두》의 유혹은 매우 강력했다. 미답의 처녀 작가.

처녀 작가들의 몸에서는 나방 날개의 가루와도 같은, 만지면 손끝에 묻어나는 것들로 이루어진 윤기가 흐른다. 처녀 작가는 언제라도 사람들을 놀라게 하고 야성적인 총명함으로 사람들의 머리를 내려칠 기회를 갖고 있다. 그는 사람들이 원하는 무엇이든 될 수 있다. 조는 매우 좋은 표본이었다. 넘치는 오만함과 깊은 사유가 적절하게 들어 있는, 깔끔하고 분명한 책을 냈으니까. 게다가 그는 잘생긴 얼굴에 헝클어진 머리,

늘 피곤해 보이는 눈빛을 하고 있었다. 기자들이 종종 그 점에 대해 언급하면, 그는 잠을 못 자서 그렇다고 대답하곤 했다. 피곤·슬픔·현명함. 나는 **현명함**이라는 단어를 늘 싫어했다. 이 단어는 너무 남용되었다. 고단한 삶 끝에 성공한 사람들이 어떻게든 더 커다란 세상에 은밀히 접근하려고 설정해두는 비밀 번호와도 같이 이 단어를 남용하고 있기 때문이다.

할 웰먼은 조가 이런 경우에 해당한다고 생각하는 것 같았다. 할은 《호두》의 원고를 집으로 가져갔던 그날 밤에 읽기 시작해서는, 계속해서 읽을 수밖에 없었다고 말했다. 너무 매혹적이어서 원고를 손에서 내려놓을 수도, 읽기를 멈출 수도 없었다고 했다. 틀림없이 그는 계속 거칠게 컥컥대는 소리로 크게 웃었을 거고, 웰먼 부인은 남편이 숨이 막혔나 걱정이 되어 주방에서 나와 봤을 것이다.

그 작가가 나와 함께 살고 있는 남자라는 것을 몰랐던 할은 그 책을 2500달러에 사겠다고 제안했다. 나는 그 원고를 어디서 입수했는지 고백했지만, 할은 신경 쓰지 않았다. 그는 다음 가을에 그 소설을 출판했다. 이제 와서 하는 얘기지만 나는 일이 너무 잘 진행돼서 놀랐다. 하지만 현실의 나는 잘 지내지 못했다. 나는 그 소설이 고백적이고 기교적인 면에서 훌륭하다는 것을 알고 있었다. 어쨌든 나는 산더미같이 쌓인 원고를 읽고 있었다. 〈용기여, 내 길잡이가 되어줘〉, 〈딩글 부인의 비밀〉을 읽고 있었던 것이다. 하지만 나는 바우어&리드에서 이미 출판한 책들도 읽고 있었다. 그 책들 일부는 대단했지만—보조편집자들이 책 날개의 문구로 늘 사용하는 표현인 '강하게 눈길을 사로잡는'—대부분은 지루했고 그저 재고박스에 처박히길 기다리고 있었다. 거기에는 제2차 세계대전과 한국전쟁 이야기들이 있었고, 여성들이 사랑의 섭리를 조용히 되돌아보는 글들도 있었다. 아이들을 달래는 유치원 율동을 담은 아동 도서들도 있었다. 모로코와 다른 이국적인 곳의 사진들을 실은 번쩍번쩍한 책들도 있었다. 누군가의 커피 테이블 위에 민트 껌 통과 나란히 놓일 만한 책들이었다. 하지만《호두》는 달랐다.

원고는 할이 조금 손질한 후 바로 책이 되어 나왔다. 그때부터 조는 유명해졌고 무대에 오르기 시작했고 다양한 강연대에서 여러 잔의 물을 마시게 됐다. 나는 월급도 올랐고 머지않아 정식 편집자가 될 것이라는 약속을 받았지만, 그럼에도 불구하고, 조는 나에게 출판사를 그만두라고 다그치기 시작했다.

"나와." 그의 책이 4쇄에 들어간 후 그가 말했다. "뭘 바라고 거기 있으려고 그래? 쥐꼬리만 한 월급에 품위도 없는데."

나 역시도 남자들은 왕이고 여자들은 게이샤(매처럼 생겼고 남자고 여자고 모두 무섭게 다뤘던 에디스 트랜슬리라는 강력한 여자 편집자만 빼고)인 그 사무실에 더 있고 싶지 않았다. 남자들은 종종 어떤 편집자의 방에 모였다. 나는 그들의 웃음소리를 들으며, 밀폐된 공간에 함께 있음으로써 그들이 자신들만의 즐거움을 확장시켜나가는 것을 감지했다. 그들은 이제 나에게 더 친절하게 굴었다. 그들은 그래야만 했다. 내가 《호두》를 발굴한 사람이었으니까. 거기에는 보조편집자 시절에는 결코 받아보지 못했던, 나를 인정하는 존경심 같은 것이 있었다. 여전히 나로서는 이해할 수 없는 웃음에 덮여있기는 했지만.

"조안, 좋은 아침." 밥 러브조이가 윙크와 함께 말했다. "말해봐요, 우리 신동은 어떻게 지내는지?"

"조는 잘 지내요."

"그에게 안부 좀 전해줘요. 우리 모두가 그의 다음 책을 기다리고 있다고. 그리고 그를 힘들게 하지는 말고요, 알았죠?"

결국 난 그만두었다. 다른 보조편집자들이 파티도 열어주고 내가 그리울 거라고 말해주었지만, 나는 그 곳을 떠나는 게 후련했다. 이제는 집에 더 가까이, 그에게도 더 가까이 머물고 싶었다. 거기서 우리는 즐거움과, 우리의 끝없는 흥분과 자기애를 공유할 수 있었다. 캐롤은 조에게 중요한 그 어떤 것의 일부도 결코 된 적이 없었다. 그녀는 그의 글을 읽지도 않았으니까. 조는 불평하면서 '그녀가 노는 구역'에는 소설이 없었다고 주장했다.

"사실, 캐롤의 구역에는 아무 것도 없었어." 그가 말했다. "내 생각에 그건 볼링 레인이었어. 하지만 당신, 당신은 다르지. 신이시여 감사합니다."

나는 그런 아내였다. 처음에는 그 역할이 좋았고, 그 역할이 지닌, 어째서인지 많은 사람들은 보지 못하는, 그 역할이 지니고 있는 힘을 파악했다. 여기 유용한 팁이 있다. 당신이 어떤 중요한 사람에게 다가가기를 원한다면, 가장 좋은 방법 가운데 하나는 그의 아내의 환심을 사는 것이다. 밤에 잠들기 전 침대에서, 아내는 살며시 아무렇지 않은 듯 자신의 남편에게 당신의 좋은 점을 말해 줄 수 있다. 곧 당신은 그 중요한 사람의 집에 초대될 것이다. 그 중요한 인물은 자신의 추종자들과 한쪽에 서서 자신감 있는 목소리로 이야기를 하며 당신을 무시할 수도 있다. 하지만 적어도 당신은 보이지 않게 쳐둔 출입 경계선을 통과해 그곳, 그가 있는 공간에 있는 것이다.

조는 종종 사람들에게 내가 이 결혼생활의 중추신경계라고 뽐내기를 좋아했다. 우리가 친구들 모임에 나가서 모두 술을 한잔했을 때, 그가 당당하게 말했다 "조안이 없었더라면, 나는 아무것도 아니었을 거야. 슈림프 칵테일에 들어있는 쪼글쪼글한 새우였을 거라고."

"오 제발, 여러분, 신경 쓰지 마세요. 저이가 미쳤나봐."라고 내가 말했다.

"아니, 아니, 이 아가씨가 나를 꽉 잡고 있어." 그가 계속했다. "이 여자는 세상을 볼 줄 알아. 그녀는 나를 조련하는 채찍이고, 내 진정한 반려자야. 사람들이 아내에게 해야 할 만큼의 절반도 고마워하지 않고 있다는 게 내 생각이야, 틀림없어."

그의 말에 함축된 의미는 **그가** 진실로 나에게 고마워했다는 것이다. 당시의 조는 그래 보였다. 어찌 되었든, 그는 내가 아는 한, 아내가 늘 자기 곁에 머무르기를 원했던 유일한 작가였다. 조가 알게 된 다른 남성 작가들, 그들이 다른 신인 수컷 문학 동물에게 했던 식으로 조를 찾아내 모임에 끌어들인 자신만만한 남자들은 그들 가운데 있는 여자들을 언제나 떨쳐내려고 했다.

겁에 질린 젊은 이민자였던 초기 시절, 영어는 아직 불안했지만 죽음의 수용소에서의 삶을 주제로 한 짧은 자전적인 단편들을 잡지에 정기적으로 게재하기 시작했던 레브 브레스너에게는 유럽에서 데려온 젊은 아내가 있었다. 검은 머리를 동그랗게 말아올린 토샤라는 이름의 몸집이 작은 여자였다. 그녀는 영양실조에 걸린 듯한 느낌의 섹시한 여자였다. 만약 그녀를 침대로 데려간다면, 우선 그녀에게 따뜻한 음식부터 먹여줘야겠다는 생각이 들었으리라.

주최 측에서 남자들에게 파트너 동반을 요청하는 행사가 있을 경우, 토샤는 가끔 레브와 함께 모습을 보였다. 그런 디너파티와 칵테일파티 같은 곳에는 브레스너 부부가 있었다. 하지만 토샤는 레브의 낭독회에는 결코 오지 않았고, 그래서 레브는 낭독회가 끝난 후에 바에 가거나 술을 마시며 다른 남자들과 함께 토론하는 것을 자유롭게 할 수 있었다.

만약 토샤가 그곳에 있었더라면, 그녀는 끊임없이 남편의 소매 자락을 끌어당기며 "레브, 레브, 우리 제발 이제 집에 가면 안 될까?"라고 말했을 것이다.

왜 여자들은 그렇게나 가고 싶어 하며 남자들은 남고 싶어 할까? 당신이 떠나면 자신을 더 온전히 지킬 수 있겠지만, 만약 남는다면 당신은 이렇게 말할 수밖에 없다. "나는 죽지 않고, 잘 필요도, 먹을 필요도, 숨을 쉴 필요도 없어요. 이 작은 술집에서 밤새 이 사람들과 말하고 또 말하며 배가 맹꽁이 배가 되고 숨이 턱 밑에 찰 때까지 끝도 없이 맥주를 마실 수 있답니다. 이 멋지고 아름다운 시간이 언젠가는 끝날 것이라고 상상할 필요가 티끌만큼도 없지요."

조는 내가 그의 옆에 있기를 원했다. 그는 낭독하기 전에는 물론, 낭독 때에도, 그리고 끝난 후에도 내가 함께 있기를 원했다. 오랜 훗날, 조에 대한 기사에서 평론가 너새니얼 본은 이렇게 썼다.

캐슬먼의 경력 가운데 초기의 이 비옥한 기간 내내 그의 곁에는 대개 그의 두 번째 아내 조안이 있었다.

"그녀는 굉장히 조용한 사람이었죠." 레브 브레스너는 회상했다. "그녀의 과묵함에는 무언가 신비한 구석이 있었는데, 그녀의 존재감 자체가 일종의 강장제 구실을 했습니다. 조가 긴장해 있으면, 조안이 아주 잘 풀어줬죠."

이름을 밝히지 않은 어떤 작가는 캐슬먼이 "그가 어슬렁거릴 때"를 빼고는 그의 아내와 잠시도 떨어져 있기를 싫어했다고 말한다.

지금 이 글을 읽다보니, 나는 아직도 구석에서 여자들을 사냥하거나, 아니면 사냥할 필요도 없이 그저 여자들이 그에게 오도록 만들면서 어슬렁거리는 젊은 조의 모습이 떠올라 발끈하게 된다. 물론 모두 사실이었다. 스미스 칼리지의 사무실에서 조가 그의 무릎으로 나의 무릎을 부딪쳐 왔던 그때부터 그런 일은 그와의 거래 조건 가운데 하나라는 사실을 나는 알고 있었던 것 같다.

조와 캐롤의 이혼은 예상외로 하나도 복잡하지 않았다. 조가 캐롤에게 줄 것이 없었기에—돈도 거의 없고, 부동산도 없으며, 심지어는 밴크로프트 로드의 집마저도 학교에서 임대해준 거였다—그녀가 조를 붙잡고 늘어질 정도로 중요한 게 아무것도 없었다. 캐롤이 패니와 자신의 부양비를 조에게 높게

청구하는 걸로 잔인하게 굴 수도 있었겠지만, 그건 그녀의 스타일이 아니었다. 대신, 그녀는 조를 그들로부터 완전히 배제시켰다. 캘리포니아 주 소살리토에 있는 그녀의 가족들은 돈이 꽤 있어서 그들이 버림받은 캐롤과 페니를 부양할 것이었다. 그녀는 조에게서 돈을 뺏어가지도 않았다. 그녀는 아이만을 데려갔다. 그리고 조는 아이를 사랑하면서도, 아이의 머리에 있는 보드랍고 연약한 숨구멍을 그리워하고 부성애로 한숨을 쉬고 넋두리를 하면서도 페니를 보냈다.

처음에는 조가 미련을 버리지 못했다. 방문 스케줄을 원했고, 그걸 서면으로 받기를 원했고, 아버지가 되기를 원했다. 그러나 그의 불행이 캐롤에게는 즐거움의 원천임이 명백했다. 그녀는 뉴욕의 우리 집으로 전화를 걸어 그를 조롱했다. 페니는 마치 학교에서 아이들에게 보여주는 과학 영상에서 꽃들의 성장을 기적적으로 빠르게 보여주는 것처럼 하루가 다르게 자라고 있고, **그**와 닮아 보이기 시작했고, 조숙하고, 놀라우며, 그리고 그녀, 캐롤은 아이에게 그녀가 태어나도록 도와준 아버지를 다 잊도록 가르칠 거라고 말하면서.

"그렇게 나쁜 년처럼 굴지 마, 캐롤." 그가 이렇게 말하는 걸 들었다. "넌 그 아이의 삶을 모두 망쳐버릴 거야."

그 말에 대해 캐롤은 "아니, 조, 네가 이미 그렇게 했어."라고 답했을 거라고, 나는 거의 확신한다.

그래서 그는 캐롤과 맞서 싸우는 일을 그만두었다. 조는 뒤로 물러섰고, 자신의 실패한 결혼생활의 마지막 흔적들을 포기했다. 패니가 소살리토로 서둘러 떠나버리자, 어쨌든 딸아이를 만나기는 더 힘들어졌다. 비록 한 번에 그쳤지만, 몇 년후 북 투어 일정 중에 조는 그곳을 방문했다. 또 언젠가는 우리가 장난감 한 박스를 꾸려서 배편으로 캘리포니아에 보냈지만, 아무 소식도 듣지 못했다. 그래도 한동안 조는 편지를 보냈고, 캐롤도 답장을 보내왔지만, 간결했고, 대부분은 무시되었다. 그리고 한참 후 조는 더이상 관심을 갖지 않았고, 패니에 대한 그의 한숨도 잦아들었다. 패니는 유령이 되었고, 저 멀리 죽음의 전당에 있는 뚱뚱하고 소유욕 많은 어머니, 우울한 아버지와 더불어 조가 애도하는 영혼의 일원이 되었다.

그의 관점에서 보자면, 첫 번째 결혼생활이 무너진 것은 여전히 캐롤의 탓이었다. 그의 죄는 경미했다. 그가 내게 말한 대로, 캐롤은 패니가 태어난 후부터 그리고 몇 달이 지나 그녀의 회음 봉합 수술 부위가 다 아문 후에도 그와의 섹스를 거부했고, 그녀의 계속되는 거절에는 아무런 의학적 근거가 없었다.

"당신이 날 다시 찢을까봐 두려워."라고 캐롤이 침대에서 그에게 털어놓았고, "그건 그냥 망상이야."라고 조가 말했지만, 그가 그녀에게 들어가기도 전에—그녀 위에서 자리를 잡고,

두 사람이 말없이 서로의 신체 기관들을 맞추는 동안, 그의 페니스가 그녀의 살갗을 스칠 때—그녀가 울며, 그를 밀어냈다.

"내가 당신을 다치게 할 일은 없어." 그가 말했다. "그럴 만한 **기회**조차 없었어. 당신 왜 그래?"

하지만 캐롤은 울기만 했고, 그리고 그때, 아마도 그녀에게는 영원한 안도감을 주었을 그 울음의 코러스에 아기가 합세하여 그날 밤의 섹스 연주를 불가능하게 만들었다. 캐롤은 휴, 라고 생각했고, 조는 젠장! 이라고 생각했다. 조는 기분이 잡친 채 깨어 있었다. 자신의 어떤 점이 더이상 그녀에게 매력적이지 않은지, 그리고 여자들은 왜 이렇게 말을 바꾸고 설명할 수 없는 혐오감을 품는지 의아했다. 혐오감, 그게 캐롤의 반응이었다. 그녀는 그의 어떤 부분도 만지고 싶어 하지 않았고, 그가 그녀를 감싸 안는 것도, 그녀를 그의 체취에 담그는 것도, 그녀의 뺨에 수염을 비벼대어 따갑게 하는 것도 원치 않았으며, 패니가 태어나면서부터 그녀가 취해온 돌아누운 자세에서 벗어나는 걸 싫어했다.

조는 그 상황을 그대로 두고 싶지 않았고, 그녀가 멀어지게 만들고 싶지도 않았고, 그렇다고 따분한 결혼생활 팬터마임 연기에 참여하고 싶지도 않았다. "오, 캐롤, 제발." 그가 기도하듯 "너에겐 아무런 일도 생기지 않을 거야."라고 그녀에게 말했다.

하지만 그럼에도 그녀는 계속 거부하며, 그의 손길에 반응할 준비가 안 되었고, 인간을 만져야 할 필요는 아기를 몇 시간마다 어르는 것으로 이미 충분하다고 말했다. 결국 조가 밀어붙이자, 캐롤은 마치 쇠스랑에 찍히는 것처럼 아파서 울부짖었고, 그는 자신이 강간범, 살인범이 된 것처럼 느껴졌다. 그래서 그 밤 이후로는 다시 시도하지 않았다. 그렇게 시간이 흘렀고, 조는 캐롤을 떠나 내게로 왔고, 나는 그를 마다하지 않았다. 내게는 풀어질 수술 실밥도 없었으며, 두려움도, 머뭇거림도 없었으니까.

우리의 결혼식은 시청에서 열렸다. 우리는 내 대학 친구 로라와 메리 크로이, 바우어&리드의 보조편집자 한 명, 그리고 조가 최근에 사귄 친구인 레브 브레스너, 시인 해리 재클린만 불렀다. 캐롤은 그의 상념에서 사라졌고, 그래서 내 짐작으로는 그 두 사람의 아이도 같이 사라졌을 것이다. 조는 이제 또 다른 아이를 원했다. 그가 애지중지하고 사랑하는 법을 터득할 수 있는 똑같은 아이를.

임신 초기에는 힘들 거야, 라고 그가 경고했다. 하지만 그는 틀렸다. 육체적으로 본격적인 고통은 없었고, 부기와 몽상으로 인한 불안감만이 있었다. 이 아이는 어떤 아이가 될까? 남자아이 아니면 여자아이? 로켓 과학자? 나는 이제는 사라진 뉴욕의과대학 플라워병원 산부인과 병동에서, 훨씬 솔깃했던 무통 분만보다는 자연분만을 택해, 호흡하며 밀어냈다. **빌어먹을 닥터 라마즈,** 라고 씩씩대며, 맞춤정장을 차려 입고 골루아즈 담배를 줄창 피우는 마르고 온화한 프랑스 신사를 떠올렸다. 조는 카페테리아에서 혼자 책을 읽으며 식사를 하고 있었다. 그가 수재녀를 처음 보러 왔을 때, 그의 턱에 케첩 한 방울이 묻어있었고, 겨드랑이에 〈타임〉지가 끼워져 있던 것이 기억난다.

그래도 그는 우리의 아이를 몹시 사랑했다. 그는 내가 알고 있었던 그가 한때 패니를 사랑했던 방식 그대로 우리의 모든 아이들을 사랑했다. 나는 그의 첫 아이에 대한 사랑이 그렇게 빨리 꺼져버린 것을 보고도 모르는 체했다. 난 그저 그것이 일탈인 척했던 것이다. 우리는 수재녀가 아직 신생아일 때 그녀를 우리 침대 위에 눕히고 같이 사랑노래를 불러주었으며, 위트 있는 라임이라고 생각하는 것들로 가사를 바꾸어가며 상대방을 빵 터지게 만들었다. 마치 아이가 우리 사이에 끼어 들 일은 없을 것이고, 우리의 결혼생활이나 섹스 혹은 말랑말랑한 애정을 훼손시키지 않을 거라는 걸 보장해 주는 것 같았다.

조는 아이들의 발목을 잡고 거꾸로 들어 올리는 걸 좋아했다. 아니면 아이를 목말을 태우고 아들애나 딸들이 그의 머리카락을 붙잡게 하고 거리를 쏘다니는 것을 좋아했다. 그런 모습을 볼 때마다 나는 조가 아이들을 조심성 없고 엉성하게 다루는 것 같아 가슴이 조마조마했다. 나는 그들이 떨어져서 죽거나, 그들의 머리가 길 위에서 깨질까봐 두려웠다. 그는 아이들이 그의 어깨 위에 앉아있기를 원했고, 나는 그들이 내 가슴에 안겨있기를 원했다.

나는 아이들에게 젖을 물릴 때마다, 세상에서 이 일 말고는 다른 어떤 것도 할 필요가 없는 듯한 느낌이 들었다. 그 순간들에는, 내 스스로의 커리어를 갖지 못했다는 것이, 세상에 내 자리가 없다는 것이 아무런 문제가 되지 않았다. 나는 아이들을 모유로 키우는 엄마였고, 그것이 내가 되어야 하는 전부였다. 그것 외에는 아무것도 필요 없었다. 처음에 조는 그 광경을 좋아했고, 그것에 흥분하고 감동도 받았지만, 몇 달이 지나면서 "당신이 평생 이것만 할 계획은 아니지?"라거나, "내 생각이 틀릴 수도 있지만, 육아 전문가 스포크 박사도 아이들이 대학원에 들어가기 전에 손을 떼는 게 좋은 생각이라고 했던 것 같은데. 아이들 공부에도 지장이 있다는 거야."라는 말들을 하기 시작했다. 그래서 나는 모유 수유를 멈추었고, 그러지 않았다면 더 오래 걸렸을 것이다.

나중에 아기들이 아장아장 걷는 나이가 되자, 조는 불안감으로부터 해방되는 것을 느꼈다. 이제 밤은 온전히 잠드는 시간이 되었다. 게다가 조는 아이들을 조금 재주부리게 할 수 있다는 걸 느꼈다. 가끔 그는 친구들이 저녁에 놀러 왔을 때 수재녀에게 그녀의 묘기를 선보이게 했다.

"자, 수지." 두 살배기 수재녀가 거실로 헤매고 들어오면 조가 그녀에게 "책장에 가서 가장 과대평가된 책 한 권 가져다 주렴."이라고 말하곤 했다. 방은 담배 연기와 작가들과 그 아내들로 가득 차 있었다.

수재녀는 고분고분한 걸음으로 책장으로 걸어가 노먼 메일러의 《벌거벗은 자와 죽은 자The Naked and the Dead》를 뽑아냈고, 그러면 모두들 환호성을 지르곤 했다.

하지만 조는 거기서 끝내지 않았다. "그리고, 수지, 왜 이게 책장에서 가장 과대평가된 책이지?"

"왜냐면 그가 뜨거운 공기가 아주 많아서 그래요."라고 수재녀가 앞뒤 안 맞는 문장으로 답했고, 모두는 다시 웃음을 터뜨렸으며, 물론 그 이후에도 선보일 다른 재주가 더 있었다.

"오호, 수지 큐, 그래서 그가 뜨거운 공기로 가득 찼다 이거지, 미스터 노먼 메일러?"라고 조가 말했다. "이번에는 수지가 생각하기에 가장 멋진 책을 한 권 보여줄래?"

그러면 수재녀는 책장으로 돌아가 눈에 익은 정열적인 빨간색의 책등을 가진 책을 찾기 시작했고, 그녀의 눈에 들 때까지 보고 또 보며 찾아냈다. 그다음엔 빡빡하게 채워진 책장에서 통통하고 작은 손으로 책을 잡아당겨 헐겁게 만든 후에 뽑아냈다. 방 안의 사람들을 향해 얼굴을 돌리는 그녀의 손에는

《호두》가 들려 있었고, 높아지는 사람들의 웃음소리에 그녀의 볼은 달아올랐다. 그녀는 자기가 한 것이 무슨 일이었는지 정확히 알지는 못했지만, 뭔가 칭찬받을 일을 하고 있다는 것, 그것이 아빠의 사랑을 얻는 데 도움이 된다는 것을 알았다.

나는 조에게서 수재너를 보호하고 싶었고, 방을 가로질러 가서 그녀를 안아들고 그에게 딸아이를 이런 식으로 이용하지 말라고, 아이를 혼란스럽게 만들 뿐이라고 말하고 싶었다. 하지만 그렇게 하면 나는 제정신이 아닌 사람처럼 보였을 것이고, 아이를 과보호하는 엄마처럼, 부녀지간의 은근한 사랑을 깨려는 사람처럼 보였을 것이다. 그래서 나는 그저 방 한구석에서 미소를 지으며 고개를 끄덕였다. 조는 수재너의 보드랍고 과일향 풍기는 머리에 입을 맞춰 준 다음 아이를 임무에서 놓아주었다.

"도대체 **좋은** 아버지들이란 어디에 있는 거야?" 수재너가 한번은 청소년일 때 내게 불평했다. "티비에 나오는 아버지들 말이야. 출근했다 퇴근하는, 그리고 나를 위해 **그곳**에 있어주는, 내가 무슨 말 하는지 알지?"

우리는 그때 랜야드 색끈을 땋고 있었다. 당시에 우리가 종종 하던 일이었다. 이 일은 지루하면서도 모든 것을 바로 진정시켜주는 일이었는데, 길고 매끈한 가닥들이 서로 꼬여지면서 수재너가 자기 친구들과 동생들, 심지어는 나와 조에게도 줄

만한 팔찌로 모양새가 잡혀 갔다. 조는 멋적은 웃음을 지으며 이 팔찌를 뽐내듯 몇 시간 동안 차고 있었고, 그의 털복숭이 팔목에는 밝은 색들이 반짝였다. 하지만 그때도 수재너는 조의 행동에 내포된 아이러니를 이해했을 것이다. 딸아이가 만들어 준 팔찌를 끼고 있는 모습을 다른 사람이 보는 것을 무척 기뻐했다는 사실을. 이따금씩 그는 이 특별한 맏딸과 그녀의 동생들에게 이처럼 특별한 아버지가 되는 것 이상으로 보통의 아버지가 되는 것을 더 좋아했던 것처럼 보였다.

"모르겠다, 얘야." 나는 수재너에게 대답을 하면서, 그 애가 원하는 아버지를 내가 선사해주지 않았다는 사실이 부끄러웠다. 나도 그런 남자를 가끔 보기는 했다. 온화하면서도 강인하고, 그러면서도 괴물 같지 않은 아버지. 천식이나 단추 달린 카디건 때문에 약해빠지게 보이는 아버지 말고. 그 세대의 좋은 아버지들은 어디에 있었을까? 있기는 했다, 당연히. 하지만 대부분은 술을 마시거나 담배를 피우고 있거나 당구를 치거나 재즈를 듣거나, 그 밖의 다른 곳에 있었을 것이다. 그들은 가만있지를 못했고, 세상을 소유했고, 그리고 아마도 그 세상에 정신이 팔려서 주위를 둘러보고 있었을 것이다.

아이들이 어릴 때 우리는 너무 바빠서 우리를 도와 줄 멜린다라는 상주 베이비시터를 고용했다. 아메리칸 드라마틱 아트 아카데미(AADA) 학생이었던 그 젊은 여자애는 마치 세계가 갖가지 물건이 들어찬 슈왑 드러그스토어이고, 자신이 언제 눈에 띌지 전혀 모르는 사람처럼 다소 놀라는 듯하면서도 태연하게 행동했다.

조는 멜린다에게 끌렸는데, 처음부터 어떻게든 내가 그들의 일을 눈치채지 못하도록 관리를 했기에, 한동안 나는 모르고 있었다. 하지만 멜린다가 이 집에 들어오고 몇 주 지나지 않아 조가 다락방에서 그녀와 사랑을 나누기 시작했던 게 분명했다. 내가 쥐 때문에 그곳에 가기 싫어한다는 것을 조가 알고 있었기 때문이다. 쥐들이 배설물을 명함 뿌리듯 바닥에 흘리고 다녔는데도 그곳의 오래된 침대에는 시트가 씌워져 있었고 누비이불도 깨끗했다. 아니면 적어도 조나 멜린다 모두 쥐들이 그들 주변을 날쌔게 움직이며 똥을 싸는 것에 전혀 신경을 쓰지 않고 서로에게 푹 빠져있었던가.

하지만 내가 이 모든 것을 알아차리기까지는 시간이 좀 걸렸다. 대부분은 멜린다가 집에 있을 때였고, 소설들이 쓰일 때였다. 모든 게 혼란스러웠지만 삶은 평형을 이루고 있는 것처럼 보였다. 아이들은 집안을 시끄럽게 어지르고 다녔으며 아이들마다 놀이의 목표가 달랐다. 딸 중 하나는 내 다리에 매달리고, 다른 하나는 밀가루 봉지를 끌어내서는 파피에 마세(papier-mache, 펄프에 아교를 섞어 만든 반죽으로 장식용 물건을 만드는 공예─옮긴이)를 하자고 했다. 수재녀는 랜야드 줄을 땋고 있고,

앨리스는 배구공을 들고 있고, 그리고 데이비드는 어두운 방에서 건전지와 두 가닥의 구리선을 들고 있었다. 나는 그 애들과 가능한 한 같이 있고 싶었지만 시간이 늘 부족했다.

가끔 조는 갑자기 나에게 이렇게 말하곤 했다. "따라와 봐."

"어디로?"

"수렵과 채집을 하러."

이 말은 그가 이야기나 소설을 위한 새로운 아이디어를 찾고 싶고, 내가 자기 곁에 있어주기를 원한다는 것을 의미했다. 그러면 나는 아이들에게 뽀뽀를 해주고 마지못해 작별을 하곤 했다. "정말 가야돼?" 애들이 울며 말했다. "정말로?"

"그래, 정말 가야돼!" 조가 소리쳤다. 그리고 나를 붙잡고는 그리니치빌리지의 밤 속으로 나갔다. 마치 새로운 아이디어들이 보도블록에 끼워져 있는 것처럼. "애들은 괜찮을 거야." 그가 말하면서 집을 향해 대충 손을 흔들었다.

"괜찮을 거란 건 알아." 내가 말했다. "그래도."

"**그래도,**" 그가 내게 말했다. "당신 묘비에 그렇게 써주면 좋겠어? 제발 좀."

그가 옳았다. 그 애들은 우리가 없어도 괜찮을 것이다. 우리가 없었던 날에도 그들이 괜찮았던 것처럼. 우리는 대개 화이트호스 태번에 들리곤 했는데, 그곳은 조에게 어쩔 수 없이 신경이 쓰이는 장소였다. 그곳에서는 사람들이 언제나 조를 알아봤고, 다른 작가들, 책들, 베트남에서 벌어지는 일들을 놓고 걷잡을 수 없이 쏟아지는 대화에 조도 관여하게 될 것이기 때문이다. 그래서 포크 시티에 있는 재즈클럽으로 갔다. 그리고 여성 시인들이 마이크 앞에 서서 낭독하는 것을 들었다. 귀 기울여 듣는 관객들에게 여성 시인들이 떨리는 목소리로 시를 낭송할 때마다, 그들 손목의 여러 겹 팔찌에서 동전들처럼 쨍그랑 땡그랑 소리가 들렸다.

어느 날 밤 조는 자신의 두 번째 소설에 매춘부가 나오는 장면을 넣고 싶다고 말했다.

"매춘부들은 진부하잖아." 내가 말했다. "그 사람들은 다 똑같다고. 모두들 비슷비슷하게 끔찍한 사연들이 있겠지. 변태 아버지, 시골의 비포장 도로, 비빌 언덕 하나 없는 인생."

"잘 쓴다면 진부하지 않을 거야."라고 그가 말했다. 그 순간 나는 그가 매춘부를 연구 목적으로 만나고 싶어 한다는 것을 알아챘다. 그래서 내 허락이 필요했던 것이다. 그는 그 매춘부와 섹스를 하지는 않을 것이며, 그 여자에게 몇 가지 질문을 하고, 그런 일을 하는 여자가 된다는 것이 어떤 의미인지를 이해하려는 것이었다. 매춘부는 현실적인 모습으로 전달되어야 하는데, 그렇지 않으면 새 소설의 매춘부 장면은 저속하고 야하게 느껴질 거라는 게 조의 설명이었다. "나랑 같이 가도 돼, 조안." 그가 말했다. "사실은 당신이 같이 가주면 좋겠어."

그래서 나는 연한 파랑색 코트를 입고 작은 핸드백을 들고 따라나섰다. 우리는 허드슨 강 근처에 있는 작은 아파트의 계단을 올라갔다. 불어오는 바람이 새로 부려놓은 쓰레기의 냄새를 몰고 왔다. 조가 화이트호스 테번에서 알게 된 방탕한 작가 친구 하나가 그곳을 예약해줬다. 매춘부의 이름은 브렌다였다. 그녀는 금발머리를 벌집처럼 틀어 올리고 카프리 바지와 남성용 셔츠를 입고 있었다. 얼굴은 피부가 거칠고 화장이 두터웠다. 그녀가 안락의자에 앉으며 물었다. "뭘 알고 싶은 거죠?" 그녀의 샌들 속 발톱에는 우유처럼 하얀 매니큐어가 칠해져 있었다.

"이 일을 어떻게 시작하게 되었나요, 브렌다?" 조가 친근하게 보이려 애쓰며 그녀에게 물었다.

브렌다가 잠시 대화를 멈추고 담배에 불을 붙였다. "내 언니 아니타가 이 업계에 있었어요." 그녀가 말했다, "언니에게는 항상 옷이나 그런 다른 것들을 살 돈이 있었어요. 우리 어머니는 절대 돈을 쓰지 않았고, 내가 싫어하는 크고 뭉실뭉실한 소매가 달린 옷들을 직접 만들어주셨어요. 난 뭔가를 더 갖고 싶었는데, 아니타는 그걸 가지고 있었죠. 그녀는 집에 오면서 이런 옷들과 끈이 달린 신발들을 가지고 왔는데, 내가 원한 것들이 바로 그런 옷들이었어요. 언니는 나더러 자기가 시키는 대로 따라오라고 했어요. 그래서 그렇게 했죠. 처음엔 싫었어요. 등에서 털이 자라는 사람들 말이에요. 몇몇은 마늘이나 그런 것들 냄새를 풍겼어요. 하지만 얼마 후 나는 침대에 누워 있을 때 머릿속으로 목록을 만들기 시작했어요. 내가 나중에 할 모든 일들의 목록을 작성했어요. 내가 사고 싶었던 것들의 목록도요. 옷·신발·스타킹 같은 것들. 그러다 보면 얼마 안가서 남자가 작은 **소리**를 내고, 난 그가 볼 일을 마쳤다는 것을 알게 돼죠. 그럼 일어나서 내 일과 이것저것 다른 걸 하는 거예요."

"임신 문제는 어떻게 하시죠?" 내가 갑작스럽게 물으며, 이 마늘 냄새나는 남자들의 정자들이 정신없이 상류를 향해 헤엄치는 것을 상상했다. 조는 내가 이 질문을 했을 때 고맙다는 듯이 고개를 끄덕였다. 그는 결코 이런 질문을 떠올리지 못했기 때문이다.

"뭐, 그런 사고가 세 번 있었지요." 브렌다가 말했다." 그리고 매번 내가 감당해야했어요. 아시겠어요? 다른 여자들 가운데 하나가 저지 시티에 있는 어떤 의사를 알고 있었어요. 모두들 가는 곳이죠. 거기 처음 갔을 때는 내가 피를 너무 많이 흘려서 톰 선생님이 피가 멈추지 않을까봐 걱정했어요. 나더러 응급실에 가서 옷걸이로 혼자 처치를 하려다가 이렇게 됐다고 말하고 거기서 진료를 받으라고 했지만 난 그 자리에서 버텼어요. 그리고 하늘이 굽어 살피셨는지 출혈이 저절로 멈췄죠."

브렌다가 이야기를 하면 조는 포켓 사이즈의 스프링 노트에 메모를 휘갈겼다. 그는 기자처럼, 소설가가 원고에 모든 것을 적어야 할 상황이 생겼을 때 그가 필요로 하는 모든 것을 기억할 수 있다는 것을 신뢰하지 않았고, 젤라틴 아트처럼 그 모든 것을 다 담아 굳혀둘 수 없다는 것을 알고 있었다. 그래서 그는 사람들이 말하는 모든 것, 그들의 옷매무새나 뺨에 있는 점들, 그리고 언젠가 우리가 중국음식점에서 들었던, 한 남녀가 주고받은 굉장히 지독하고 흥미진한 논쟁에 대한 메모들도 모두 가지고 있었다.

브렌다는 결국 조의 두 번째 소설《오버타임》에서 유혹에 약한 매춘부 '완다'로 등장한다. 조는 그 첫 만남 이후 그녀를 만나기 위해 다시 갔다. 나는 그와 함께 가는 것을 거절 했다. 나는 그가 그날 밤 그녀와 자고 싶어 했다는 것을 알았던 것도 같다. 그는 완강하게 부인했겠지만. 나는 조와 그 섹시하지만 지저분한 여자를 머릿속에 그렸다. 그녀가 자신의 벌집 머리가 망가지지 않게 고개를 돌리는 모습을 상상했다. 그녀의 특이한, 니스를 덧바른 것 같은 하얀색 매니큐어가 칠해진 발가락은 다른 사람들이 오르가즘을 느낄 때 그러는 것처럼 자연스럽게 벌어지지는 않을 것이다. 그녀는 오르가즘을 느끼지 못할 테니까. 적어도 손님들을 상대하면서는 못 느낄 것이다. 조는 연구를 하고 있었을 뿐이라고 스스로에게 말하며 자신의 셔츠를 입고서는 서둘러 계단을 내려갔을 것이다. 오븐에서 햄버거를 굽고 있는 다른 아파트를 지나, 그 아파트에서 들리는 소리들의 절반쯤을 들으며 걸어갔을 것이다. 심지어 브렌다가 별로였었고 잊을 만했더라도, 이 경험이 그에게 색다른 기운을 불어넣었겠지.

너무 많은 것을 가진 이런 남자들은 자신들을 지탱하기 위해 너무 많은 것을 필요로 했다. 그들은 모두 식욕이 왕성했다. 가끔은, 잔뜩 벌린 입과 으르렁거리는 배가 있다. 조는 평론가 너새니얼 본이 말한 것처럼, 어슬렁거리며 돌아다녔다. 나는 이 사실을 알고 있었고 다른 사람들 역시 알고 있다는 것 또한 알았다. 그들은 내가 모를 거라고 생각했겠지만. 우리 친구들은 내가 순진하고 사람을 너무 믿는 경향이 있다고 생각하면서, 나를 측은한 눈빛으로 바라보았다. 하지만 사실은, 이러한 일들을 알면서도 그 일에 대해 아무것도 하지 않는 것이 내게 큰 힘을 줬다. 어쨌든 내가 무엇을 할 수 있었겠는가? 우리는 조금 싸우기도 했다. 내가 따지면 그는 부정하고, 그러면 우리는 그것을 떨쳐버리고 평상으로 돌아갔다.

나는 그가 요청할 때마다 그와 동반했다. 나는 우리가 만난 사람들에게 질문을 했고 그는 메모를 했다. 우리는 이런 일을 수 년 동안 반복했다. 매춘부 브렌다만이 아니라 항구에 있는 어부도 만났고, 진공청소기 세일즈맨도 만났다. 이 사람은 나중에 《당신을 알아 볼 수 없어요》에 마이크 빅으로 나오는데 이 소설은 70년대 중반에 나온 단편 소설로 대단히 성공적이 지는 않았다. 우린 온갖 곳에 돈을 바치고 아이들을 돌보게 했 다. 하지만 수재녀가 열세 살이 되자 그녀가 동생들을 맡았다.

레브 브레스너의 아내 토샤는 숫자가 새겨진 팔뚝에 치와 와의 검은 올리브 눈을 한 작은 여자였다. 그녀는, 그녀의 표 현에 의하면 '남자들 무리에 가담'하는 걸 내가 어떻게 스스로 에게 혀용할 수 있는지 상상할 수 없다고 했다. 토샤는 늘 혼 자 남아 있거나, 다른 여자 친구들과 돌아다니고 싶어 했다. 백화점에서 쇼핑하고, 그들과 점심을 먹고, 그녀의 쇼핑백들 을 옆자리에 늘어놓고 앉아서 같이 웃는 것이 그녀가 원했던 모든 것이었다고 토샤는 말했다.

남자들이란! 그녀가 말했다. "기분 나쁘게 듣지는 마, 하 지만 자기는 도대체 어떻게 참는 거야, 조안? 쉴 새 없이 말하 고 또 말하면서 절대로 입을 다물지 않잖아."

그건 사실이었다. 그들은 밤낮으로 떠들었다. 마치 그들 마 음속에 끝없는 이야기 두루마리가 있고 그것이 입 밖으로 풀 려나오는 것 같았다. 그들은 너무 거드름을 피웠다! 지나치게 확신에 차있었다. 심지어 자기들이 틀렸을 때조차도 말이다. 왜 여자들은 그렇게 될 수가 없었을까? (몇 년이 지나, 당연히 페미니스트들에게도 힘이 생겼을 때, 여자들은 남자들의 목소리보다 더 크게 말하고 또 말하고, 맹렬하게 담배를 피우고, 거실에 모여 성인용품점에서 판매하는 휴대용 바이브레이터의 만족도에 대한 메모들을 비교하고, 집안일과 잡다한 일들에 대한 안 좋은 경험들을 서로 나눴다.)

나도 내가 원하기만 했다면 조처럼 될 수도 있었다. 나도 거들먹거리며 돌아다닐 수 있었다. 나도 호전적이고 서정적이며 아이디어들로 가득 차 있어서 번쩍이는 네온사인처럼 으스댈 수 있었다. 나는 여자 버전의 조가 될 수도 있었다. 그랬으면 사랑스러운 게 아니라 혐오스러웠을 것이다. 아니면 나의 박식함과 카리스마, 그리고 유력한 남자와의 연결로 환하게 빛날 수 있었다. 하지만 나는 매리 매카시나 릴리언 헬먼 Lillian Hellman이 아니었다. 나는 그런 관심을 원하지 않았다. 그런 것들은 나를 겁먹게 하고 자신감을 잃게 만들었다. 스포트라이트의 둥근 불빛이 조에게로 향한 것을 보고 얼마나 안심이 되었던가.

"네가 직접 글은 쓰는 건 어때?" 몇몇 사람들이 가끔 나에게 진심을 담아 물을 때가 있었다. 그 사람들은 내가 대학생 시절에 아주 괜찮은 글들을 썼었던 일을 기억하는 사람들이고, 조와 내가 사실은 조의 수업에서 만났다는 것도 알고 있었다.

"아, 난 더이상 안 써." 내가 말했다.

"조안은 아주 바빠." 조가 덧붙였다. "내 자존심을 돌봐줘야 되거든." 사람들이 웃었고, 그러고 난 후 조는 내가 일정 시간을 할애하고 있는 봉사활동에 대해 잠깐 언급했다. 그것은 RSA라 불리는 난민 지원 기구였는데, 나는 그곳에 1970년 대 후반에 참여했다. 누군가가—대개 다른 아내들 가운데 하나—내가 대학교 때 쓴 글들을 읽어보고 싶다고 강하게 요청하면, 나는 "오, 안돼요. 더 발전시켜야 했던 글인데, 기회가 없었어요. 지금 그 글들은 내가 다시 봐도 완전 창피할 거 같아요."라고 답했을 것이다.

내가 쓰곤 했던 글들은 이런 남자들의 글과는 전혀 달랐다. 남자들의 산문은 목욕과 면도를 하고 나서 하품을 하고 기지개를 펴는 사람들처럼 느려 터지게 팔다리를 뻗어가며 지면을 채워 나갔다. 남성 소설가들은 그들의 소설에서 단어들을 지어 냈다. '남근물질주의(phallomaterialism)' '에로구조론(ero-tectonics)'. 자기 자신에 대해 쓰면서, 그들은 자전적인 세부 사항들을 바꾸는 것조차 마다하지 않았다. 그게 무슨 의미가 있겠는가? 그들은 **자아**를 바꾸는 것을 두려워하지 않았다. 그들은 복수의 자아를 가지는 것을 두려워하지 않았으니까. 그들이 세상을 소유하고 있다는 것을 기억하라. 그리고 그 안의 모든 것들도 남자들의 소유다.

나는 세상을 소유하고 있지 않다. 아무도 내게 세상을 기꺼이 내주지 않았다. 나는 수채화를 그리듯 글을 쓰는 '여류 작가'는 되고 싶지 않았다. 미친, 남자의 자존심을 깔아뭉개는, 다루기 힘든 말썽꾸러기 작가가 되고 싶지도 않았다. 오래 전에 내게 경고했던 일레인 모젤이 되고 싶지도 않았다. 일레인 모젤은 큰 목소리를 냈으나 외톨이였다. 그래서 사람들의 시야에서 사라질 수밖에 없었다.

나는 도대체 어떤 사람들이 재능을 과시하는 여성 작가를 사랑할 수 있을지 알지 못했다. 도대체 어떤 부류의 남자가 그런 여자 곁에 머물면서 그녀의 과함, 그녀의 분노, 그녀의 영혼, 그리고 그녀의 능력에 위협 받지 않을까? 여전히 매력적이고 강인해서 전혀 위협 받지 않는 남편, 이런 환상 속 존재 같은 남자는 누구일까? 바위 아래 어딘가에 살면서, 눈부신 아내의 빛나는 아이디어를 축하해주기 위해 이따금씩 슬그머니 등장했다가, 다시 그림자로 돌아가는 남자.

조의 원대한 포부가 우리를 지금 여기까지 이끌어 온 것은 사실이다. 60년대 중반 언젠가 나는 조와 베트남에 갔다. 일련의 작가와 기자들이 지역 탐방 목적으로 사이공을 여행하기로 되어 있었고, 조는 이들 초대 받은 사람 가운데 하나였다. 작가들 대부분은 신문사와 잡지사들이 보낸 사람들이었다. 이때는 담당 편집자가 어깨를 으쓱하며 "좋지, 왜 안 되겠어? 계속 써, 긴 글 한번 뽑아보라고. 쓰고 싶은 말들 다 써봐."라고 말하던 시절이었다. 전쟁은 조가 능수능란하게 다룰 수 있는 주제가 아니었다. 전쟁들은 조의 소설 영역 밖에 있었다. 한국전쟁과 제2차 세계대전뿐만 아니라 그 후의 베트남전쟁도 마찬가지셨다. 그의 소설 속 남자들은 개인적으로 신병훈련소를 지나가지도 않았다. 그 인물들 가운데 하나인,《호두》에 등장하는 마이클 던볼트는 실수로 자신의 발을 쏘기도 했다. 조가 그랬던 것처럼. 조의 소설 속 인물들은 총을 무서워하면서도 총에 흥분했다. 그들은 총을 아주 싫어했지만, 그 총을 든 팔에서 전해지는 묵직함과 무시무시한 느낌에 열광했다. 그것이 그들의 가슴을 뛰게 하기도 하고 무력하게도 만들었다. 이와 마찬가지로 나중에 그들은 자신의 팔에 안겨있는 아기의 느낌에 사랑과 두려움을 동시에 느끼곤 했다.

조가 한국전쟁 당시 군 생활을 잠시 겪었을 때 불편해했던 것처럼, 그는 소설 속 전쟁에서도 전적으로 불편해했다. 그는 강경파의 견해든 좌파의 견해든, 그가 구할 수 있는 전쟁에 대한 모든 자료를 읽었다. 그리고 반전집회들, 한번은 밀려서 바닥에 넘어지고 밟히기까지 했던 반전시위에도 갔다. 조의 작품에 등장했던 인물들 몇 명의 입을 빌어 그들이 동남아에서 어떻게 가까스로 탈출했던가에 대해 끄적거리기는 했지만, 그 인물들이 천착하는 주제가 전쟁이었던 경우는 결단코 없었다.

우리가 알던 모든 이들이 그랬던 것처럼, 우리는 베트남전에 반대하기 위해 우리가 할 수 있는 일을 했다. 우리는 서명을 했고, 글도 썼고, 우리 아이들을 반전집회 가두 오피스로 데려가 청원서를 쓰고 전화를 걸게 했다. 등사판으로 인쇄를 하느라 보라색 잉크들이 우리 몸 곳곳에 묻었다. 그곳에서는 교실냄새가 났다. 그리고 우리는 오도가도 못하는 교통체증을 겪으며 워싱턴 D.C.에도 갔다. 아이들은 뒷좌석에서 울어댔고, 우리는 아이들을 유모차에 태워 쇼핑몰로 데려갔다. 아이들은 열기에 달아오른 얼굴로 주스를 달라고 보챘고, 조는 작가들과 함께 서서 쳇소리 나는 열악한 마이크에 대고 소리를 지르고 있었다.

그러나 그때로 돌아가 보면, 베트남은 아직 우리에게 신선하게 느껴지던 곳이었고, 지정학적으로도 매우 새롭고 이해하기 힘든 주제라 집중 특강이 필요했다. 그리고 조는 내가 함께 있어주기를 원했고, 그래서 나도 갔다. 우리 애들은 앨리스 친구의 가족들 가운데 활기차고 예술에 관심 많은, 야생동물 같은 가족과 함께 지냈다. 그 집에서는 우리 애들이 눈치 채지 못하도록 자연스럽게 애들을 집으로 들였다. 그리고 조와 나는 에어 프랑스에 올랐다. "애들은 괜찮을 거야." 조가 말했다. 재난의 가능성에 대한 염려는 전혀 없다는 전제하에, 아버지들이 후렴구처럼 읊조리는 말이었다. 우리는 경유지인 방콕의 임시 활주로에 서 있었다. 나는 스카프를 머리와 선글라스 주변으로 둘렀다. 당시 아내들이 선호하던 패션이었다.

　다른 여자들도 몇 명 따라왔는데, 그중 한 명을 제외하고는 모든 여자들이 한 곳에 모였다. 생기발랄한 패션으로 남자들 무리에 끼어, 그 남자들과 함께 자신이 담당한 역할을 설명하던 여기자가 바로 그 한 명이었다. 하지만 헬리콥터의 프로펠러 돌아가는 소리와 화물 비행기들, 임시 활주로를 통과하는 화물 배달 트럭들 너머로 들리는 그녀의 말을 알아들을 수 없었다. 그녀의 이름은 리였고, 남자들의 세계에서 자신이 소수자라는 사실에 무관심한 것처럼 보이는 진지하고 똑똑한 작가였다.

　내가 침대 밑에 두고 어쩌다 한 번씩 꺼내는 박스가 있었다. 그 박스는 매리 매카시와 릴리언 헬먼 그리고 카슨 매컬러스로 가득 차 있었는데 이젠 여기자 리까지 들어가 있다. 상자 뚜껑을 열면, 그들의 머리가 '잭 인 더 박스'의 스프링 달린 광대처럼 튀어 나와서 나를 비웃으며 그들의 **존재**를 상기시켜 주었다. 여자들도 가끔은 어마어마한 경력을 가진 중요한 작가들이 될 수도 있다는 것, 그리고 나 역시 내가 하려고만 했다면 그렇게 될 수도 있었다는 사실도. 하지만 그 대신에 나는 여기서 다른 아내들―스카프를 두른 사람들―과 함께 우리가 익숙하게 자라온 방식대로 가만히, 서 있었다. 다른 여자들처럼 팔짱을 끼고 핸드백을 어깨에 걸치고 서서 남편을 감시하기 위해 눈을 좌우로 깜박이면서.

난 여기에 있으면 안 되는 거였어! 라고 울부짖고 싶었다. **난 여기 있는 여자들과는 다르다고!** 나는 저기 저 리 옆에 서서, 이 정신없이 바쁘고 낯선 이국에서 자존감을 느끼고 싶었다. 하지만 어찌 된 일인지 남자들과 유명한 여기자는 한편이 되어 서 있고, 다른 여자들 모두는 반대편에 서 있었다. 이 아내들과 나는 스카프가 바람에 날아가지 않게 부여잡고 이야기하며 서 있었다. 리는 머리에 아무것도 쓰지 않았다. 그녀의 검은 머리카락이 멋대로 자유롭게 나부끼고 있었다.

얼마 후 우리는 사이공(호치민 시티)을 향해 출발해서 스모그가 낀 야하고 싸구려 카바레 같은 도심에 도착했다. 거리 좌판에서 파는 손목시계와 담배, 그리고 알록달록 경쾌한 색종이에 포장된 폭죽들을 보고 있으려니 뉴 저지 주 애틀랜틱 시티의 해변 산책로에서 파는 솔트워터 태피 사탕이 떠올랐다. 삼륜 자전거인 시클로 택시들이 홀로 온 손님을 태우고 더러운 거리와 온갖 베트남 식당들을 지나 다녔다. 나는 화덕 위에 새까맣게 그을린 냄비들이 즐비한 더럽고 작은 주방에서 나이든 베트남 여자들이 희멀건 죽을 국자로 뜨는 모습을 그려보았다. 더웠고 모기떼가 들끓고 습도가 높아 나일론 스타킹이 다리에 쩍쩍 달라붙던 2월이었다. 우리를 태우러 이 거리에 오기로 한 버스는 아직 도착하지 않았다. 그래서 우리 미국인 일행은 한곳에 모여, 돈을 요구하거나 남자들에게 '특가 할인 성매매'를 알선해주겠다며 끈질기게 달라붙는 꼬마들을 계속 물리치면서 버스를 기다렸다. 조는 그 애들을 떼어내느라 성가시면서도 즐거워하는 눈치였다. 그래도 꼬마들은 자꾸만 되돌아와 남자들의 옷소매와 바짓가랑이를 붙잡았다.

그다음 날 우리 기자 시찰단은 헬리콥터를 타고 나무와 풀들이 무성한 들판을 지나 도시 서쪽으로 이동했다. 나는 조와 리, 그리고 리의 남편인 레이먼드와 함께 앉았는데, 별로 유명하지는 않았지만 그 역시 기자였다. 우리 넷은 헬멧과 헤드폰 그리고 선글라스를 끼고 있었다. 나는 헬리콥터 역시 특권층을 실어 나른다는 것만 다를 뿐, 난장판 도로에서 움직이는 또다른 시클로 그 이상은 아니라고 느꼈다. 작은 전투기들이 급강하하며 녹지에 폭탄을 투하하고 다시 날아오르기를 거듭했다. 그리고 조와 리, 레이먼드는 다 안다는 듯한 목소리로 베트콩에 대해 토론하며 노트에 메모를 했다. 우리 모두는 그저 미국으로 돌아가 박식한 척하기 위해 우리가 알아야 할 모든 것을 자발적으로 빨아들이는 관광객들에 불과했다.

우리는 깜 쩌우Cam Chau에 있는 난민 캠프를 둘러봤다. 임시로 운영되는 곳 가운데 하나였는데, 오물 때문에 머리가 쪼개지는 것 같았다. 돼지 몇 마리가 주변을 어슬렁거리며 쓰레기 더미와 오물 더미를 헤집으며 먹을 것을 찾고 있었다. 한 여성이 막사 안에서 끊임없이 비명을 지르며 출산의 고통을 견디고 있었다. 그녀를 돌보던 의무병이 우리들에게 멸균된 물을 달라고 부탁했다. 제발, 제발 좀 부탁드려요, 라고 그가 말했다. 하지만 우리에게도 물이 없었다. 대화는 계속 반복되었다. 마치 부조리극의 한 장면에 나오는 대사 같았다.

"물! 물! 멸균된 물을!"

"없어, 우리에게도 물이 없다고."

"물! 물! 멸균된 물을!"

"없어, 우리에게도 물이 없다고."

그곳은 어찌됐든 이천여 명이 수용된 캠프임에도 불구하고, 물이 거의 없었다. 문간에 아이 하나가 서서 조심스럽게 이 광경을 지켜보고 있었다. 산고를 겪고 있는 여자는 똑같은 말을 되뇌고 있었다. 보다 못해 내가 시찰단 인솔자 한 명에게 통역을 부탁했다.

"그녀가 말하길 죽고 싶대요. 왜냐하면 너무 아파서 자기가 개처럼 느껴진대요." 그가 설명했다. "그녀가 말하길, 제발 개를 쏘듯 자기를 쏴 달래요."

아무도 말리는 사람이 없기에, 나는 그녀에게 다가가 손을 잡았다. 그녀가 얼굴을 돌려 내 눈을 바라보았다. 아기의 정수리(crowned)가 보이자 그녀와 나는 서로의 손을 꽉 쥐어주었다. '왕관을 쓰다(crowning, 'crown'에는 정수리라는 뜻도 있음―옮긴

236

이)'니, 정말 말도 안 되게 웃기는 말 아닌가, 이런 생각을 하고 있는데 납작한 검은 머리카락이 붙은 머리가 밀고 나오면서 넓어진 공간으로 두개골이 드러났고, 띠처럼 둘러진 미세한 핏줄들이 보였다. 그러자 의무병이 아이의 어깨를 돌려 쉽게 빠져나올 수 있게 했다. 이제 막 엄마가 된 여자가 아기의 손을 붙잡았다. 그 아기는 왕관을 썼었다. 하지만 왕은 아니었다. 그 애는 이 깜 쩌우의 쥐구멍 같은 곳에서 평생 살게 될 것이 틀림없으니까. 멸균된 물을 구해올 수 있는 사람이 아무도 없었다. 누군가 액상 커피 크림이 담긴 작은 플라스틱 용기를 가져왔다. 아기 엄마가 머리를 뒤로 젖히고 마시기 시작했다. 엄마가 아기에게 젖을 물렸고, 아기도 먹기 시작했다. 나는 남아 있고 싶었고, 내가 할 수만 있다면 돕고 싶었지만 남자들은 우리가 가야한다고 했다. 4성급의 저녁이 예약되어 있는 해병대 보도 기지로 떠날 시간이었다.

베트남에서의 나머지 일정은 씩씩한 선전 기관들을 연속해서 순방하는 일이었다. 핵 항공모함에 승선한 우리는 그들이 오직 북쪽에 있는 베트콩 군사 목표물들만 공격할거라고 장담하는 말을 들었다. 그 이상의 공격은 없을 거라고 그들은 말했지만, 우리 모두는 미간을 좁히며 그 말을 믿지 않았다.

"당신이 여기서의 일들을 잘 담아두면 좋겠어." 조가 우리의 마지막 밤에 말했다. 우리가 식당에서 냉각시킨 커다란 유리잔으로 마티니를 마시고 있을 때였다. 유리잔의 그림자가 시클로 운전수들이 쓰고 있는 니스 칠한 밀짚모자를 뒤집어 놓은 것 같았다.

"노력했어." 내가 대답했다. 나는 달 밝은 사이공의 밤경치를 바라보고 있었다. 종려나무의 잎들이 끊임없이 흔들리고, 기지 어딘가에 있는 레코드플레이어에서 마음을 뒤흔드는 팝송 '비정의 도시Town Without Pity'(커크 더글러스가 주연한 동명의 영화에 삽입된 노래—옮긴이)가 들려왔다. 함께 온 미국 작가들 모두가 모여 앉아 앞에 놓인 음식들을 먹었다. 피가 떨어지는 스테이크, 오븐에 두 번 구운 감자…. 작가들 중 몇 명은 자신들이 경험한 것들을 벌써 문장으로 바꾸고, 문장을 다시 단락으로 변환하고 있었다.

"조안과 나는 한 팀이야." 조가 우리 테이블에 있는 다른 사람들에게 말하고 있었다. "조안은 내 눈과 귀라고. 그녀가 없으면 난 아무 데도 못 가."

"운 좋은 남자로군요." 레이먼드가 말했다. 매력적인 여기자 리의 나약한 남편.

"내가 조를 골목에서 찾아냈다니까요." 내가 씩씩하게 설명을 덧붙였다. "고주망태가 된 상태였죠. 빈털터리였고요." 조는 내가 이런 말들을 하면 늘 좋아했다.

"맞아요. 조안이 나를 데려와서는 먼지를 털어줬어요." 조가 덧붙였다. "그리고 나를 지금의 나로 만들어 놨죠."

"**나**는 리를 아무것으로도 만들지 않았는데." 레이먼드가 말했다. "리는 어머니 뱃속에서부터 완벽하게 태어났거든요. 작은 귀에 연필을 꽂은 채 말이죠."

그게 사실일까? 여성 작가가 그렇게 세상에 등장할 수 있는 건가. 자신의 위상에도 무관심하고, 자신이 웃음의 대상인지 혹은 무시당하고 있는 건 아닌지 전혀 신경 쓰지 않고 말이다. 이 여자라면 그럴 수 있었다. 나는 리가 마티니를 마시는 것을 지켜봤다. 잔이 너무 커서, 그녀가 마치 대접에서 할짝할짝 핥아먹는 고양이처럼 보였다. 베트남에 있는 내내 그녀는 내게 뭘 물어보거나, 제대로 말을 건 적이 없었다. 그녀는 다른 여자들에게 신경을 거의 쓰지 않는 그런 부류의 사람이었다. 그녀의 관심은 오로지 남자에게만 향했다. 그녀는 나를 좋아하지 않았다. 그래서 나는 결정했다. **좋아.** 나도 그 보답으로 그녀를 열심히 싫어해주겠어.

나중에 호텔의 침대에서, 찜통더위 속에서 느리게 돌아가는 선풍기 아래에 누워, 나는 깜 쩌우의 그 허름한 곳에 있던 산모와 아기의 꿈을 꿨다. 그들이 어떻게 지내는지, 그들이 어디서 지내는지, 그들이 어디로 갔는지 궁금했다. 나는 그 아기가 자라면서 머리카락도 자라 머리를 뒤덮는 걸 보았다. 나는 그 아기의 머리에서 그때까지 연약하고 미완성이었던 곳에 뼈가 붙는 것을 지켜보았다. 그러고 나는 그 엄마와 아기가 나무 사이로 숨는 것을 보았고, 총탄이 쏟아지고, 그들의 헛간이 불타 스러지는 것을 보았다. 그리고 꿈의 자유연상의 법칙에 따라, 그 엄마는 갑자기 여기자 리로 바뀌었다. 그녀는 액상 커피 크림을 마시고 있었는데, 그녀가 머리를 뒤로 젖히고 마시는 순간, 그것이 불가사의하게도 네이팜탄으로 바뀌는 것을 보았다.

***

수십 년 동안 조와 나는 함께 많은 도시들을 다녔다. 로마, 그가 로마대상을 타서 우리는 아이들과 함께 옛 귀족의 저택에서 일 년 동안 충분한 경비를 지원받으며 지낼 수 있었다. 런던, 영국 사람들이 그를 좋아했고 그들의 토크쇼에 나와 주길 원했다. 그리고 파리, 그의 출판사가 돈이 아주 많았다. 그리고 예루살렘, 그곳에서는 예루살렘상을 수여하는 유명한 예루살렘 국제 도서전이 2년에 한 번 열렸다. 도쿄에도 갔었는데, 그곳에서 조의 소설들은 어리둥절함 그 자체였다. 번역들도 어색했다('오버타임'의 경우, '다른 사람들이 퇴근한 다음에도 집에 가지 못하고 사무실에 남아서 일을 해야 하는 남자'라는 의미가 돼버렸다). 그리고 조는 이국적이어서 매혹적인 인물로 받아들여졌다. 우리는 모든 곳을 함께 다녔기 때문에 마일리지를 잘 적립했다. 우리는 세계 각지를 여행하는 사람들이었고, 국제적이었다. 조지프 캐슬먼의 소설들이 번역된 곳이라면 그 어디라도, 우리는 갔다. 아이들을 데리고 갈 수 없으면 친구에게 아이들을 맡기고 갔다. 나는 아이들을 놔두고 떠나는 것이 정말 마음 아팠고, 아이들이 몹시도 그리웠다. 우리는 우리가 머무는 어디에서건 집에 전화를 걸곤 했는데, 전화기 너머로 무질서와 혼돈의 상태가 느껴졌고, 나로 하여금 한달음에 집으로 달려가고 싶게 만들었다. 수재녀는 불평을 하고, 앨리스는 울면서 우리에게 집으로 바로 오라고 애걸복걸했다. 그리고 데이비드는 5년 내에 종말이 올 거라는 내용의 책을 읽었는데, 그 말이 진짜냐는 이야기만 했다. 그리고 두 딸 중의 누군가가 수화기를 내려놓다 떨어뜨리는 소리와 떠드는 소리가 잠시 들렸다.

"애들은 괜찮을 거야." 조가 내게 상기시켰다. 물론 조의 말이 옳았다. 우리가 돌아오면 아이들은 우리가 떠났을 때의 모습 그대로였다. 어쩌면 조금 더 우울한 모습이었을 수도 있다. "그래야 아이들도 부모의 **삶**이 있다는 걸 알게 될 거야." 그가 말했다. "그래서 어디에도 가지 않는 부모를 가진 아이들은 아무것도 하지 않아. 적어도 우리 아이들은 부모가 세상 어딘가에 존재하고 있다는 걸 알잖아. 내 생각엔 그게 중요한 포인트라고 봐." 해마다 우리는 여행을 했다. 그는 낭독을 하고, 상들을 타고, 시상식에 모습을 내밀었다, 이 도시 저 도시에서.

그리고 마침내 우리는 이곳 헬싱키에 왔다. 밤에도 밝게 빛나는 조용한 도시는 가끔 사교 클럽 같은 분위기를 만들어낸다. 젊은 남자들이 저녁에 밖으로 나가서 과음을 하고는 보도에서 낯선 사람들과 부딪친다. 연인들이 카페에 앉아서 절묘한 세모기둥 모양의 카렐리안 페이스트리 파이를 먹으며 술을 마셨다. 그리고 가끔 손님들이 의자에서 미끄러져 바닥으로 떨어지면 웨이터들은 놀랍지도 않은지 심드렁하게 그들의 겨드랑이를 받쳐서 그대로 의자에 앉힌다.

그러니 조 캐슬먼이 핀란드에 오자마자 자신이 이내 알코올의 연못에 떠다니고 있다는 사실을 깨닫게 된 건 대단히 놀랄 만한 일이 아니었다. 그를 인터뷰하러 호텔에 온 기자들은 조가 인사치례로 술들이 어마무시하게 쟁여있는 호텔 귀빈실의 바에서 술 한잔 하자고 권하자 모두 좋다고 했다. 그리고 그는 그들과 함께 즐겼다. 그가 아침 뉴스쇼에 출연하기 위해 방송국에 갔을 때, 대기실에는 향 좋은 보드카들이 줄을 이어 있었다. 둘째 날, 우리가 시차에 적응하자, 그의 일정은 치열하게 쉼 없이 이어져서, 조는 헬싱키 전역을 가로지르며 다녀야 했다. 어떤 때는 조를 핀란드인들에게 보여주기 위해, 다른 때는 그들을 조에게 보여주기 위해서였다. 쟈르벤파Jarvenpaa

에 있는 작은 대학에서는 와인이 나왔는데, 그는 오백 명의 박식한 학생들을 앞에 두고 무대에 올랐다. ("캐슬먼 씨, 귄터 그라스와 가브리엘 가르시아 마르케스의 작품에 드러나는 주제들을 당신은 어떻게 비교할 깃인지 말씀해주시겠어요"). 그리고 뫼비우스 띠를 연상시키는 디자인과 특이한 조명들이 설치된 초현대적인 헬싱키 공공 도서관의 엄청나게 햇빛이 드는 방에서 열린 오찬에서는 보드카와 진이 끊임없이 흘렀다.

도서관에서의 점심이 끝난 후, 조와 나는 희귀본 아카이브를 구경하러 갔다. 파티에 있던 우리 모두는 거나하게 취한 상태로 엘프 요정처럼 작은 체구의 여자가 이끄는 책 더미들로 향했다. 갑자기 그녀가 뒤로 돌더니 칼레발라Kalevala를 암송했다. 19세기 핀란드의 유명한 서사시로, 핀란드인들이 말하기를 롱펠로우의 시 '하이어워사'의 모델이 되었다고 했다. 다른 작은 나라들처럼, 핀란드인들은 그들만의 이야기와 조상과 자존심을 지니고 있었고, 그것들을 공공연하게 드러내고 다닌다. 롱펠로우와의 연관성이 없다면, 신선한 물고기와 잔 시벨리우스Jean Sibelius와 에로 사린넨Eero Saarinen이 없다면, 핀란드가 스칸디나비아 반도에서 영원히 단절될지도 모른다는 우려가 있다. 망각의 바다로 말이다. 아름다운 핀란드는 **사라져** 버릴 것이다. 전설의 대륙 아틀란티스처럼. 조가 없는 나 일거라고, 그렇다고 나는 늘 생각하곤 했다. 그 시점에 그가 나의 팔을 당겼는데, 내가 살짝 밀어 냈다.

"당신 괜찮아?" 조가 물었다.

"잘 모르겠어."라고 내가 대답을 하자, 그가 잠시 나를 쳐다 봤지만 더는 캐묻지 않았다.

점심 식사를 마치고 우리의 멋들어진 깍두기머리형 운전기 사가 우리를 인터콘티넨탈 호텔로 데려다 줘서, 호텔 로비를 가로질러 걷고 있을 때 조가 내게 말했다. "이번 여행의 뭐가 마음에 안 들어서 화가 난 건지 모르겠지만, 뉴욕에 돌아갈 때 까지만 참을 수 없어?"

"안 될 것 같은데."

"안 돼? 난 당신이 여기 오길 고대하고 있었다고 생각했는 데."

"그랬지."

"그런데?"

"내가 왜 그러는 것 같아?" 내가 말했다. "감당이 **안 돼**. 그 리고 말인데, 조, 내가 이렇게 말한다고 당신이 놀라면 안 되 지. 하지만 그게 단순히 그것만은 아니야. 모든 것이 다 그래."

"아, 완벽하구만. 그 얘길 해줘서 아주 고마워, 조안. **모든 것**이라니. 그래, 나도 이제는 사태를 바로잡는 게 불가능하다 는 건 알아. 우리의 세계 모두를 생각해내야 되잖아. 우리가 여기 핀란드에 있을 동안 나는 우리의 과거를 전부 돌아보면서 당신을 화나게 만든 것들을 모조리 다 생각해내야 한다고. 캐슬먼의 결혼 생활의 치부들을 말이야."

"그래야겠지." 내가 말했다.

그때 뒤에서 누군가의 목소리가 들렸나. "조."

우리는 동시에 몸을 돌렸다. 로비 소파에 너새니얼 본―오랜 시간 동안 우리의 인생에서 간간히 모습을 드러낸 문학 평론가―이 앉아 있었다. 그는 마흔 안팎의 나이로, 여전히 청소년처럼 날씬하고 길고 곱실거리는 갈색 머리에 나약해 보이는 분홍색 테의 안경을 끼고 있었다. 그가 헬싱키에 올 거라는 이야기는 듣지 못했지만, 그가 몇 년 동안 여러 장소에서 모습을 드러냈던 걸 생각해보면 내가 놀래서는 안 될 일이었다. 나는 너새니얼 본을 절대로 믿지 않았다. 거의 10년 전, 내가 그를 처음으로 웨더밀의 우리 집에서 만났을 때부터.

너새니얼 본은 그날 조의 공식 전기 작가로 불리는 영광을 얻고 조의 환심도 살 수 있을 거라는 희망을 품고 맨해튼에서부터 차를 몰고 왔다. 물론 공식 전기 작가와 비공식 전기 작가들 모두 그들의 대상과 함께 몇 시간 동안 앉아있는 것이 허용될 것이다. 그 대상이 아직 살아있고 협조적이라면 말이다. 그 대상이 만약 죽었다면, 그들은 다락방에서 몇 시간이고 앉아서 낡아서 비틀린 책상의 서랍을 열어 자료를 찾거나 오래된 편지와 일기들을 긁어모을 것이다. 하지만 공식적인 전기 작가는 천국에 있는 거나 마찬가지이다. 행복하게, 흡족해하며, 느긋하게 오가면 될 것이다. 왜냐하면, 허가받지 못한 동료들과는 달리 그는 자신의 결론을 세상에 보여 줄 수 있기 때문이다. 다른 이들은 자신이 찾아낸 것들에 대해 겸손하게 암시를 하고, 제안을 하고, 추파를 던지지만 근거를 가지고 철저히 파고들지 못한다.

너새니얼 본, 그 자는 대학에 다닐 때부터 조에게 편지를 써 왔는데, 그는 조를 직접 만나서 꾀는 것에 어려움이 없을 것으로 확신해왔다. 듣자하니 그는 조와는 다르게, 태어날 때부터 모든 이들을 매혹할 수 있었다고 한다. 본은 캘리포니아의 부유한 가정에서 태어났다. 부모님은 두 분 다 정신과 의사였고, 학교는 예일대로 갔다. 그곳에서 그는 영문과 주임교수를 꾀어서는 역사, 전기, 그리고 소설의 요소들을 합친 '실험적인' 논문을 쓸 수 있는 허락을 받았다. 이 논문 덕택에 그는 예일대를 졸업한 후 여러 잡지사의 일을 할 수 있게 되었다. 본은 문학 전기와 서평을 썼고, 고급문화와 저급문화 양쪽에서 독특한 주제들을 다루며 논평을 했고, 그 글들에서 그는 한 문단 안에 자크 라캉Jacques Lacan과 조지 젯슨George Jetson의 이름을 언급할 수 있었다.

록 스타 스타일의 화려한 외모가 아니라, 그냥 잘 생겼다는 점이 그에게 많은 도움이 되었다. 그래도 나는 그가 구부정한 자세로 방에 들어올 때마다, 그를 항상 해마처럼 줏대가 없는 사람이라고 생각해 왔다. 그는 머리를 길게 유지했고 꼼꼼하게 관리했다. 그에 대해 주목할 만한 점은 그가 실제로 권력을 쥐고 있는 사람들을 매료시켰다는 것이다. 그 외의 사람들은 그를 딱히 좋아하지 않았다. 그는 평범한 사람들에게 쓸 시간이 없었다. 그 사람들 역시 마찬가지였다. 그는 자신이 원하는 것을 가지고 있는 사람에게는 대놓고 아부를 했다. 나는 그 점을 그가 그날 우리 집에 들어 왔을 때 바로 알 수 있었다.

너새니얼 본에 대한 또 다른 주목할 만한 세부 사항은, 내가 만나 봤던 사람들 가운데 아내에게 아부하는 것의 중요성을 알고 있는 것처럼 보이는 사람은 그가 처음이었다는 것이다. 그는 어느 대단히 중요한 사람의 아내가 자신을 싫어하면, 그러면 그는 **망했다**는 사실을 아는 것 같았다. 그래서 그 첫날, 10년 전, 그가 삼십대 초의 젊은 남자였을 때, 그리고 그가 조를 만나 그의 전기 작가가 되기 위한 그의 제안을 공식적으로 의논하러 뉴욕 북부까지 왔을 때, 그는 나에게 작은 선물을 가져왔다.

"아, 잠시만요, 캐슬먼 부인." 너새니얼 본이 주방에 서서 말했다. 나는 그가 들어오게 그냥 놔둔 채, 조가 아래층으로 내려오길 함께 기다렸다. 예상했듯이, 우리는 조금 오랫동안 기다려야 했다. 그가 유명하게 된 이후로, 조는 사람들을 기다리게 만드는 걸 좋아하는 듯 보였다. "하마터면 잊을 뻔했네요."(아이고, **그러시겠지**.) "당신에게 드리는 겁니다." 그리고 본이 뒷주머니에서 아름답게 손으로 색칠된, 1927년 스미스 칼리지 단막극의 밤 행사에서 공연하는 여학생들이 그려진 엽서를 내밀었다. **노스롭 하우스 시사풍자극**, 이라고 적힌 설명을 읽었다.

"노스롭!" 내가 말했다. "내가 거기 있었는데."

"알고 있습니다." 그가 미소 지으며 대답했다.

그 엽서는 만약 벼룩시장의 어느 쓰레기통에서 봤으면 내가 직접 샀을 법한 그런 물건이었다. 아주 영리한 선물이었다. 하지만 곧바로 나는 그가 싫어졌다. 그가 보이지 않는 위협처럼 느껴졌고, 그리고 그가 우리 집에 있다는 것이 불안해졌다. 그는 주방에 서서 청바지와 뱀 가죽 부츠를 신고 내가 건네준 아이스 티를 편안하게 마시고 있었다.

조는 그의 첫 책이 나온 후부터 젊은 남자들을 그의 주위에 거느리기 시작했다. 그들은 경쾌하게 휘젓고 돌아다니며 소용돌이를 일으켰고, 조의 주변을 어지럽게 맴돌며 춤을 춰댔다. 흥분과 더불어, 그들은 조를 질시하며 남몰래 그가 왕좌에서 내려오기를 바랐다. 그 젊은 남자들 대부분은 자신들의 소설을 쓰고 있었다. 길고, 두서없이 써내려간 그 책들은 열 달을 다 채우고 태어난 갓난아기만큼이나 무겁고 '야심찬' 소설들이었다. 너새니얼 본은, 이미 알다시피, 2년 동안 소설 한 권을 쓰기 위해 노력해왔다. 하지만 성공하지 못했다. 그의 책은 자신이 생각하기에도 지나치게 장황했다. "생각이 너무 많군." 친구 하나가 그에게 말해줬고 그리고 그런 종류의 비평이라면 본이 받아들일 수 있었다. "넌 결단코 책을 하나 써야 돼." 그 친구가 이어 말했다. "그런데 소설은 아니야." 그래서 그것이 너새니얼 본을 조지프 캐슬먼에게로, 대학교 때부터 편지를 써서 바치던 작가의 문간으로 인도한 짧은 발판이 되었다. 조 앞으로 쓴 첫 편지는 조의 출판사로 배달됐고, 그리고 조에게 전달되었다. 본이 예일대 이 학년 때였다:

친애하는 캐슬먼 씨에게,

지난밤에 친구들 몇 명과 예일 대학 실리먼Silliman 라운지에서 스무 고개를 했습니다,

이 게임에서는 한 유명한 인물을 특정한 인상의 단서만으로 알아내는 것입니다,

예를 들어서: 그 인물은 동물로 치면 무엇입니까? 그리고 내 머릿속에는, 당신이 있었습니다, 캐슬먼 씨. 단서들은 다음과 같습니다.

그 인물은 동물로 치면 무엇입니까? 흑표범.

탄생석은? 오팔.

비틀스 중 누구와 닮은? 명백하게 존이죠.

악기로는 무엇일까요? 바순.

음식으로는? 핫소스를 뿌린 카샤 크니쉬.

몸의 부위로는? 뇌.

가정용품으로 치면 무엇일까요? 전동 캔 오프너.

이 답안들 중 하나라도 당신에게 들어맞는 것이 있는지 모르겠군요. 하지만 당신의 작품에 대한 나의 깊은 존경과 함께 보내드리겠습니다. 고등학교 때 《호두》를 읽게 된 후부터 계속 좋아했습니다.

저의 안부를 담아,

너새니얼 본 올림

사서함 번호 2701

예일대학

조는 답장을 했다. 이 어린 친구의 건방짐에 약간은 즐거워하며 그가 자신을 알아봐 준 것에 감사해했다. "반박할 수 없는 사실입니다. 내 영혼 깊숙한 곳에서 나는 그저 하나의 카샤 크니쉬에 불과하거든요." 그리고 그것으로 끝일 거라고 생각했다. 하지만 너새니얼 본이 조에게 또다시 편지를 쓴 것이다. 이번에는 출판사를 통하지 않고 조의 편지에 적힌 반송 주소로 보냈는데, 그가 조의 단편 〈담배 나무〉에 대해 쓴 졸업 논문이 들어 있었다. 그 글은 조가 읽어본 그의 작품에 대한 다른 평론들보다 더 똑똑한 느낌으로 다가왔다.

"이것 좀 봐." 그가 내게 말했다. 나도 읽어보고는 그가 똑똑하다는 것에 동의는 했지만, 그 논문의 실질적인 주제는 조의 단편 소설이 아니라 너새니얼 본의 지능인 것 같다는 느낌을 받았다.

그러고 나서, 시간이 흐르고, 본은 이따금씩 조에게 편지 보내는 일을 계속했다. 조의 특정한 소설이나 기사, 산문들에 대한 칭찬과 의견들을 보냈다. 조는 항상 감사를 표하는 짧은 글로 답했다. 나도 본의 편지들을 읽었어야 했다. 그 당시 너새니얼 본은 조의 세계 안에서 뭔가 특정한 지위를 겨냥하며 자신을 다듬고 있었다. 하지만 그런 생각들이 내게 바로 떠오르지 않았다. 나는 본이 단순한 독자이자 한 명의 팬으로, 우리와는 동떨어진, 겉멋 든 숭배자라고만 생각했다. 하지만 그는 놀라우리만큼 끈질겼고 세심했다. 조에게 자신의 지식 나부랭이를 드러냈고, 조의 앞에서 자신을 뽐내서 현혹시키려고 했다. 정작 자기 자신이 조에게 압도되었지만.

그리고 그 모든 것은 결국 어림잡아 10년 전 뉴헤이븐에서 첫 편지를 썼던 그 젊은이가 뱀 가죽 부츠를 신고 우리의 주방에 등장하는 것으로 이어졌다. 그는 냉장고 옆에 초조하게 서 있었다. 냉장고에 붙어 있는 과일 모양 자석을 가지고 놀면서, 자신의 머리를 매만지면서, 그가 가장 좋아하는 작가의 집 안에서 편안하고 자신감 있게 보이려고 애쓰면서, 자신이 가장 좋아하는 작가의 아내에게 좋은 인상을 주고 그래서 나중에 본이 가고 난 뒤 밤에 그녀가 남편에게 돌아누워 이런 말을 할 수 있게 애쓰면서.

"그 남자애. 오늘 온 사람 말이야."

"본 말하는 거지?" 잠이 들려던 조가 하품을 하며 대답할 것이다.

"응."

"애는 아니지."

"아마 아니겠지. 그에게 뭔가 엄청 호감이 가고 똑똑한 면이 있어."

조가 고개를 끄덕이면서 이렇게 말할 것이다. "아, 맞아. 본은 똑똑하지, 그래. 아주 똑똑할 거야, 아마도."

"본이 나한테 선물을 줬는데, 이거야. 1927년에 나온 조그마한 스미스 칼리지 엽서야."

"그거 참 사려 깊기도 하군. 내 생각엔 아주 진중한 성격인 것 같은데. 어쩌면 꽤 괜찮은 친구일 수도 있겠어."

우리 둘은 그렇게 끄덕이며 머릿속에 젊은이 너새니얼 본을 그리며, 왜 우리 아들은 저런 사람이 되지 않았을까를 생각하며, 은연중에 그가 우리 **아들**이었다고 상상하고 있을 것이다. 우리가 가져야 했을 아들인 것이다. 자기 능력을 발휘하지 못하고, 화를 잘 내고, 가끔은 폭력적이기도 한 지금의 우리 아들 대신에. 그리고 우리는 함께 마음속으로 장차 조의 전기 작가가 될 인물을 양성하면서 자기만족에 겨운 부모로서의 잠에 빠져들 것이다.

하지만 이건 판타지이다. 본은, 우리 것이 아니다. 자신의 명성을 사랑했던 만큼, 조는 자신이 진지한 전기의 대상이 되는 것에 대해서는 생각하기도 싫어했다. 그것은 자신의 인생에 대한 평가를 받아들여야 하고, 다가올 죽음도 받아들여야 함을 의미했다. 그는 죽음을 굉장히 두려워했다. 지금 당장만 해도 그는 **잠**을, 죽음의 예행연습인 잠을 두려워한다.

그에 관한 다른 책들은 이미 나와 있었다. 대학 출판사들에서 출간한 짧고 별로 뛰어나다고 할 수 없는 책들. 두드러지게 통찰력이 있는 것도, 특별히 결정판이라 할 만한 것도, 딱히 밝혀지면 곤란한 비밀이 있는 것도 아니었고, 유달리 재밌지도 않았다. 본의 전기는 확실히 재미있을 것이다. 매우 기발한 작품일 테고, 그러면 저자인 본에게도 꽤나 상당한 관심이 쏠릴 터이다.

조가 안 된다고 했다.

그날 그 두 남자는 집의 위층으로 올라가 서재에 앉아서 시가를 피웠다. 그리고 얼마 후 두 사람은 슈일러 잡화점으로 가서 스노볼을 샀다. 그리고 본은 사근사근하게 굴면서 한 팩을 다 먹었다. 결속을 다지는 연대 의식처럼 보이기 위해서, 그리고 마치 모든 성인 남자라면 스노볼을 다 좋아하는 것처럼, 자신도 그걸 좋아하는 것처럼 보이기 위해서 말이다. 그들은 슈일러 잡화점 포치에 앉아 그 스펀지 같은 설탕덩어리 스노볼을 같이 먹었고, 그리고 본은 왜 자기가 그 일에 적절한 사람인지에 대해 말했다.

"누군가는 그걸 할 거예요, 그리고 그 사람이 내가 될 수도 있는 거죠." 이게 본이 하고자 하는 말의 요지인 것 같았다. 좀 급이 떨어지는 작가들은, 본의 말에 따르면, 캐슬먼을 일차원적인 인물로만 보여 줄 것이다. 문필가가 된, 아버지가 안 계시는 브루클린의 애절한 꼬마로 말이다. 하지만 너새니얼은 자청해서 여러 해 동안 캐슬먼의 작품을 연구했기에, 오직 그만이 조가 누구인지에 대한 진짜 같은 느낌을 전기에 불어넣을 수 있는 사람이었다.

"내가 옛날에 당신에게 보냈던 첫 편지처럼 말이죠." 본이 기억을 상기시키려 애썼다. "내가 했던 스무 고개 게임에 대해 썼죠, 기억나십니까? 당신은 어떤 종류의 나무일까, 등등

말입니다. 당신의 본질을 내가 책으로 써서 보여줄 수 있어요. 그리고 당신의 모든 독자들은 마침내 당신이 정말로 어떤 사람이었는지를 알게 될 겁니다."

내 상각에는 그 마지막 말이, 결정적인 쐐기가 된 것 같았다. 내가 여태 만나본 그 어느 작가도 본이 제안하는 식으로 알려지는 걸 원치 않았다.

조는 자기 손에 들려있는 분홍색의 화학물질 덩어리를 한입 베어 물었다. 나는 조가 이에 붙은 마시멜로를 빨아먹는 소리를 상상했다. 그가 음식을 삼킨 후 말했다. "나는 그렇게 생각하지 않네."

잠깐의 침묵. **"그렇게 생각하지 않으신다고요?"** 본은 자신이 거절당했다는 사실에 충격을 받았다. 그는 이 반응에 어찌해야할지 몰랐다. "케케묵은 농담이 하나 있습니다." 본이 말했다. "데카르트가 술집 안으로 들어선다. 바텐더가 말하기를, '술 한 잔 드릴까요, 선생님?' 그러자 데카르트가 말한다. '나는 그렇게 생각하지 않네.' 그리고 그는 사라진다."

조는 고개를 끄덕이며 미소를 지어보려 애썼다. 그는 사라지지는 않을 것이다. 너새니얼 본이 그의 전기를 쓰지 않는다 해도, 조는 여전히 그의 세상에 존재할 것이다. 본은 이 남자를 **연구하고** 있었다. 그는 조에게 공들여 편지를 썼었고, 그의 작품들에 대해 짧은 에세이들을 출판했었다. 무엇을 위해 그랬던가? 뉴욕 북부 작은 동네의 음울하고 깔끔치 못한 잡화점 포치 앞에 앉아서 분홍색 마시멜로와 코코넛이 들어간 쓰레기를 먹으면서 **안 돼**라는 말을 듣기 위해?

온갖 감언이설과 읍소가 있었다. 아부도 있었고, 몇 가지 한심한 협박도 있었다. 본은 눈물을 흘리며 쓰러지기 일보직전처럼 보였다. 그때까지 그의 삶에서 그에게 안 된다고 말한 사람이 거의 없었기에, 조가 안 된다고 말 한 것에 대단히 충격을 받은 듯했다.

하지만 조는 안 된다는 말을 계속 했다. 조가 마음을 바꾸지 않을 것이란 것을 너새니얼 본이 깨달을 때까지 부드럽게, 필요한 만큼 반복했다. 일어나서, 고개를 흔들고, 똑바로 서서 자신의 셔츠 앞에 흘린 코코넛 부스러기들을 턴 후, 본이 조에게 말했다. "어쨌든, 결국에는 내가 그 책을 쓸 거라는 걸 확신합니다."

조는 끄덕였다. "자네는 자네가 해야 할 일은 뭐든 하게 될 걸세. 우리 모두 그렇다네." 그가 말했다.

아마도 조가 자신의 말에 개의치 않아하는 모습이 본을 분노하게 했을 것이다. 왜 그는 캐슬먼을 약 올릴 수 없었을까? 무엇을 해야 이 위대한 소설가의 관심망에 걸릴까? 본은 이 세상을 다 가진 듯한 그 남자가 다른 사람들에게는 아량이 넓지 않고 관심이 넘치지도 않는다는 것을 아직 모른다. 그들이 그런 방식으로 돌보는 것은 오로지 자신들뿐이다. 그들은 자신들 명성에 불을 지핀다. 어쩌다 가끔씩 다른 사람들이 와서 묻는다. **거기서 뭐 하고 계시는 겁니까?**

아, 내 명성에 불을 지피고 있지요.
도와드릴까요?
좋지요. 땔감 좀 가져다 주세요.

본은 분노했다. 하지만 드러내지는 않았다. 몇 달 후 그는 실제로 승인을 받지 않고 조의 전기를 출판할 예정인 한 대형 출판사와 큰 계약을 맺었다. 그리고 그 순간 이후로 계속 그 두 남자 사이에는 불쾌감이 떠돌았다. 절대로 바뀌지 않을 경계심 말이다. 사실은 순수한 혐오감이다. 본은 마치 달처럼, 어디에서나 보였다. 그는 낭독회의 방청객으로, 토론회의 토론 참석자로, 심지어는 웨일즈의 헤이온와이 문학 축제에도, 조가 나오는 곳이면 어디에나 모습을 드러냈다. 그는 긴 머리와 눈에 띄는 안경을 쓰고 맨 앞줄에 앉아 있었다.

그리고, 너새니얼 본이 우리 집 주방에서 어색하게 서 있던 날로부터 10년이 지난 지금, 그가 여기에, 헬싱키 인터콘티넨탈 호텔 로비에 있는 소파에 구부정하게 앉아 있다, 또 다시. 언제나 그랬듯, 조를 기다리며 말이다. 우리는 잠깐 멈춰 섰고, 놀랐고, 그리고 그를 쳐다봤다.

"맙소사." 내가 조에게 속삭이자, 그도 한숨을 내쉬었다. 갑자기, 우리 사이에 긴장된 대화가 오간 후, 연대감의 짧은 순간이 돌아왔다.

"또 나타났군." 조가 말했다. "하긴, 저 친구가 이번 일을 지나친다는 건 말이 안 되는 거겠지, 그렇지 않아?"

"그렇지." 내가 말했다. "그에게 가 봐. 그래야 해."

"안녕하시오, 너새니얼." 조가 반가운 척 다가가며 말했다. 두 남자는 악수를 나눴다. 그러고는 너새니얼이 내 뺨에 키스를 했고, 우리 전부는 잠깐 뒤로 물러서서 서로를 바라보며 "아이고, 이런" 등의 말을 주고받는 시간을 가졌고, 그 다음에는 조가 그저 고개만 끄덕인 뒤, "만나서 반가웠소."라고 어물거리며 등을 돌렸다.

이것이 유명인의 특권이다. 조는 자신이 본에게 무례했다고 생각하지 않고 걸어갔다. 그의 생각은 이미 다른 곳에 가 있었다. 내일 밤 오페라 하우스에서 그가 받을 상, 그리고 그 후에 있을 만찬, 그리고 모든 사람들의 평생의 꿈인 관심을 듬뿍 받고 황홀해 하는 것이다. 하지만 우리들 대부분은 그것을 결코 이루지 못한다. 그 목표의 터럭 하나도 건드리지 못한다. 그리고 우리는 두에인리드 드러그스토어의 폐쇄회로 비디오 화면에 비친, 거친 입자로 표현된 자신의 이미지를 흘끗 보기만 하고도 재빨리 알아볼 때 현기증이 밀려오는 것을 느낀다. **저게 나라고**, 우리는 슬픈 자존심을 내뿜으며 생각한다.

나는 조가 로비를 빠져나가는 것을 따라가며 본에게 짧게 미소를 지었다. 하지만 그러다 나는 조가 에이전트인 어윈 클레이와 출판사 사람들을 우리 호텔의 우리방으로 초대해 술과 오르되브르를 먹기로 했다는 게 생각났다. 나는 그곳에 있고 싶지 않았고, 조와 헬싱키상, 그리고 몇 주간 있을 여러 행사들에 대해 잡담을 나누는 것도 싫었다. 그래서 나는 몸을 돌려 호텔을 나왔다. 거리 지도를 갖고 있었으므로 만네르하임 대로를 따라 걸었다. 그곳에는 여러 가게들이 섬세한 직물로 만든 일상용품들과 목캔디 상자만큼이나 작고 납작한 노키아 핸드폰들을 판매하고 있었다. 늦은 오후였는데, 하늘이 이미 어둑해지고 있는 것이 마치 태양 없는 겨울을 예고하는 것 같았다. 길을 따라 걷고 있자니, 어떤 사람이 내 옆에서 걸음을 맞춰 걷는 것이 느껴졌다. 이번에도 너새니얼 본이었다. 호텔에서부터 나를 따라온 것이 분명했다.

"조안," 그가 필사적으로 말했다. "술 한잔 사드려도 될까요? 우린 핀란드에 있잖아요." 그가 말을 이었다. "안 된다고 하지 마세요."

우리 둘 다 이 낯선 북쪽 나라에 와 있다는 사실이 내 결정에 영향을 끼칠 것 같았다. 이상하게도, 그럴 거라는 생각이

들었다. 나는 밤늦도록 헬싱키 거리들을 배회하며, 취해서 짜증을 내거나, 아니면 말 나눌 사람 하나 없이 바에 앉아 있거나, 아니면 말을 걸어줄 사람 하나 없는 본을 상상했다. 이 핀란드의 언어는 외국인들이 뚫고 들어갈 수 있는 것이 아니었다. 이 언어는 청각 상형문자의 복잡한 조합이고, 매 첫 음절에 강세를 뒤야 했고, 그리고 대부분의 대화에 소가 우는 듯한 소리를 깊게 불어넣어야 했다. **나는 세상 끝 이곳에 있고, 그리고 당신은 세상 끝 이곳에 있네, 라고 사람들이 말하는 것처럼 보였다. 그럼 우리 함께 건배를.**

나는 그 누구도 너새니얼 본과 술을 안 마셔줄 것이기에, 내가 마셔주겠다고 말했다.

5장

그렇다, 그것만이 내가 그 남자와 술을 마시러 간 이유는 아니었다. 둘이 함께 있는 걸 보면 조가 분명히 싫어할 만한 남자와 술을 마신다는 사실이 나에게 은밀한 기쁨을 주기 때문이었다. 그렇다고 내가 중요한 이야기나 논쟁의 여지가 될 만한 이야기를 흘린 건 아니었지만, 그것은 내게 즐거움을 주었다. 우리는 헬싱키 레스토랑의 랜드마크라고 할 수 있는 골든 어니언Golden Onion에 앉아 있었다. 머리 위쪽에 있는 비스듬한 창문 너머로 우펜스키 성당Uspenski Cathedral이 보였다.

"건물이 양파 모양의 돔이죠." 본이 알려주었다. 하지만 나는 핀란드적인 모든 것들에 살짝 지쳐가는 중이었다. 돔, 건축에 큰 업적을 이룬 에로 사리넨과 알바 알토Alvar Aalto의 작품들, 훈제 생선과 작고 단단한 야생 나무딸기들, **칼레발라**에서 느껴지는 롱펠로우 시의 운율. 우리는 약간 경직된 분위기로 보드카 토닉을 마시며 여행을 화제로 대화를 풀어나갔다. 각자가 그동안 다녀본 다양한 관광지, 이번 핀란드 여행에서 만났던 군상들, 그리고 핀란드가 다른 스칸디나비아 국가들과 어떻게 다른지에 대해서도 이야기를 나누었다.

"이쪽 사람들이 자격지심이 좀 있죠. 소련연방의 그늘에서 너무 오래 살았잖아요." 본이 말했다. "애초에 헬싱키상을 만든 이유가 바로 그겁니다. 자기네들 나라에 활력을 불어넣고 자존감에 약간의 충격을 가하기 위해서였죠. 내 생각에는 진짜 잘 한 일이라는 생각이 들어요. 매년 수상자가 이 나라에 올 때마다 전 국민이 열광하거든요. 그리고 며칠 동안은 전 세계의 이목이 핀란드에 집중되고 말이죠. 이곳 사람들은 조를 그들 사람으로 만든 것에 정말로 감동하고 있어요. 저를 포함해서요, 인정합니다. 보세요, 당신은 나를 엄청난 악의와 시기심으로 똘똘 뭉친 사람으로 보겠지만, 그렇지 않아요, 정말입니다. 나는 그에게 어떤 악감정도 품고 있지 않습니다. 그는 대단한 작가죠. 상을 받을 만한 분입니다."

"아 그래요," 내가 말했다. "그렇죠."

"당신의 말을 조의 전기에 인용하고 싶어요, 조안." 본이 탐내듯 말했다. "그러면 정말 기쁠 것 같습니다."

"글쎄, 그건 안 될 것 같은데요."

"알아요, 압니다," 그가 말했다. "하지만 인용을 한다고 해도, 그 말투가 책에서 그대로 드러나지는 않을 겁니다. 당신이 지금 그렇죠."라고 말했던 거 말입니다. 당신의 어조 그대로 담기지는 않아요."

"내 말투가 어떻게 들리는데요?"

"아실 텐데요, 질투." 그가 말을 마치고는 입 안으로 땅콩을 던져 넣었다.

골든 어니언의 저물어가는 어둠 속에서 소근거리는 소리들에 둘러싸여, 본과 나는 촉촉하고 고소한 롤 케이크와 술잔을 앞에 두고 앉아 있었다. 내가 그를 마지막으로 봤을 때보다 그는 더 낯설고 비틀린 사람이 되어 있었다. 그는 이제 중년에 접어들었고, 10년 동안 쓰다말다 하던 조의 전기를 머지않아 완성할 것이다. 같은 기간에 조는 네 권의 소설을 출간했다.

우리가 골든 어니언에 앉아 술을 마시는 동안 나는 너새니얼 본이 딱하다는 생각이 들었다. 그는 조와 가까워지려고 여러 해에 걸쳐 쫓아다녔고, 지금 이 자리에 오기까지도 많은 시간이 흘렀다. 우리 셋 모두 더 늙었고 지쳤으며 예전처럼 매력적으로 보이거나 눈에 띄지도 않았다. 너새니얼 본의 책이 마침내 나온다고 해도 누가 그의 책을 읽겠는가? 아마 아주 극

소수의 사람들만이 그의 책을 읽을 것이다. 10년 전만 해도 미디어 칼럼에 실리는 본의 예상 기사는 적자를 면치 못하던 대부분의 출판업계에서는 곧 돈으로 쳐줄 정도로 대단했다. 그의 기사는 어느 책이 잭팟을 터뜨릴까 보여주었기 때문이다. 그리고 본이 쓰고 있는 조의 전기 작업이 예상보다 오래 지체되고 있어서, 그 사이에 문학계 판도가 바뀌기에 충분한 시간이 흘렀다.

지금의 조는 한물간 시대의 끄트머리에 남아 있는 작가로, 아직은 중요한 인물이지만 빠른 속도로 퇴장하는 중이다. 가장 최근의 소설 두 권의 판매실적은 극히 실망스러웠다. 요즈음의 거물 작가들은 그렇지 않았다. 잘나가는 젊은 남성작가들의 신진 그룹에 더해, 많은 여성작가들이 등장했다. 지금은 내가 조에게 글쓰기 수업을 듣던 1956년이 아니다.

지금까지의 여성작가들 중 가장 거물로 여겨지는 인물은 발레리안 카낙Valerian Qaanaaq이었다. 그녀는 캐나다 래브라도 이누이트족 소설가로, 검은 머리에 녹색 눈, 그리고 날카롭고 새하얀 이를 지닌 젊고 아름다운 소설가였다. 그녀는 흙이 붙어 있는 상태로 뿌리째 떠낸 잔디로 지은 뗏장집과 눈으로 만든 이글루에서 자라왔다고 주장했지만, 그녀가 지금까지 아름다운 외모와 소수 민족 출신자라는 특성을 이용해 온 엉터리라는 비판과 격렬한 불평이 이미 쏟아져 나오고 있었다. 그녀가 이글루에서 생활한 기간은 고작 몇 달이었고, 대부분은 지붕에 위성 안테나가 달린 아파트에서 지냈다는 것이다. 그녀는 집을 떠나 영국 옥스퍼드대학의 세인트 힐다 칼리지에 입학했고, 스물세 살에 첫 소설을 발표했다.《고래가죽 Whaleskin》이라는 소설로, 고래를 잡는 여자와 그녀에게 빠져들게 되는 젊은 국회의원 남자에 대한 이야기였다. 성경만큼이나 길고, 재치와 박식함, 외설적인 장면이 가득한 이 소설은 독자들을 래브라도의 이누이트 마을에서 수상관저가 있는 런던 다우닝 가 10번지로 실어다 주었다. 범민족적이고 위험하며 독자들을 미치게 만드는 그 책은 미국과 유럽에서 이상하리만큼 인기를 끌었다. 내가 어렸을 때 발레리안 카낙은 존재하지도 않았다, 하지만 지금 그녀의 소설은 사랑받고 있다. 하드커버로만 150만부 이상이 팔려나갔다. 책 뒤편에는 이누이트어 용어 사전도 있었다.

그녀는 최근의 현상이었다. 그리고 이런 기세로 글을 쓰는 다른 몇몇 여성작가들이 있었다. 그런 식으로 글을 쓰고 출판을 하는 여성들이 나에게는 남성적으로 느껴졌다. 나는 그들의 작품을 무시하려 했다. 그들 존재 자체가 나를 불행하게 만들었기 때문이다. 조, 레브 또는 그들 주위의 다른 작가들처럼 고루한 사람들 사이에 있는 것이 더 나았다. 내가 이해할 수 없고 내게 아무런 영향을 주지 못하는 이 새로운 창작자들을 반기기보다는 차라리 비참해지고 사기 당했다고 느끼는 게 더 나았다.

본이 작은 테이블 맞은편 앞으로 몸을 기울였고, 금방 발효된 듯한 따뜻한 입김을 불어넣으며 내게 말했다, "조안, 우리 둘 다 여기 헬싱키에 머무는 동안 대화를 좀 더 나눌 수 있잖아요. 내게 이야기들을 해주면 됩니다. 우리가 다시 만날 수도 있고요. 그러면 당신은 내게 독자들에게 알리고 싶은 내용을 말해 줄 수 있겠죠."

"당신은 내가 말해야 될 이야기들이 뭐라고 생각하는 거죠?" 내가 물었다.

"당신에게 강요하지는 않을 겁니다." 그건 옳지 않으니까요. 하지만 나는 당신이 말할 게 있다는 걸 알아요, 조안. 사람들이 몇 년 동안 그것에 대해 떠들고 있다고요."

"대체 어떤 사람들이죠?"

"정확히는 우리 부모님의 오랜 친구 분입니다." 본이 조심스럽게 말했다. "그래요? 누구를 말하는 건지?"

"어린 시절 내가 캘리포니아에서 살 때 알게 된 여성인데," 그가 이야기를 시작했다. 손가락으로 자신의 셔츠 앞섶을 톡톡 두드리고 옷깃을 잡아당기는 걸 보고 나는 그가 불편해하고 있다는 걸 알 수 있었다. "그녀는 우리 집에서 몇 블록 떨어진 곳에서 남편과 살았습니다." 그가 이야기를 계속했다.

"그녀의 남편은 유목流木에 그림을 그리는 타입의, 일종의 실패한 예술가였어요. 그녀는 나의 부모님처럼 정신과 의사였는데, 다만 그분은 그때 분명히 **특이**했어요. 거의 모든 종류의 대체의학을 섭렵하고 있었거든요. 하지만 난 그녀가 좋았어요. 왜 그런 분들 있잖습니까, 1960년대를 살았던 여성들 가운데 길고 주렁주렁한 귀걸이에 꽃무늬 하와이안 드레스를 입고 약간 맛이 간 이론을 펼치는. 그녀에게는 딸이 하나 있었어요. 나보다 나이가 많고, 성격이 아주 어두웠는데 정말 똑똑했어요. 우리 형이 그 딸과 알고 지내는 사이였죠. 그녀는 고등학교 문예지에 시를 썼어요."

"그래서요," 사실관계를 확인할 수 없는 이야기들이 당혹스러웠지만 나는 그를 재촉했다. "계속 해요."

"그녀, 그 정신과 의사는 한 번 결혼한 적이 있었습니다." 그가 말했다. "그리고 아주 안 좋게 끝났지요. 남편이 그녀와 아기를 버리고 떠난 겁니다. 그래도 그녀는 앞으로 나아가면서 스스로 새로운 생활을 찾고 일도 시작했습니다. 그 첫 남편은 유명인이 되었고," 그가 가벼운 어조로 이야기를 계속했다. "소설가입니다."

"맙소사," 내가 말했다. "이건 아니죠." 본이 재빨리 나의 눈길을 피했다. 그는 여기까지 와서 추악한 이야기를 전달하는 역할을 하게 된 것이 당황하고 미안한 듯했다. 나 역시 당황스러웠다. 그리고 본의 속셈을 알아챘다. "좋아요." 나는 이제 그만 됐다는 표시로 한 손을 들어 그를 제지하고 말했다. "이제 이해했어요, 너새니얼. 당신이 지금 여기서 뭘 하고 있는 건지 알겠네요. 긴장감 넘치는 서술 기법. 이야기의 전개. 충격적인 대단원의 결말. 흠, 좋아요. 놀랍군요."

"죄송합니다." 그가 말했다. "여기서 이야기를 끊을까요? 내가 선을 넘은 건가요?"

하지만 나는 고개를 저었다. 당연히 그는 내가 그들이 어떻게 지내고 있는지 듣고 싶어 한다는 걸 알고 있었다. 버림받은, 미친 첫 번째 아내 캐롤, 그리고 그 아기 패니, 햇볕에 몸을 태우는 캘리포니아 깊은 곳으로 사라진 사람들.

"캐롤은 똑똑한 여자였지만 마음에 상처를 입은 상태였어요. 그래서 몇 년 동안 그녀는 우리 부모님께 많은 이야기를 했습니다." 본이 말했다. "부모님께 자신의 첫 남편에 대한 모든 걸 털어놓았죠. 그녀는 자신의 남편을 증오했었는데 어떻게 했는지는 몰라도 이젠 멈췄어요. 증오는 오래 가지 않는다고 그녀가 말했습니다. 나뭇가지 두 개나 뭐 다른 걸 비벼대며 정성을 쏟아 증오의 불씨를 계속 지켜나가지 않는 한 말이에요. 조를 증오하는 대신에 그녀는 어쩐지 그가 성공 할 때마다 왠지 **즐거워**하는 것처럼 보였어요. 캐롤은 결코 조에게 특별한 재능이 있다고 생각하지 않았으면서도 그랬어요. 그런데 다시 한 번 말하지만, 그녀에게는 항상 우리가 모르는 뭔가가 있었어요, **그녀**는 무엇을 알고 있었던 것일까요?"

나는 본이 말하는 태도를 지켜봤다. 그는 당황스러워하면서도 흥분된 상태였다. 그에게 딱히 사니스트적인 면모는 보이지 않았다. 서랍 밑바닥에서 중요한 원고를 발견해 조용히 음미하며 쓰다듬는, 문학에 심취한 탐정처럼 그저 들떠 있을 뿐이었다.

여러 해 동안 조와 나는 캐롤과 패니 이야기를 자주 입에 올릴 이유가 없었다. 그들은 마치 인기가 없어져서 사라지는 소설 속 등장인물들 같았다. 나는 이따금 조에게 그들에 대해 물어보곤 했다. 지금쯤이면 아마 마흔다섯 살 쯤 되었을 패니에 대해서 주로 물었다. (그 아기가 마흔다섯이 되었다니!) 조는 고개를 저으며 그 이야기는 꺼내지 말라고 부탁하곤 했다. 그것이 그를 너무 나쁜 사람으로 느껴지게 만들기 때문이라고 했다. 우리는 그들이 어디에 있는지, 어떻게 지내는지 대충은 알고 있었지만, 그 이상은 아니었다. 그들은 마치 캘리포니아에 영원히 박제된 것만 같았다. 정신과 의사인 어머니, 변호사인 딸. 우리가 알게 된 사실들은 수십 년에 걸쳐 모여진 것들이고, 최근에는 인터넷의 도움도 받았다. 직접 얼굴을 맞대는 것은 두 모녀도 조도 원하지 않았다. 조는 오랜 시간에 걸쳐 패니를 만나려는 시도를 해왔다. 몇 년에 한 번씩은 호기심과 예의로라도 만나려고 했지만 패니가 조의 요청을 묵살했을 때 그는 안도했다.

60년대에 초 북 투어 때 조가 캐롤과 패니 모녀를 한 번 만나러 간 적이 있었다. 그리고 캘리포니아에서 집으로 돌아오는 내내 조는 우울해했다. 그의 딸은 조가 누구인지 몰랐고, 알고 싶어 하지도 않아보였기 때문이다. 패니는 소살리토의 집 마당에서 모래 놀이 장난감으로 놀고 있었고, 조는 나무 등걸에 웅크리고 앉아서 딸에 대한 이야기를 당사자에게 직접 들어보려고 이것저것 물었으나, 딸아이는 단답형으로만 대답을 했고 결국, 어린 애들이 다 그렇듯, 너무 싫증이 난 나머지 그냥 노래를 부르기 시작했다.

캐롤과 패니가 당시 살던 집은 작지만 예뻤고, 방들은 조개 껍데기 안쪽과 같은 색의 페인트가 칠해져 있었다. 어디를 봐도 분홍색으로 도배하다시피 되어 있고, 그 분홍색들 중에는 캐롤도 포함되어 있었다고 조가 말했다. 그리고 캐롤의 눈을 바라보고 있으면 조는 그녀가 누구인지 또는 그들이 결혼했던 것이 어떻게 가능했었는지 모르겠더라고 말했다. 본론에서 벗어난 이야기 같지만, 추운 곳에서 따뜻한 곳으로 이주한 그녀는 완전히 다른 사람처럼 보였고, 그리고 그들이 합심해서 탄생시켜 놓은 이 아기는 엄청나게 멀고 알 수 없는 존재가 되어 버렸다고도 했다. 조가 만약 이 일에 대해 충분히 오래도록 고민했다면 아마 가슴이 찢어지는 듯한 기분이 들었을 것이다. 하지만 조는 그러지 않기로 결정했다. 그 조개껍데기 같은 집을 벗어나자마자 조는 부리나케 우리의 집으로 달려왔다.

"그 딸 이야기 좀 해봐요." 나는 지금 본에게 이렇게 물었다. "패니가 변호사로 일한다는 것까지는 우리도 알고 있어요."

"페퍼다인에 있는 로스쿨을 나왔고," 그가 말했다. "미혼. 근면성실. 유머감각 제로. 내가 아는 건 이 정돕니다."

"있죠, 처음에는 조도 패니와 연락을 하면서 지내려고 했어요." 내가 말했다, 하지만 이 말만으로 상대를 설득하기에는 충분하지 않아서 "그가 바빴거든요."라는 말을 덧붙였다. "그리고 캐롤은 그의 돈을 안 받으려고 했어요, 양육비는 받았지만. 그녀는 더이상 조와 엮이고 싶지 않아했는데, 당시의 조에게는 그게 중요한 문제였던 거죠. 그리고 시간이 흘렀고, 우리들만의 가족을 갖게 되었어요. 캐롤은 그와 완전히 끝장을 내고 싶어 그랬던 거예요."

나는 잠시 말을 멈추고, 노샘프턴에 있던 조와 캐롤의 집 침대에서 내 옆에 누워있던 아기 패니의 오래전 모습을 떠올렸다. 그때 나는 그 아기에게 이렇게 속삭이고 있었다. **나는 너의 아빠와 사랑에 빠질 거야. 그리고 벌써 그와 함께 정말로 침대에 가고 싶어.** 그리고 나는 내가 말한 것과 똑같이 했다. 마치 캐롤이나 패니와는 전혀 상관없는, 그저 나와 조에게만 관계된 일인 것처럼. 우리 두 사람은 아주 작은 섬, 우리 자신만의 섬 발리 하이를 떠다녔다.

우리가 끔찍했다. **내**가 끔찍했다. 내가 밀어붙여서 조를 그의 아내와 아기로부터 떼어놨다. 그 당시에는 아무 것도 눈에 들어오는 게 없었다. 그의 아내가 잠자리를 거부하고 일체 접근하지 못하도록 했던 일에 대해 조가 언짢게 이야기하던 것만 들었다. 그는 성적 자유를 필요로 했고, 끊임없는 사랑을 원했으며, 여자를 필요로 했다. 하지만 캐롤은 그 여자가 아니었다. 나였다. 아내와 아이는 서서히 멀어져갔다. 마치 그들은 단역 배우였고 그들의 순서는 끝났다는 듯이. 패니와 캐롤 퇴장한다. 무대를 떠난다. **캐롤이 아기의 작은 손을 들어 작별의 표시로 손바닥을 앞뒤로 흔든다.**

"이봐요," 내가 본에게 말했다. "나도 이게 안 좋은 이야기라는 거 알아요. 내가 몹쓸 사람으로 보였을 거고. 조도 마찬가지죠. 하지만 상황이 그랬어요. 내가 그때 중요하게 생각했던 건 캐롤이 그를 행복하게 해주지 않았다는 점이에요. 그리고 아무리 봐도 캐롤은 미친 사람처럼 보였거든요."

"맞아요, 제정신이 아니죠." 이 말을 하면서 그는 미소를 지었다. "《호두》에서 그랬던 것처럼." 그가 힘주어 말했다. "내가 들은 건 모두 캐롤의 관점에서 나온 이야기였는데, 그녀가 당신에게 호두를 던졌을 때 실제로 당신을 다치게 할 생각은 전혀 없었다고 했어요. 그렇게 하면 당신이 조에게서 떨어져 나갈 줄 알았다고. 그런 일이 처음도 아니었다면서."

"무슨 뜻이죠?"

"다른 사람이 또 있었답니다. 예전에 뉴욕에서 그들이 처음 결혼했을 때," 본이 말했다. "철학과 학생이었다는데. 조가 **그녀**에게도 호두를 줬던 거죠. 캐롤이 눈치를 채고 달려드니까 조가 모든 걸 시인했대요."

"**아,**" 내가 말했다. 머릿속에 사랑 고백이 적힌 한 트럭 분량의 호두가 내 이전과 내 이후의 다른 여자들에게 나눠지는 모습이 그려졌다.

"당신과 조의 관계를 알았을 즈음 캐롤은 남편의 그런 행동에 아주 진절머리가 날 지경이었죠." 너새니얼이 말했다.

나는 늘 캐롤이 좀 이상한 여자였다고 생각했는데, 어쩌면 그녀는 단지 화가 났던 것뿐일지도 모른다. **미안해요,** 라고 캐롤에게 말해주고 싶었다. **미안해**, 라고 패니에게 말하고 싶었다. **당신들의 인생을 망쳐서 미안합니다.**

"캐롤이 당신에게 호두 던진 얘기를 조가 실제로 책에 쓴 것 때문에 그녀는 모멸감을 느꼈습니다. 하지만 적어도 캐롤은 그 책이 아주 잘 쓴 책이라고 생각하고 있던 걸요. 그녀에게 감명을 줬다면서 말이죠." 라고 너새니얼이 말했다.

우리는 잠시 침묵했다. 그리고 너새니얼이 말했다, "이 문

제로 내 태도가 너무 공격적으로 보이지 않았기를 바랍니다,
조안. 여기서 나눈 이야기들이 조에게 알려질까 봐 좀 걱정이
되기도 합니다. 하지만 당신과 함께 여기 앉아 있는 것은… 그
럴 수 있는 일이었다고 생각합니다."

"괜찮아요." 내가 그에게 말했다. 여기서는 내가 위로하는
역할이었다.

"아시겠지만, 난 당연히 조의 초기작들도 읽어봤습니다."
그가 갑작스레 말했다. "그 가운데 제가 발견한 좀 특별한 작
품이 있어요. 어느 작은 문예지에 게재되었던 〈일요일엔 우유
금지〉인데, 그 작품이 별로였다는 이야기는 해야 될 것 같습
니다."

"알아요, 이상하죠." 내가 그의 말에 동의를 했고, 우리는
짧게 웃었다.

"캐롤은 조가 지금의 자리까지 오게 된 것에 매번 놀라워했
습니다." 너새니얼이 말했다. "혹시 조가 자신을 차버리고 나
서야 그만의 목소리를 찾게 된 거 아닐까, 라고 말하기 시작했
어요. 아니면," 그가 덧붙여 말했다. "당신을 만난 다음이든지.
그건 아마 당신이 그의 뮤즈일 거란 얘기죠."

"그랬을 수도 있어요." 내가 말했다.

"유대인 남자를 매혹시킨 금발의 비非유대인 아가씨."

"그게 나예요. 전통을 지켜나가는 거죠."

우리는 술잔을 흔들며 웃어넘기려고 노력했다. 이제야 우리는 서로에게서 시선을 거두고 직사각형 모양의 조명을 올려다보았다. 우리는 조금 이상하고 새로운 방식으로 한 자리에서 뭉그적대고 있었다. 실제로는 편하지 않은 사이였으나 마침내 서로 익숙해진 사람들처럼. 본이 프레첼이 담긴 은그릇을 내게 밀어줘서 조금 집어 먹었다. 그때 그가 말했다. "당신이야말로 정말 내 책에 뭔가를 추가해 줄 수 있는 분입니다, 아시잖아요. 마침내 당신이 말을 하게 되는 겁니다. 당신이 진정한 페미니스트가 되는 순간이 올 거예요."

"아, 너새니얼, 그러지 말아요. 당신에겐 페미니즘이 필요 없잖아요." 내가 말했다.

"맞아요, 하지만 당신에게는 그렇죠."

본은 그 나름대로 유혹적이었다. 조가 아니라는 이유만으로도. 나는 늙어가고 있었고, 조 역시 늙어가고 있다. 그러나 본은 상대적으로 젊다. 조와 내가 세상을 떠난 다음에도 오랜 시간을 하릴없이 돌아다니고 있을 것이다. 또 다른 책의 계약을 따내고, 렉싱턴 애비뉴의 92번가 Y에 나타나서는 〈진실 말하기, 그리고 전기 작가의 과제〉라는 프로그램에 패널로 얼굴을 내밀면서 말이다. 왜 나는 그에게 모든 것을 말하지 않았을까. 본이 그렇게 갈망했는데. 그가 원하는 것이 나에게 있다는 걸 그는 알았다. 그는 조 캐슬먼의 스토리를 앞뒤가 맞게 풀어내고 싶었다. 소설의 모양새와 결론을 만족스럽게 만들기 위해.

"재촉하지는 않을 게요, 조안." 본이 말했다. "천천히 하셔도 됩니다. 당신이 원하는 방식으로 할 수 있어요. 녹음을 해도 되고, 아니면 그냥 메모만 해도 됩니다. 우리 둘 다 하루 더 여기 머물 거잖아요, 맞죠? 시상식이 있을 거고, 그 다음엔 축하 만찬이 열릴 테니, 당신은 완전히 파김치가 될 겁니다. 나는 땅콩 갤러리 어딘가에 있을 거예요. 아니, **호두** 갤러리. 다음 날 아침에 만날 수도 있어요. 알바 알토가 설계한 아카데미아 서점 앞에서 10시, 어떻습니까. 조에게 알릴 필요는 없겠죠. 그 서점, 엄청나게 큽니다. 핀란드 사람들은 읽고 또 읽어대죠, 안 그런가요? 그렇지 않음 이 긴 겨울 동안 술 마시는 것 외에 할 게 뭐가 있겠습니까, 그렇죠? 우린 만날 거고, 당신은 내게 하고 싶은 말이 무엇인지에 대해서만 정확히 마음속에 결정하면 됩니다. 어떻습니까?" 나는 어깨를 으쓱 들어보였다. 그것이 내가 결정할 전부였다. "난 당신이 정말로 나와 대화를 나누고 싶을 거라고 생각합니다." 그가 말했다. "어떻게 보면 나도 치료전문가 비슷한 사람입니다. 내게 그렇게 말하는 사람들이 종종 있더군요."

"그래요, 하지만 당신은 **나쁜** 치료사죠." 내가 말했다. "다른 사람들의 비밀을 까발리는 그런 부류 말이에요."

"맞습니다," 너새니얼이 미소를 지으며 말했다. "우리 부모님은 정신과 의사였습니다. 어쩌면 그래서 내가 이 모양이 됐는지도 모르죠. 정신과 의사의 아이들은 처음 시작부터가 글러먹은 거예요. 기회조차 주어지지 않았거든요."

"가엾어라, 정말 딱하군요." 내가 말했다.

"그냥 놀려먹으려고 하는 말인 거 압니다. 하지만 내 인생이 정말 어떻게 흘러갔는지 알게 된다면 당신도 미안해**할 겁니다.**" 그가 말했다. "조안, 당신은 결혼도 했고, 이런 인생도 있고, 자녀들과 손주들, 그리고 집과 많은 친구들이 있죠. 내겐 그런 것들이 하나도 없습니다. 일이 있을 뿐이죠. 조 캐슬먼 프로젝트. 그게 내 인생입니다. 그것이 집이고, 내 아이입니다. 내겐 최악이죠."

그러더니 그가 불쑥 계산서를 집어 들었다. 핀란드 화폐인 마르카와 페니아로 환산해서 얼마인지 계산하면서, 그는 비스듬한 창문으로 들어오는 빛에 각각의 동전들을 비춰 보고 있다. 곧 유로화가 이러한 일들을 무의미하게 만들어 버릴 것이다. 눈을 가느스름하게 뜨고 작은 동전들, 바람이 불면 날아갈 지폐와 씨름하는 본을 레스토랑에 남겨두고 나는 그 자리를 떠났다. 그리고 어두워지고 있는 저녁의 거리로 나섰다. 미국 중서부 크기의, 나를 아는 사람이 아무도 없는 이 도시. 넓고 깨끗한 도로 위를 날리는 범퍼카처럼, 사람들이 무심하게 부딪고 지나갔다.

***

내가 관여하든 말든 본이 집필 중인 조의 전기에는 많은 사람들이 이미 알고 있는 몇몇 기본적인 내용들이 확실하게 들어갈 것이다. 조와 나는 한때 대마초를 피웠다, 아주 잠깐. 너무도 오래 전의 치부를 드러내는 일이지만, 그 일로 인해 우리가 망가지거나 하지는 않았다. 1960년대 후반에 우리는 삼십대였다. 우리의 모습을 떠올릴 수 있다면 한번 머릿속에 그려 봐도 좋다. 페이즐리 문양의 스카프를 목에 두르고 줄무늬 나팔바지를 입은 조가 길게 자란 머리를 여자애처럼 한 다발로 모아 질끈 동여맨 모습. 그의 눈은 대마초 연기에 가려서 안 보인다. 그때의 조는 늘 머리를 뒤로 젖히고 바이진 안약을 눈에 넣고 있거나, 아니면 전혀 우습지 않은 일에도 웃고 있었다. 그리고 나는 파티 드레스나 맥시스커트에, 할머니들이 쓰는 것 같은 둥근 금테 안경을 쓰고 들꽃으로 엮은 부케를 들고 있었다. 긴 머리는 앞가르마를 타서 늘어뜨렸다. 내 기억으로는 다섯 개의 숄들이 있었고, 시위 현장이나 허세 가득한 모임과 흥청대며 먹고 마시는 파티 자리에 나갈 때면 그 숄들을 걸쳤던 것 같다.

하지만 우리가 어떻게 보였는지는 중요하지 않다. 더 치욕스러운 건 우리가 무엇을 했느냐는 거였다. '연구'라는 미명하에 조는 "성적으로 자유로운" 세상을 탐험했는데, 그 단어 자체만으로도 굴욕적이다. 지난 날의 "자유분방한 사람들 swingers"은 지금 어디에 있을까? 만약 그때 그 사람들이 아직 살아있다면 건강한 라이프스타일을 내세우는 잡지 〈예방 Prevention〉을 구독하고 손주들을 돌보며 은행나무에서 추출한 건강보조제를 먹으며 아마도 잊어버리는 게 더 나을지도 모를 기억들의 세세한 부분까지 되살리고 있을 것이다.

'연구'는 나팔바지의 조를 웨스트 애비뉴 오십몇 번지 어딘가의 '죄악의 소굴'이라 불리는 맨해튼의 클럽으로 데려다 주었다. 그곳에는 '옷을 보관하는 여자'와 남녀공용 사우나가 있고, 어두운 방에는 플러시 천이 깔린 바닥에 누운 남녀들이 서로에게 자신의 가운 자락을 열어줬다.

나는 조와 함께 그곳에 한 번 가본 적이 있다. 그가 부탁했기 때문이었다. 그때 우리는 아직 그리니치빌리지에 살았고 아이들은 베이비시터와 집에 있었다. 데이비드는 스타트랙을 시청하고 딸들은 불쌍한 햄스터들에게 인형 옷을 입히고 있었다. 우리는 택시를 타고 업타운으로 갔는데, 우리는 그때 이미 우리 침실의 욕실에서 급하게 피운 대마초 때문에 살짝 맛이 간 상황이었다. 물론 그 욕실은 아이들이 절대 들어오지 못하는 곳이었다. '죄악의 소굴'의 입장료는 말도 안 되게 비쌌다. 조가 돈을 지불한 다음 우리는 취향이 형편없는 교외의 집들에서나 볼 수 있을 것 같은 보라색 카펫이 깔린 복도를 따라 들어갔다. 몇몇 참석자들은 젊고 아름답고 멋져서, 어울릴 만한 상대를 재빨리 찾아 자리를 잡았다. 그들보다 나이가 많고 매력이 없는 사람들은 가운을 입은 채 홀로 서 있었다. 남자들은 마치 담백하게 사우나만 즐기러 온 듯 행동했고, 용기를 끌어 모아 이곳에 온 여자들은 오래 전에 아이 한 둘은 출산한 듯 늘어진 배를 힘주어 밀어 넣고 사방에 있는 4.0 채널 입체 음향 스피커에서 뿜어져 나오는 샌프란시스코 사이키델릭 사운드의 리듬에 맞춰서 아주 조금씩 머리를 흔들었다.

조와 나는 그 두 그룹의 중간 어디쯤에 있었다. 아름답다고 말하기에는 좀 늙었고, 혐오스럽다고 하기에는 너무 젊었다. 우리는 고무로 된 흡착문이 달려 있어서 마치 냉장고 내부처럼 보이는 방에 들어가 가운을 입고 누군가의 안내에 따라 소파에 앉았다. 몇 년이 지난 다음에야 알아차렸는데, 그 여자는 조를 초대한 여주인 스노 볼Sno Balls이었다. 우리는 약에 취한 상태로 웃고 있었지만, 그곳은 성욕을 불러일으키는 소굴이 아니라 유방조영술 검사를 위한 대기실 같았다.

이윽고 손에 긴 물담배 파이프를 든 젊은 남자 하나가 등장했고, 그 방에 있는 사람들이 모두 그의 곁으로 모였다. 우리는 둥글게 앉아서 물담배 파이프를 돌려가며 피웠다. 침이 섞이는 것에 역겨워했던 기억이 희미하게 떠오르는데, 물담배

파이프를 공유하는 것이 집단공동체의 핵심요소였다. 만약 낯선 사람들의 침이 섞이는 것이 역겹다면 나는 그룹 섹스에서의 큰 기대를 갖지 않을 것임을 확신했다. 하지만 그 남자는 재빨리 자신의 가운을 벗고 일단 시험직으로 사신의 손을 내 목에 얹었다. 그리고 조는 그 남자가 몸을 기울여서 나에게 키스하는 것을 지켜보았다. 모르긴 몰라도 그 남자보다 내가 열 살은 더 많았을 것이다. 내 옆의 여자가 내게 조심스럽게 다가와 자신의 입술을 내 목에 비볐다. 짧게 자른 검은 머리가 오드리 햅번의 대역을 해도 될 것 같은 모습이었다.

그날 밤이 흥분되고 자극적이지 않았다고는 말 못하겠다. 모든 것이 축축했고, 리드미컬한 움직임과 함께 울려 퍼지는 신음소리는 영락없는 동물들의 모습이었다. 돈과 로즈라는 이름의 부부는 조가 지켜보는 가운데 나에게 모든 관심을 쏟았다. 그 남편의 손은 컸고 그의 아내는 정말로 아주 작은 입을 가졌는데 그 입으로 새가 쪼아 먹는 것처럼 계속 내게 키스를 했다. 마치 자신이 무엇을 하고 있었는지 잊어버렸다가 기억해내고, 다시 잊어버렸다가 기억해내는 것 같았다.

"아, 당신은 정말 부드러워요." 어린 아이가 비밀을 털어놓는 것처럼 그녀가 나에게 속삭였다. 의례적인 말이라도 무슨 말인가는 답례삼아 했어야 하는데, 나는 아무 말도 할 수 없었다. 조가 지켜보고 있었다. 나는 그가 모피로 된 벽에 기대 앉아 약에 취한 채 고개를 살짝 까닥거리며 즐거이 감상하는 모습을 보았다.

나는 내가 만약 다른 여자랑 살았더라면 나의 삶이 어떠했을지 궁금했다. 남자, 그리고 그들의 꽥꽥거리는 소리와, 동의해주고 쓰다듬어 달라는 끊임없는 요구를 피할 수 있는 삶. 그들의 마음은 마치 항상 죄악의 소굴에 있는 것만 같았다. 언제나 그들은 가운의 여밈 끈을 느슨하게 해놓고, 여자가 그 끈을 풀고 열어젖혀 그들을 행복하게 해주길 기다리고 있다. 남자와 여자들이 방 안을 떠돌아다녔다. 멀리 연기 사이로 악취를 풍기는 불안의 숨결을 나는 느낄 수 있었다. 그 뒤쪽에서 누군가는 그들이 오늘 밤 즐거움을 찾을 수 있을지, 그들의 가운이 따듯하고 새로운 손으로 열리게 될지 궁금해 했다.

조와 내가 그곳을 나올 때쯤에는 이미 해가 떠오르고 있었다. 뒤늦게 나는 그날 벌어졌던 일에 대해 생각해 보면서, 우연히 맛본 양성애적 섹스의 짧은 순간이 끔찍했다는 것을 떠올렸다. 그리고 소녀 취향의 낙관주의가 발휘되는 바람에 스스로 애착을 붙이게 된 이 남자로부터 탈출을 꿈꿀 수 있었던 짧은 기회가 영원히 끝장나버렸다는 것에 간담이 서늘해졌다.

그런 이야기 외에도 본이 집필 중인 조의 전기에는 1973년 12월 20일에 리버사이드 드라이브에 있는, 현관이 길었던 레브 브레스너의 아파트 안에서 조와 레브 사이에 벌어졌던 일도 분명히 포함될 것이다. 조는 그 일이 있던 날 밤 이전에는 절대로 폭력적인 사람이 아니었다. 결코, 단 한 번도. 내 생각에는 진정으로 자기 자신에게만 몰두하게 되면, 자신들을 망연자실하게 만들고 고통을 가하는 것들로부터 벗어나는 방법을 찾기가 상당히 어려운 것 같았다. 우리가 늘 벌였던 말다툼들은 그의 작가로서의 경력, 돈, 아이들, 부동산, 그리고 가끔 여자들에 대한 것이었는데, 이런 다툼은 종종 야만적이긴 했지만 결코 폭력적이지는 않았다.

"난 엄마 아빠가 그럴 때 너무 싫어!" 앨리스가 아직 어린 아이였을 때, 조와 내가 미친 듯이 싸우고 있는데 그 아이가 우리에게 소리를 질렀다. "엄마 아빠 좀 달라질 수는 없는 거야?"

"네 아빠가," 내가 숨을 조절하느라 애쓰며 조심스럽게 말했다. "달라지는 데 어려움이 있어서 그래. 바로 그게 문제란다."

앨리스와 수재너는 울면서 우리에게 싸우지 말라고 애원을 했다. 그리고 다른 날, 단란한 가족끼리의 저녁식사처럼 보여지는 동안, 수재너가 조에게 접시에 놓는 깔개로 씌워진 판지 조각을 건넸는데, 거기에 수재너가 쓴 글이 적혀있었다.

아빠 엄마 '그만해, 소리 지르는 것 좀'
정말이에요, 아빠, 말을 할 수 없어요

내가 아빠를 얼마나 사랑하는 지를요.

그 편지에 조가 울음을 터뜨렸다.

조가 일어나더니 우리 맏딸의 의자 옆에 무릎을 꿇었다. 그가 딸아이를 으스러져라 껴안는 바람에 그 애의 우유 잔이 넘어져서 우유를 쏟았고, 아이는 무슨 영문인지 몰라 울음을 터뜨렸고, 앨리스마저 평소의 그 애답지 않게 그 울음에 동참했다. "나는 우리 강아지들을 전부 사랑한단다." 조가 말했다. "난 절대로 너희들한테 상처를 주고 싶지 않아. 가끔씩 내가 멍청한 짓들을 하긴 하지. 아주 많이, 멍청해. 엄마에게 물어보렴. 내가 정말 미안하구나."

"용서해줄게, 아빠." 잠시 후에 앨리스가 결단을 내렸다. 그리고 수재너가 두 번째로 그렇게 했는데, 목소리가 떨리고 있었다. 데이비드는 아무 말도 하지 않았다. 그저 자기 주위에서 아무런 일도 일어나지 않은 듯 식사를 계속했다.

나는 앉아서 조가 얼마나 쉽게 위기를 모면하는지 생각했다. 그가 얼마나 달변인지, 그가 얼마나 잘 뉘우치는지 말이다. 테이블 건너에는 다섯 살의 데이비드가 보통 때처럼 냉정하고 비판적인 눈으로 모두를 바라보고 있었다. 그것 때문에 내가 그 애에게 감탄했다는 말을 해야겠다.

그렇다, 조는 폭력적이지 않았다. 어쨌든 1973년 12월 20일

전까지는 그랬다. 브레스너의 아파트에서 유대교 명절인 하누카Chanukah 파티가 있던 그날 밤이었다. 해마다 열리는 파티였고, 그로 인해 실내에는 튀김 냄새가 들어찼다. 그리고 체구가 작은 토샤 브레스너는 그녀의 베이지색 주방에서 한 손에는 뒤집개를 들고, 다른 손에는 어마어마하게 큰 감자 팬케이크가 든 프라이팬을 쥐고 있었다. 그녀는 마치 1인 여성 조립 라인처럼, 오래전 동상에 걸려 불그죽죽한 손으로 갈아 낸 감자와 양파가 든 반죽을 뜨거운 프라이팬에 대충 떠 넣고 구우면서 겉 표면이 완벽해지는 딱 그 순간에 꺼낸다. 그리고 그 안에 든 촉촉한 내용물들이 그것을 먹는 사람들로 하여금 자신들의 삶에 어떤 끔찍한 일이 있었는지 잊어버리게 만든다. 이 감자 팬케이크를 먹고 있는 아내들은 남편의 배신행위에 대해서 잊어버릴 것이다. 그리고 다음 순서로, 남편들은 몸속을 흐르며 신진대사를 불편하게 만드는, 문자 그대로 경주마들이 느끼는 불안감들을 잊어버릴 것이다.

"토샤, 내가 뭐 도와줄까?" 내가 그날 저녁에 그녀에게 물었다.

"오, 조안, 정말 자상하기도 하지." 그녀가 말했다. "여기. 이것들 좀 날라주겠어? 남자들이 **배가 고파 죽겠다잖아.** 어찌나 짐승들 같은지! 아, 내가 충분히 만들었는지 모르겠어!" 그녀가 큰소리로 낄낄 웃으며 제멋대로 수북하게 쌓아올린 음식 접시를 내밀었다.

거실에서는 남녀 손님들이 갖가지 음식들과 군데군데 놓인 유대교 전통의식용 촛대들 주위에 서서 색깔 양초들이 몽당해질 때까지 타들어가는 것을 보며, 맥주와 와인을 마시며 내동댕이쳐서 생채기가 난 제퍼슨 에어플레인Jefferson Airplane 앨범에 대해서 이야기를 나누고 있었다. 우린 이제 곧 로큰롤을 영원히 떠나게 될 것이고, 앞으로 실제적 소유자가 될 우리의 아이들에게 음반들을 물려주겠지만, 어떻게 될지 아직은 모르겠다. 우리는 이제 우리가 자라면서 들어온 노래들만 참아낼 수 있게 될 것이다. 유명한 밴드 음악, 재즈, 그리고 클래식 음악들 말이다. 그 외의 다른 음악들은 이제 우리의 나이든 두개골을 뚫고 들어오지 못한다.

그날 밤 우리들은 무엇에 대해 이야기하고 있었더라? 그때는 어느 채널을 틀어도 24시간 닉슨만 보였다. 온통 닉슨. 언제나 닉슨. 편집증 환자에 다리가 짧고 살찐 바셋하운드basset hound 개처럼 생긴 얼굴에다가 워터게이트 사건의 부산물인, 백악관 배경의 정교한 가보트 댄스를 선보인 닉슨. 거실은 몇몇 무리들로 나뉘었고, 이들 각각의 무리들로부터 간헐적으로 들리는 각각의 이름이 토샤 브레스너의 프라이팬에 튀는 뜨거운 기름처럼 튀어나왔다. 홀드먼Haldeman, 에를리치먼Ehrlichman. 그리고 우스갯소리로 마사 미첼(Martha Mitchell, 워터

게이트 사건 당시 법무장관 존 미첼의 부인―옮긴이)의 다물지 못하는 입에 대해 떠들어댔다. 우리는 이런 인물들을 경멸하면서도 그들의 무시무시하고도 이상야릇한 일들을 어떤 흥분과 함께 쫓아가고 있었다. 그날은 하누카였고, 겨울이었고, 닉슨과 그의 아내인 가엾고 비쩍 마르고 멈칫거리는 패트리샤 닉슨이 백악관의 뜰을 떠나기 고작 8개월 전이었다.

그 당시 남자들의 넥타이는 도로만큼이나 폭이 넓었다. 그리고 남성작가들과 대학교수들의 머리는 여전히 약간 길거나 아니면 지나치게 넓게 퍼져서 비공식적으로 유대인 아프로 Jewish Afro로 알려진 토피어리topiary 형태가 되었다. (공식적으로 말하자면, 그 방안에 흑인은 없었다. 우리는 60년대에 몇 명을 알고 있었는데, 시민권 운동 때였다. 그리고 그때부터 가끔씩 누군가의 거실에 흑인 작가들이 나타나기 시작했지만, 그들은 우리에게서 줄행랑을 치거나, 그렇지 않으면 우리가 관계를 끊었다.) 아내들의 옷차림은 남색이나 밤색이었고, 중앙아메리카에서 만든 구슬 목걸이를 걸었다. 그들 대부분은 일하고 있거나 대학원을 다녔다. 일자리와 대학 학위를 얻으려고 하지만 음악이 멈추면 의자를 차지하고 앉아야 하는 의자놀이 게임을 하듯, 음악이 멈추기 전에 잡아야 했다.

그 방으로 내가 새로운 감자 팬케이크 접시를 가지고 들어갔다. "음식이에요!" 내가 모두에게 들리도록 큰 소리로 알려주었다. 사람들은 각자의 무리에서 떨어져 나와 손으로 라트카latke를 집어 들고는 혀를 델 듯 뜨거워하면서도 맛있게 먹었다. 마침내 토샤가 방으로 들어오자 사람들이 박수로 그녀를 맞이했다. 토샤는 쑥스러워하며 인사를 받았고, 사람들이 잠시 주목해준 것만으로도 얼굴이 분홍빛이 되었는데, 이건 그녀의 남편인 레브가 하루에 받는 관심의 분량에 비하면 극히 작은 일부분에 해당한다. 내게는 그녀가 **아주** 행복해 보였고, 너무 많이 행복해서 온 몸이 공중분해 되는 게 아닐까 싶었다. 그녀는 양손을 옷 옆구리에 비비며 혼잣말로 뭐라고 웅얼거렸다.

"당신은 천재야, 토샤." 벨슈타인이라는 수다스러운 남자가 말했다. 그의 소설들은 죄다 펠슈타인이란 인물이 지나가는 삶의 궤적을 따라가는 내용이었다. 벨슈타인은 위로 바짝 잡아당겨 올린 검게 빛나는 공 같은 그녀의 정수리에 키스를 했다. 누군가가 그녀에게 마실 것을 건넸고, 그녀는 잠시 머무르며 그걸 마셨다. 그녀로서는 흔치 않은 일이었다. 토샤는 사람들 눈에 띄지 않는 구석진 곳으로 허둥지둥 사라져버리는 걸 좋아했으니까. 그녀는 마치 우리 아이들 방의 엄청나게 많은 햄스터들 가운데 하나같았다. 햄스터들에게 관심을 주고 만지거나 애정을 표하려고 하면, 개네들은 우리 안에 설치된 대롱 모양의 튜브 터널로 달아났다. 주방은 종종 토샤 브레스너의 터널이었다. 하지만 오늘 밤 그녀는 덥고 축축한 주방에서 벗어났고, 바로 그때 유명한 두 남편들 사이에 그 유명한 싸움이 벌어진 것이다.

그 사건은 이런 일들이 늘 그렇듯, 사실상 아무 것도 아닌 일에서 시작되었다. 처음에는 가볍고 평범한 대화로, 일련의 정치적 발언이 이어졌고 그러다 과대평가된 논픽션 작가를 일고의 가치도 없이 묵살하는 그런 분위기였다. "지난 주 신문에 나온 사진 봤어?" 조가 물었다. "그의 콧구멍 정말 **크더군**. 한 페이지를 다 차지한 것 같던데."

"대체 그의 콧구멍에 신경을 쓰는 사람이 누구야?"라고 레브가 말했다. "그 사람의 신체적인 문제를 가지고 놀리는 거지? 당신 말은 그러니까 그의 콧구멍이 너무 크다 이건가?"

"뭐, 그 작자가 좀 오만한 놈이지."라고 조가 말했다. "그 콧구멍이 그 작자를 우월감에 젖어있는 것처럼 보이게 하거든. 물론 그가 의도적으로 강조하려고 했겠지만 말이지. **더 크게**. 자기를 귀족적으로 보이게 하고 싶어서 말이지. 그의 책들은 다 가짜야. 레브, 당신 눈에도 그게 다 보일 텐데."

"내 눈에도, 라니? 무슨 뜻으로 하는 말이지? 내가 너무 멍청해서 작가의 본질을 알아보지 못한다는 말인가?"

"맞아, 특히나 이 작자에 대해서는 자네가 간과하는 게 있는 것 같아서 그러는 거야."

"그는 내 애인이야." 레브가 진지한 표정으로 자신의 이마에 손을 얹으며 말했다. 주변에 있던 작가와 편집자들이 웃었다. 이 남자들에게 동성애적 기질은 없다, 없고말고. 그들은 절대 아니다. 동성애도, 혈우병도, 그 어떤 것도 그들에게는 별 의미가 없다.

"당신 애인이 아니라," 조가 재빨리 말했다. "그 작자는 탈무드에서 맺어진 당신의 빌어먹을 형제라고."

정적이 방을 감쌌다. **뭐라고?** 레브가 물었다. 그는 자신의 잣대로 조를 재평가하고 있었다. 이런 일들이 가끔씩 레브와 다른 작가들 사이에서 벌어지는 걸 전에도 봤지만, 그와 조 사이에서는 한 번도 없었다.

"아무것도 아닐세." 조가 중얼거렸다.

"아니, 말해 봐."

"좋아. 자네는 유대인들을 감싸는 경향이 있어. 자네도 본인이 그렇다는 거 알잖아." 조가 이어 말했다. "사람들이 당신에 대해 말하는 사실이야. 난 그걸 인정해. 이봐, 이건 '반유대주의자가 한 건 잡았군.', 뭐 이런 거 아니거든. 그러니까 일을 크게 만들지 말자고."

하지만 레브는 조의 말을 따지고 들며 물고 늘어졌다. 그래서 조가 용수철이 튕기듯 자리를 박차고 일어났고, 곧바로 남자들이 서로에게 소리를 지르며 서로의 작품들을 깎아내렸다.

레브가 조에게 "미국 작가 왕좌를 노리는 빌어먹을 **쓰레기**라고 소리쳤다.

그리고 조는 레브에게 그의 "강제수용소에서의 어린 시절을 요직에 편승하는 무임승차권처럼" 써먹는다고 비난했다.

"좆같은 놈.", 레브.

"네놈이 좆이다.", 조.

그러자 레브가 주먹을 날렸다. 조는 비틀거리긴 했지만 크게 다치지는 않았다. 모든 사람이 그 장면을 봤다. 치명적이지는 않았다. 이가 흔들리거나 빠지지도 않았고, 입술이 찢어지지도 않았다. 피가 드라마틱하게 흐르기는 했지만 걱정할 수준이 아니었다. (입술, 아 그 입술, 피가 계속 흘러서 너무나도 멜로드라마틱했다. 하지만 입술이 찢어진 것 때문에 죽은 사람은 없다.) 그래도 피가 계속 흘렀고, 손으로 입술을 만져 본 조가 놀랐고, 싸움판이 다시 이어졌다. 조가 반격을 가했고, 다른 남자들도 서로 질펀하게 싸웠다. 손바닥으로 철썩 때리고, 주먹으로 치고, 발로 차면서 서로를 이런 이름으로 불러댔다. "이 개새끼", "사기꾼", "멍청한 놈", "이 재수 없는 놈".

그리고 조가 덧붙였다. "이거 아냐? 난 당신이 어떤 소설을 **한 권** 쓰는 걸 보고 싶어 레브, 딱 **한 권**. 그런데 그 책을 쓰면서 타이핑을 할 때는 타자기에서 반드시 제외해야 될 한 단어가 있지, 홀-로-코-스-트."

다른 사람들이 간담이 서늘해지고 넋이 나간 표정으로 바라보자, 두 작가는 다른 방으로 빠져나갔다. 브레스너의 작은 딸 방이었는데, 핑크색 벽지와 캐노피 침대가 있었다. 조와 레브는 그 침대 위에서, 뾰족한 발에 반쯤 벌거벗은 바비 인형들의 오아시스에 착륙해서, 끝장을 봤다. 우리 아이들이 파티가 지루하고 이곳에는 같이 이야기할 또래 친구들도 없다며 함께 오기를 거절한 것이 천만다행이었다. 모두들 그 방 문 앞으로 몰려들었다. 명목상으로는 문을 따고 들어가서 두 남자의 싸움을 말리겠다는 거였지만, 싸움이 끝나기를 정말로 원하는 사람은 없었다.

나는 부끄러웠다. 그 꼴을 보고 싶지도 않았다. 나는 담배를 한 대 피우고 싶었고, 그리고 집에 가고 싶었다. 그런데 토샤가 히스테리를 일으켰다. "조안, 가서 좀 말려 봐!" 그녀가 울부짖으며 나에게 매달려서, 내가 그녀를 안아주었고, 한편으로 토샤가 의외로 이 닭싸움에 열중하고 있어서 놀랐다.

"금방 끝날 거야." 내가 말했다. 그리고 정말 그렇게 되었다. 하지만 내가 생각했던 대로는 아니었다.

보아하니 조는 그 딸의 책상에 손을 뻗어 처음으로 눈에 들어온 것을 집었는데, 그게 하필 줄넘기 줄이었고, 그걸 레브의 가느다란 목에 감아 1초 정도 팽팽하게 잡아당겼다. 그 정도면 사람들이 침대로 달려들기에 충분히 긴 시간이었고, 캐노피 침대는 소설가와 시인과 논픽션 작가들의 합쳐진 몸무게로 인해 바로 부서져 내렸다.

나는 조가 레브를 죽이고 싶어했다고는 생각지 않는다. 그 제스처는 그저 보여주기 위한 것이었고, 분노에 대한 문학적인 풍자였고, 세상에서 가장 어이없는 소품으로 행해진 행위 예술이었다. 쪼끄마한 여자애의 줄넘기 줄로 말이다. 그래도 누군가가 경찰을 불렀고, 조는 그 구역 관할 경찰서로 끌려갔다. 나는 진저리를 치면서 택시로 따라갔다. 거기에는 기자들이 있었고, 아무말 대잔치로 기진맥진했던 밤이 있었다. 그동안 뉴욕 컬럼비아 장로교회 병원 응급실에서는 레브 브레스너가 유명한 작가라는 사실을 모르는 몇 명의 간호사가 레브의 목을 검사하고 있었다. 그들은 자신들이 지금 어떤 사건에 휘말린 것인지, 이 사건을 들끓게 만든 극적인 요소가 무엇인지, 이 사건의 여파가 어디까지 갈지, 그리고 그 일은 결국 '소동'이나 '반목'으로 알려지게 될 것이고, 두 거장의 인생에서 매우 중대한 사건으로 자리 잡을 것이라는 것에 대해 결코 알지 못했다.

토샤는 히스테리 치료를 받아야 했다. 그녀는 응급실에서 무릎을 꿇고 "엄마! 아빠!"를 소리쳐 부르며 울부짖었다. 하지만 나는 그녀의 부모님이 오래전에 강제수용소에서 살해당하셨다는 것을 알고 있었다. 응급실 직원들은 토샤의 상태를 그녀 남편의 상태보다 더 심각하게 받아들였다. 나는 정신 감정을 위해 토샤를 하룻밤 입원시켜야겠다는 이야기가 오가는 걸 들었다. 그러나 토샤는 진정제로 마침내 진정됐고, 병원에서는 그녀를 레브와 함께 집으로 돌려보냈다.

이 사건은 몇 달 동안 사람들 입에 오르내렸다. 나는 보석금을 걸어야 했고, 조의 법정 일정을 체크해야 했다. 드디어 레브가 기소를 중단하겠다고 밝혔다. 레브는 그들 쌍방을 알고 있는 친구들에게 "그쯤 해 두지"라는 말로 설득을 당했다. 그 모든 한심하고 굴욕적인 상황에 대해 자신을 돌아보며 반성하고 고뇌하던 레브도 마침내 이 사건을 계속 밀고나가지 않기로 마음먹었다. 그리하여 두 남자는 다시 친구가 되었다. 그들은 서로 사과를 하며 부둥켜안고 큰소리로 울어 젖히다, 서로의 셔츠로 눈물콧물을 닦고, 이 모든 일을 웃어넘기고, 서로의 관점에서 본 이 사건을 잘 팔리는 잡지에 글로 쓰고는, 우리 아내들을 끌고 다시금 저녁을 먹으러 몰려다니기 시작했다.

토샤와 나는 그들을 따라가고 또 따라가면서 뉴욕의 온 동네를 휘젓고 다녔다. 한번은 어떤 건물 옥상(우리가 거기서 뭘하고 있었는지는 잘 모르겠다. 아주 춥고 늦은 시간이었는데도 그 남자들은 도시의 전경을 보고 싶어 했다)에서, 토샤 브레스너가 내 쪽으로 몸을 돌리며 이렇게 말했다. "아, 조안, 우린 평생 동안

이 남자들을 참아온 거네."

"그렇게도 안 좋았나봐?" 내가 물었다.

그녀가 잠시 말을 멈추고는 허둥댔다. "항상 그렇진 않았어." 그러고는 곧 되물었다. "조안은 어땠는데?"

"나쁘지는 않았어." 내가 말했다. "우여곡절은 있었지." 나는 건물 너머를, 그리고 가끔씩 도로변에서 연기가 올라오는 것을, 그리고 그 너머 허드슨 강을 바라보았다. 그 강을 따라 북쪽으로 올라가면 침묵과 어둠 속에 서서 우리를 기다리고 있는 우리 집이 나온다. 나는 그곳에 있는 걸 좋아했었다. 마룻장 삐걱거리는 소리가 공기를 휘젓는 아침에, 심지어 조가 팔을 머리 위로 뻗고 눈을 꽉 감은 채 어떻게라도 잠을 붙잡으려고 했던 그 아침에 일어나는 것이 좋았다. 내가 토샤에게 했던 말이 전혀 거짓말은 아니었다. 항상 불행했던 건 **아니었으니까**. 조와 나는 좋은 날들도 보냈다, 특히나 초기에는. 우리는 거실에서 춤도 추었다. 벽에 대고 서서 사랑을 나누기도 했었다. 파티를 위해 엄청 큰 파이를 같이 구운 적도 있었다. 어디서나 꼭 끌어안고 걸었다. 그리고 나중에는 한동안 안락함과 안도감을 느끼기도 했다. 모든 결혼 생활에는 그런저런 순간들이 있다. 심지어 토샤와 레브에게도. 그리고 우리에게도.

하지만 거기, 옥상에 그렇게 서 있던 토샤와 나는 슬프고 지쳐있었다. 그녀가 얼마나 고통스러웠는지 그 순간 내게 털어놓으려 했지만 나는 정말 듣고 싶지 않았다. 그녀에게 그 시기가 얼마나 견딜 수 **없었던** 것인지, 나는 알 수 없었다. 그녀가 이제껏 보아 온 모든 것, 그녀가 처한 모든 상황―유명하고 진지하며 야망에 찬 남자와 옥신각신한 끝에 한 밤중에 건물 옥상으로 그와 함께 철제 사다리 계단을 타고 올라와 있는 것―들이 어느 정도까지 괴로웠는지 말이다.

그때가 80년대 초반이었다. 최소한 그 이전은 아닌 것이, 토샤 브레스너가 자살한 때가 1985년이었기 때문이다. 지금도 나는 그 사실이 놀랍기만 하다. 그녀는 지나치게 겁이 많았고, 너무나도 불안정했다. 부모님과 자매들이 살해당하던 장면들이 그녀에게 점점 자주 떠올랐고, 그녀로 하여금 파티에 모인 사람들에게 양해를 구하고 빠져나오게 했고, 다양한 종류의 항우울제와 항불안제를 돌이킬 수 없을 만큼 많이 복용하게 만들었다. 토샤가 마침내 신경안정제인 자낙스 한 통을 다 삼켰던 어느 날 밤, 남편 레브는 시카고 대학에서 칼 샌드버그에 대한 강연을 하느라 집에 없었다(내가 듣기로는 시카고에 레브가 사랑하는 여자가 살고 있으며, 그녀는 젊은 이혼녀로 클라크 거리에서 가죽 안락의자와 공짜 와인을 제공하는 우아한 작은 책방을 운영한다고 했다). 레브는 넉넉한 찬사와 격렬한 섹스로 한껏 화려한 무드에 젖어 다음날 집으로 돌아 와서야 그의 아내가 침대에서 두 손을 활짝 펼친 채 죽어 있는 것을 발견했다. 그녀는 마치 이렇게 묻는 듯했다. **내가 해야 할 게 그 밖에 또 뭐야?** 그가 울며불며 히스테리에 빠진 상태로 우리를 불렀고, 우리는 그의 집으로 갔다.

나는 몇 년 동안이나 그녀의 죽음을 애도했으며, 레브를 탓했다. 레브에게만 비난을 퍼붓는 게 공평한 처사가 아니라는 건 알고 있었지만. 토샤의 장례식을 끝내고 돌아와, 침대 위에 등을 맞대고 앉아 옷을 벗으며 내가 조에게 말했다. "레브가 좀 더 알았어야 했는데."

"그게 무슨 소리야? 그녀를 두고 시카고로 가지 말았어야 한다고? 그녀가 그런 짓을 할 줄 몰랐잖아. 그가 어떻게 알았겠어? 맙소사, 레브 가슴이 찢어졌을 거야."

"그 모든 거 전부 다." 내가 말했다. "토샤는 너무 오랜 세월 동안 애정에 굶주려 있었어. 그녀가 어렸을 때 일어난 일을 봐, 그녀의 가족 전부가 **살해당했다고**. 자매들, 부모님, 그리고 조부모님 모두. 게다가 나중에는 레브의 여자 문제들까지. 도대체 여자가 몇 명이나 있었던 거야?"

"난 모르지." 조가 냉담하게 말했다.

"토샤는 더이상 붙잡을 게 없었어." 내가 말했다.

"뭐가 사람을 벼랑 끝으로 내모는지 당신은 몰라. 그리고 그 둘 사이에 무슨 말이 오갔는지도 모르잖아." 조가 말했다. "두 사람이 그런 일들을 어떻게 해결했는지 말이야."

하지만 그와 나는 이런 일에 대해 이야기를 나눴던 적이 **한 번도** 없었고, 남자가 자신의 아내를 놔두고 바람을 피우게 되면 그 일은 어떠한 대가를 치르더라도 덮어야하는 것이라는 걸 드러내놓고 인정해본 적도 없다.

본의 전기에는 확실히 조의 여자들 몇몇을 포함시킬 것이다. 그 책은 조가 여자에게 원했던 것과 동일하게 여자들도 조에게 원했던 것임을 분명히 언급해야만 할 것이다.

조의 여자들 대부분은 전기 작가에게 말하러 먼저 나서지는 않을 것이다. 그리고 그 여자들은 누구에게도 신원이 밝혀지지 않았다. 그 여자들은 자신의 젊은 시절 조지프 캐슬먼의 매력에 사로잡혔을 때의 이야기를 그들 **자신의** 회고록에 담고 싶어 할 것이다.

메리 체슬린이라는 여자는 1987년 여름 버터넛 피크Butternut Peak라는 유명한 글짓기 워크숍이 열렸던 오두막 밖 포치에서 조를 만났다.

그녀와의 일을 내가 알고 있다는 사실은 조도 알고 있을 것이다. 모르는 게 오히려 불가능한 일이니까. 그 여름의 그녀는 사실상 앞뒤로 이런 글이 적힌 광고판을 달고 다닌 거나 마찬가지였다. "나는 그 거물 조 캐슬먼이랑 떡을 친다. 그러니 제발 자작나무집 뒤 창문으로 우리 둘이 한밤중에 짐승처럼 맹렬하게 하는 짓을 봐 줘."

대부분 내 신경을 건드리는 일이었지만, 어떻게 보면 내가 신경을 쓰지 **않은** 셈이었다. 왜냐하면 나는 검은 머리의 라푼 젤처럼 보이는 이 메리 체슬린이라는 여자를 한심하다고 생각했기 때문이다. 그녀는 당시 20대 중반의 젊은 여자였고, 버터닛 피크에 온 워크숍 참가자들의 절반쯤처럼 소설가가 되기를 열망하는 여자였다. 하지만 그녀는 눈에 띄게 예뻤다. 그것이 사람들을 늘 그녀에게로 끌어당겼을 것이다. 그녀가 학교를 다니기 시작한 후부터 메리 체슬린의 외모는 그녀를 평가하는 결정적인 요소가 되었을 것이 분명하며, 그것 하나로 매년 믿고 보는 인물이 되었을 것이다. ("야, 저기 사물함 앞에 서 있는 메리 좀 봐, 저번 여름보다 더 예뻐졌네, 이게 실화냐?") 아, 물론 그녀는 작가가 되고 싶어 죽을 지경이었다. 다른 많은 여성들처럼, 그녀도 작가가 되고 싶어 애태우고 있었다. 그녀가 하고 싶었던 것이라고는 오로지 책을 출간하는 것이었고, 그래서 그녀의 인생은 에이전트와 출판사를 찾고 그녀의 첫 책이 등장하는 그 순간을 향해 이어지고 있었다.

그런 일이 일어났을 수도 있었다. 그녀에게 재능이 조금이라도 있었다면. 그녀가 만약 어떻게든 그 일을 해낼 방법을 찾아냈다면 그렇게 됐을 수도 있었다. 그녀는 너무 단도직입적이어서 그 야망이 쿠션 속의 스티로폼 알갱이처럼 터져 나왔고, 그리고 얼마 지나지 않아 그녀는 굳이 그 야망을 숨기려고 애를 쓰지도 않았을 뿐만 아니라 모든 사람에게 알리고 싶었다. 메리 체슬린은 유명한 작가가 될 예정이고, 사람들에게 이름이 알려질 그런 작가들 가운데 하나가 될 것이며, 이 우아하고 검은 눈동자를 지닌 여성의 소설에는 하와이나 토스카나가 배경으로 등장하거나, "그 도시 전체가 하나의 캐릭터"가 될 것이며, 혹은 인터뷰에서 그런 이야기를 꺼내는 작가들 가운데 한 명이 될 것이라고 말이다.

"난 일기를 써요."라고 그녀가 조에게 털어놓았다. 조가 버터넛 피크 워크숍에서의 첫 수업을 마친 다음 날이었다. 그리고 그녀는 재빨리 눈길을 돌렸다. 마치 그녀가 **나는 어렸을 때 삼촌에게 강간당했어요** 같은, 자신의 어떤 중요하고 은밀한 것을 조에게 들려주는 것처럼.

이 부분은 내가 지어낸 것이다. 일기 같은 건 없었다. 적어도 내가 알고 있는 사실들 중에는 없었다. (하지만 만약 **있었다**면, 퀼트 소재로 표지를 감싸고 안에는 마른 나뭇잎들이 들어있었을 것 같다.) 나는 그녀가 실제로 조에게 **무슨 말**을 했는지는 모른다. 메리 체슬린은 내가 한 번도 말을 섞어본 적이 없는 사람들 가운데 한 명이다. 나는 그들이 한밤중에 자작나무집에서 서로의 몸을 부딪는 행위를 하는 사이사이에 무슨 말을 했는지 알 수 없지만 상상할 수는 있었다.

"난 일기를 써요." 그녀가 말했다. 그리고 조로 말하자면 언제나 일기를 싫어했고, 그 글을 읽을 누군가를 위해 쓰는 글과는 반대인, "자아를 위한 글쓰기"라는 개념을 혐오했다(심지어 이것저것 잡다한 일기를 썼던 버지니아 울프도 언젠가는 자신의 일기가 읽힐 것이라는 것을 알았음이 분명하다). 조가 메리 체슬린을 바라보고는 말했다. "어, 음, 좋은 습관이죠. 당신이 작가가 되고 싶다면 그저 계속 써나가면 됩니다. 일기는 아주 좋은 시작입니다."

메리 체슬린의 소설은 끔찍했다. 이것은 내가 실제로 읽어봐서 안다. 나는 아내에 불과했지만, 조가 워크숍에서 분석해야 할 원고들을 읽어봐줘야 했기 때문이다. 그 원고들은 버터넛 피크가 내려다보이는 곳에 놓인 애디론댁 체어(Adirondack chair, 옥외용 안락의자—옮긴이)에 앉아서 읽었다. 그리운 냄새가 나는 등사판 인쇄물 원고들은 워크숍 측에서 우리에게 여름 동안 빌려준 복숭아나무집의 오래되고 낡은 옷장에 있었다. 어느 저녁에 조는 다른 작가들과 포치에서 술을 마시느라 집을 비웠다. 술자리에는 남자와 여자가 섞여 있었다. 여자들은 대체로 학생들에게 상냥하게 말하고 친절한 경향이 있는 반면, 남자들은 들쭉날쭉했다. 그들 가운데 몇몇만이 힘을 가지고 있었고, 다른 이들은 개처럼 충실하고 그 자리에 끼어 앉아 있다는 사실만으로도 감지덕지해 했다고나 할까. 왜냐하면 그들의 소설은 대체로 대중 앞에서 낭독할 때 무시를 받았기에,

오직 여름 한철 이곳의 일반인 참가자들 앞에서만 우쭐한 기분을 느낄 수 있었다.

조가 포치에 앉아 있는 동안, 나는 참가자들의 원고 한 무더기를 침대에 놓고 읽기 시작했다. 원고들 가운데에는 조를 흉내낸 사람들의 것이 몇 개 있었는데, 그들은 모두 남자들이었고 젊었다. 그리고 떨리는 글씨로 줄 간격을 좁혀 빡빡하게 쓴 여성이 있었는데, 아마도 나이가 들었을 것이다. 그녀는 출판되지 않을 확률 100퍼센트인 단편의 제목 아래에 "저작권자, 글로리아 비스마르크. 최초북미연재권(FNASR). 4213 단어."라고 적어놓았다. 이걸 보는 순간 경멸의 감정이 들기 보다는 마음이 시려왔다. 나는 이 글로리아 비스마르크가 어느 교외에 사는 미망인이며, 그녀 인생의 정점은 바로 이 버터넛피크에서의 2주였을 거라는 상상을 했다. 그녀는 작가 교수진 대부분의 눈에 들지조차 않았을 존재였다. 왜냐하면 그녀는 늙고 슬픈데다가 우스꽝스러웠고, 그녀의 다리에는 정맥류가 있고, 그리고 그녀의 남은 생애 동안 아무도 그녀의 몸에 손을 대지 않을 것이고, 그녀가 돈이라도 쥐어주지 않는 이상 아무도 그녀가 쓴 글을 읽지도 않을 것이다.

반면에 메리 체슬린은 버터넛의 남성 교수진의 마음을 단박에 사로잡았다. 대부분의 남자들은 그녀가 포치에 들어선 순간 원고로부터, 대화로부터, 블러디 메리를 마시는 것으로

부터 머리를 들어 올렸고, 콧구멍을 벌름거렸으며, 살짝 벌어진 입으로는 침을 흘렀다. 그녀를 에워싸고 있는 순수한 아름다움 때문에, 그들은 그녀로부터 뭔가를 갈구하고 있었다. 그것이 그녀가 가진 모든 것이었다. 그녀의 작품은 구제불능이었다. 그녀는 시적이며 속삭이는 듯하면서도 어둡기를 원했다. 그녀는 매혹적이면서 동시에 애간장을 녹이고 싶어 했다. 그녀가 조에게 제출한 이 단편 소설은 감상적인 소녀시절의 추억담으로, '그 여름의 반딧불이'라는 제목이 붙어있었다.

그녀는 재능이 없었지만 자신에 대한 자부심이 여전했고, 그리고 나의 남편은 그녀가 배정받은 자작나무집의 일인용 침실로 함께 가서는 그녀의 몸에 딱 달라붙는 작고 끈 달린 드레스를 걷어 올렸다. 그때 난 뭘 하고 있었더라? 나는 복숭아나무집의 우리 방에 있었다. 의료용 이쑤시개로 잇몸을 자극하면서 조와 내가 버몬트 주를 떠날 수 있을 때까지 며칠이나 남았는지 생각하고 있었다.

어떤 작가 컨퍼런스에 참가해봐도 작가의 아내들은 꿰다놓은 보릿자루 같았다. 거기 머무는 12일 동안 내가 복숭아나무집에서 나와 그곳의 자갈길을 걸을 때면, 어디에서건 유쾌한 목소리로 나를 부르는 소리가 들렸다. "좋은 아침이에요, 조안!" 아니면, "안녕하세요, 조안, 조와 숲으로 피크닉 가시나 봐요?"

모두들 나를 좋아했다. 왜냐하면 나는 그저 아내이기만 한 것이 아니라 알파독(alpha dog, 대장 개―옮긴이)의 배우자인 알파 와이프alpha wife였기 때문이다. 모두가 알았던 알파독은 자작나무집에서 현기증이 날 때까지 그 짓을 하면서, 분별없이 나를 속이고 있었다. 자작나무집은 우리 복숭아나무집과는 고작 종비나무 몇 그루와 작은 숲, 커다란 목조 식당을 사이에 두고 떨어져 있을 뿐이었는데 말이다. 식당은 여름 캠프학교의 분위기였고, 방금 막 식기세척기에서 나온 유리잔들은 매일 아침 내가 마실 오렌지 주스의 온도를 매일 밤 내가 이용한 목욕탕의 온도 비슷하게 맞춰주었다.

식당에서는 내가 조 옆에 앉고 건너편에는 다른 아내들과 그들의 남편들이 앉아있었다. 작가인 아내와 동행해서 그곳에 온 흔치 않은 남편도 있었지만, 여성작가들 대부분의 남편은 이 워크숍에 오지 않으려 했다. 그들의 일을 오래 비워 둘 수 없다고 말하면서 말이다. 거기에는 어린 아이들이 거의 없기도 했지만, 그 즈음 우리 아이들도 다 자란 어른이 되어 자기들만의 인생을 살고 있었다. 식당에서 우리 모두는 유쾌함을 일종의 행동강령처럼 지니고 움직였는데, 이건 작가 워크숍의 필수적인 요소였다. 그렇지 않았다면, 모두가 주위를 둘러보고는 자신들이 실제로는 이 작은 소나무 숲 사이에 만연해 있는 모든 나르시시즘과 불쾌함 속에 있다는 걸 깨닫게 되기 때

문이다

"오후에 시내 안 갈래요? 아내들 가운데 한 명이 나에게 물었다. 리애너 손이라는 여자였다. 그녀는 주어진 환경에 따라 색깔을 바꿔서 자신을 안 보이게 하는 대벌레 같았다. 그녀의 표정은 기대에 부풀어 있었다. 그녀의 남편 랜덜 손은 한때 유명한 작가였었는데 요즘 그의 소설들은 모든 곳에서 재고품 박스에 담겨 있었다. 하지만 그는 이 워크숍 책임자의 친구여서 해마다 초청을 받았다.

그날 오후, 우리들의 남편들이 워크숍을 진행하고 있는 동안, 나는 리애너의 낡아 빠진 유고(Yugo, 피아트 사의 설계를 변형해서 세르비아에서 생산한 자동차—옮긴이)에 다른 두 아내들인 더스티 버코위츠, 재니스 라이드너와 함께 올라타고 시내로 향했다. 워크숍에서 메리 체슬린이 조 가까이에 앉아, 그녀의 눈을 조의 눈에 고정시킨 채, '내면의 목소리'와 '의도적인 불신'에 대한 조의 강의를 한 글자도 빼지 않고 모두 노트에 적고 있는 동안에.

"마침내 자유를 얻었네요, 드디어 자유!" 자동차가 버터넛 피크의 석조 문을 빠져나갈 때 더스티 버코위츠가 말했다. "전지전능한 신이시여 감사합니다, 난 이제 자유예요."

우리 모두가 조금 웃었다. 그때 재니스가 말했다. "마틴 루터 킹 박사라도 우리가 하는 것처럼 참지 않았을 거예요."

"못 견디죠, 그런데 그의 부인인 코레타는 그랬다고 들었어요." 내가 말했다.

"어렵죠, 그들처럼 산다는 건." 리애너가 마침내 입을 열었다.

"흑인으로 사는 걸 말하는 건가요?" 더스티가 물었다.

"아뇨, 그런 남자로 산다는 거." 리애너가 말했다. "모두가 듣고 싶어 하는 이야기를 쓰는 작가로 사는 거요. 작가로서 성공하려면 독자들이 동의해줘야 가능한 거잖아요. 랜덜이 나한테 말해준 건데, 그는 독자들 비위를 맞추려고 엄청 애를 쓴대요. 그런데도 그게 잘 안 된다고."

꿈 깨시지, 랜덜, 이라고 나는 생각했다. 리애너의 남편 랜덜이 조가 세상에 끼치고 있는 영향력을 확실히 부러워했을 거라는 상상과 함께.

시내에 도착한 우리는 자리에서 일어나 차 밖으로 나왔다. 대부분의 작가들이 형편에 맞춰 살 수 있는 자동차가 바로 이런 종류의 차라고 나는 생각했다. 땅딸막하고 어딘가 못생겨 보이는데다가 어쩌면 안전하지도 않을 것 같고, 앞 유리에는 교직원 주차 스티커가 붙어있는 이런 차 말이다. 우리 네 명의 남편들 모두 바람을 피운 걸로 알려져 있기는 하지만, 내가 알기로는 오직 조만이 그렇게 혈기왕성하게 바람을 피웠다. 우리 아내들 넷은 이 지역 수공예품 상점들 가운데 하나인 버몬트 컨트리 아티장의 진열창에 있는 수제 스카프를 보고 있었다. 우리는 그 짜임새와 질감, 그리고 색상에 감탄하며 안으로 들어가, 그 천을 만져보며, 그나마 가능한 곳에서 우리 자신의 감각적인 기쁨을 최대한 즐겼다. 진한 보라색의 숄이 있었는데 길고 비단결처럼 부드러워서 나는 마치 그것이 머리카락이라도 되는 양 손으로 쓰다듬어 보았다.

메리 체슬린의 머리칼은 그것보다 더 짙었다. 나는 그 숄에 얼굴을 대고 부드럽게 비볐다.

"참 예쁘지 않아요?" 젊은 여직원이 도움을 주려는 듯 말을 걸어왔다. "그건 이 지역 공예가가 만들었어요. 그녀는 눈이 멀었지만 솜씨가 정말 깔끔한 것 같아요."

메리 체슬린은 무엇을 제공해야 했을까. 샴푸를 자주 하는 긴 머리칼과 거지같은 소설과 이 숄처럼 침대에서 부드러울 수 있는 몸뚱이를 제외하면 무엇이 있을까? 위안을 주는 사람? 아니면 제물? 조에게는 그것들이 필요했다. 그것은 조에게 피와 같은 존재였다. **어렵죠, 그들처럼 산다는 건,** 이라고 리애너 손이 말했다. 그리고 나는 정확히 무엇이 그렇게 어려운 일인지 결코 정말로 생각해볼 시도조차 하지 않았다. 이 남자들에게 부족한 것이 무엇일까, 그들은 무엇이 필요했던 것일까, 우리 아내들이 그들에게 줄 수 없었던 것이 무엇이었을까.

우리는 그들에게 우리의 모든 것을 줬다. 우리의 모든 소유물들은 그들의 것이었다. 우리의 아이들도 그들의 것이었다.

우리의 인생도 그들의 손에 있다. 우리의 낡고, 몸을 가눌 수 없을 정도로 피곤에 찌든 몸뚱이도 그들의 것이었다. 비록 남편들이 거의, 더이상 그 몸을 원하지 않았지만. 내 몸은 나쁘지 않았다. 아직은 괜찮다. 하지만 내가 수공예 상점에서 보라색 솔에 머리를 대고 있을 때, 조는 강의를 하면서, 자작나무집에서 나중에 같이 누워있게 될 여자의 눈을 바라보고 있었다.

그때, 버몬트 컨트리 아티장의 한 가운데서 왈칵 눈물이 쏟아졌다. 다른 아내들이 깜짝 놀라 재빨리 나를 데리고 매장을 나와 바로 옆의 조그만 채식주의 카페로 들어갔다. 그곳에서 모두들 연대감에서 내 주위로 모여들었다.

"난 당신을 존경해요, 진심이에요." 내가 왜 울었는지를 털어놓자 재니스가 이렇게 말했다. "우리 모두 조가 무슨 짓을 하고 있는지 알고 있었어요, 매 여름마다. 그렇지만 당신은 항상 신경 안 쓰는 것처럼 보였어요."

"우리는 당신이 그 일 때문에 속상해 하는 줄 몰랐어요." 더스티 버코위츠가 소근거렸다. "당신은 뭐랄까… 완전히 도가 트인 사람인 줄 알았거든요. 다 알면서도 발톱의 때만큼도 신경 안 쓰는 것처럼 보였어요. 그 모든 것들 보다 우월한 사람인 것 같았단 말예요."

나는 갈색의 거친 화장지로 만들어진 냅킨에 코를 풀고, 다른 여자들이 내게 신경을 쓰도록 내버려뒀다. 어째서 메리 체슬린 따위가 날 괴롭게 할 수 있었던 것일까? 그게 나도 궁금했다. 작년 여름에 홀리 뭐시기라는 학생이 그랬을 때는 내 신경을 조금도 건드리지 않았는데, 이번에는 왜 그랬는지 나도 궁금했다. 어떻게 '그 여름의 반딧불이' 같은 걸 쓴 작가 나부랭이가 이 시내의 공공장소에서 거의 알지도 못하는 여자들 옆에서 나를 질질 짜게 한 것일까?

예전에는 조가 불륜을 저질러도 길게 울었던 적이 없었다. 아니면 적어도 조 앞에서만 울었지, 다른 사람들 앞에서는 그러지 않았다. 그걸 고수할 수 있었던 건, 그들이 내게 전혀 위협적인 존재가 아니었기 때문이다. 왜냐하면 내가 아는 한 조와 잤던 대부분의 여자들은 재능 있는 사람들이 아니었고, 당연히 메리 체슬린도 그랬다.

하지만 만약 재능이 전혀 중요한 문제가 아니라면, 적어도 조의 여자가 되는데 재능이 문제가 되지 않는다면? 재능이 그저 의미 없는 것이 아니라, 실제로는 골칫거리였다면? 조는 메리 체슬린이 형편없는 작가라서 더 좋아한 것일까? 그에게 결코 경쟁자가 되지 못할 여자의 몸을 타고 넘어가는 것이 안도감을 느끼게 했을까?

그래, 그런 거였어.

나는 조가 버터넛 피크에서의 12일 내내 메리와 바람을 피우고 지낸 걸로 알고 있다. 그 기간 동안 그는 행복해 보였다.

가끔 젊은 웨이터들이 저녁 식탁에 올리는 촌극에서도 기꺼이 자신의 역할을 해냈다. "이제 버터넛 피크 제퍼디Jeopardy 게임을 할 시간입니다!"라고 수석 웨이터이자 소설 공부를 하는 스물세 살의 통통한 학생이 어느 밤에 외쳤다. 나머지 서빙 요원들은 허밍으로 활기찬 제퍼디 퀴즈게임 프로그램의 주제곡을 불렀다. "저는 이 게임의 진행자인 알렉산더 솔제니친 트레벡(⟨제퍼디⟩ 프로그램의 사회자 이름이 실제로 조지 알렉산더 트레벡임—옮긴이)이라고 합니다." 그가 자신의 이름을 이렇게 소개해서 모두의 웃음을 자아냈다.

이 게임은 연속되는 문제의 '정답들'을 세 명의 '참가자들'이 맞춰야 하는 것이었는데, 참가자는 낯을 가리는 단편 작가 루시 블러드워스, 그리고 해리 재클린과 조였다. 그는 브레드 푸딩을 입안에 막 넣고 있었다.

가볍고 재미있는 문학 작품이 출제되었고, 첫 번째 복승식 (Daily Double, 하나 맞추고 하나 더 맞추면 점수가 2배, 못 맞추면 0점이 되는 방식—옮긴이) 문제가 조에게로 향했다. 최근에 발표한 조의 소설 내용 가운데 한 문장이 큰 소리로 낭독되었고, 조는 그 문장을 마무리해야했다.

"제가 시작하겠습니다." 수석 웨이터인 트레벡이 말했다, " '셜리 브린은 탐욕스러운 여자가 아니었다. 그 누구도 그녀를 그렇게 말한 적이 없었다. "저기 있는 셜리 브린은 자신이 가지지 못한 것을 갈망하는 여자야." 그녀의 인생에는, 그녀가 가질 수 없었던 것 가운데 그녀가 원했던 단 **하나**가 있었다.'"

수석 웨이터가 극적인 순간에 낭독을 멈췄다.

이건 쉬운 문제였다. '이것은 무엇일까요'의 질문 형태를 따르자면 '정답은 메이 웨스트Mae West가 술을 마실 때 사용했던 샷 글래스입니다.' 라고 말하면 되는 거였다. 적어도 이 식당에 있는 사람들 가운데 1/4은 일제히 합창하듯 이 답을 외칠 수 있을 터였다. 하지만 조는 그저 그들 앞에 앉아 머리만 긁적이며 당황한 표정을 지었다.

"오 맙소사." 그가 마침내 입을 열었다. "난 이제 아주 보기 좋게 망했군요. 모두들 내 비밀을 알게 되었으니."

"그럼 그 비밀이란 건 뭘까요?" 수석 웨이터가 물었다.

답이 궁금해서 나도 조를 쳐다봤다. "내가 아주 심한 알츠하이머를 앓고 있다는 겁니다." 그가 말했다. "끝내고 1분도 안 지난 것 같은데 내가 쓴 걸 기억할 수 없거든요. 누가 지금 내 머리에 총 좀 쏴주세요."

채식주의 카페에서 다른 세 명의 아내들과 함께 있었을 때 나는 울고 또 울었고, 그들은 한 몸이 되어 나를 편안하게 해주고 달래려고 애썼다. "너무 수치스러워요." 내가 말했다. "매일 아침 일어나서 방을 나서면, 모두가 무슨 일이 있었는지 알고 있다는 사실을 내가 안다는 것이. 당신들도 내가 어처구니없는 사람이라고 생각하나요? 한심한 사람이라고?"

"아니! 아니에요!" 그들이 소리쳤다. "전혀 아니죠! 모두가 당신을 칭찬하는 걸요!" 하지만 이 여자들은 누구**였던**가? 그들은 작가의 아내라는 조건 때문에 자동적으로 나의 친구이자 동료가 된 사람들이었고, 사람들 안에서 관심을 받으려고 열심히 노력했던, 그들 자신의 경력을 지녔던, 지쳐버린 아내들이었다.

"사회복지 업무는 어때요, 리애너?" 워크숍의 한 남성 참가자가 어느 날 오후 피크닉에서 리애너에게 물었다. 그녀의 응답을 그는 들을 수 없었다. 더 관심 가는 목표인 유명한 소설가들이 저 숲속에서 수박씨를 뱉고 있었다.

"난민 지원 일은 어떻게 돼가고 있나요. 조안?" 나보다 나이가 많고 낯가림을 하는 여성 시인 지니가 언젠가 내게 물었다. 내가 가끔 구조 단체에서 일을 한다는 이야기를 들었기 때문이었다. 나는 그녀에게 그냥 현상유지를 하는 정도라고 말하고는 더이상의 말은 하지 않았다. 그녀는 실망스러운 듯 보였지만 내 이야기를 꼭 듣고 싶어 했다. 조는 몇 년 동안 해왔던 나의 봉사 활동에 대해서 마치 내가 대단한 존경심을 불러일으킬 만한 일을 하고 있는 것처럼 부풀려 말하곤 했다.

"내겐 **아무것도** 없어요." 내가 그 아내들에게 말하자 그들은 내 말이 틀렸다고 했다. 나는 정말 많은 것을 가지고 있고,

내가 세상에 기여하고 있으며, 내가 존재하는 것만으로도 긍정적이라는 말을 해줬다. 재니스 라이드너의 말을 인용하면서, 그들은 언제나 나를 '멋지고 지적'인 사람으로 생각했다고 말했다.

"당신은 내면에 완전히 다른 삶을 갖고 있는 것 같아요." 라고 더스티 버코위츠가 말했다.

"우리 모두가 다 그러지 않나요?" 내가 말했다.

"난 안 그래요." 더스티는 이 말을 하며 다른 사람의 시선을 의식하듯, 소리 내어 웃었다.

"당신이 보는 그대로예요."

55세인 더스티 버코위츠의 가슴은 햇빛에 노출되어 주근깨가 있었고, 그녀의 머리카락은 요정처럼 붉었고, 그녀는 더이상 남편을 위해서만 살지는 않았다.

재니스 라이드너는 여전히 자신의 남편만을 위해 산다. 겉으로만 그런가. 그녀의 생각이나 자세한 건 모르겠다.

리애너 손은 엄청 우울하고 단조롭고, 특별한 것이 없다. 남성들만의 사교 클럽에 끼기를 갈망했던 남편이 있다. 그 남편은 그 목표 이외의 모든 활동과 관심사들을 배제하고 자신의 길을 지속적으로 밀고 나가고 있다.

그리고 나. 금발. 마른 몸매. 이 기나긴 결혼 생활의 신맛에 절여질 만큼 나이가 들었다. 결혼 생활의 신물이 나를 유지시켜 주고 나를 살아있게 해줬다. 조와 나는 같은 항아리 안에서 수영을 하고 있다. 나는 그가 메리 체슬린의 부드러운 그곳에 키스를 하러 떠날 때마다 혼자서 헤엄을 쳤다. 그러면 그는 지친 상태로, 항상 나에게 돌아왔다.

그날 새벽 세시에 조가 복숭아나무집의 문을 천천히 열고 그의 등 뒤를 밝혀주는 복도의 불빛과 함께 나타났다.

"조안?" 그가 말했다. "일어났어?" 그가 방으로 들어오면서 그가 빨아들인 담배연기도 같이 몰고 들어왔다. 담배연기 대부분이 그의 머리칼, 스웨터와 그의 모공에 스며있었다.

나는 깊은 잠에 빠져있던 머리를 들어올렸다. "응." 나는 항상 이렇게 대답했다. 심지어는 잠에서 힘겹게 빠져나오지 못할 때도 그랬다. "일어났어."

그는 침대에 올라 내 옆에 몸을 뉘었다. 담배냄새에 절고, 담배연기를 몰고 다니는 남자. 청바지를 입기에는 너무 늙었지만 결국에는 그냥 입는 남자. 그의 눈은 그가 그 바로 전까지 머물렀던 방을 가득 채웠던 담배연기로 충혈되어 있었다. 그 파티에는 신적인 존재인 작가들과 하찮은 존재인 학생들이 함께 모였고, 그 후 자작나무집에서 열린 조의 개인 파티에서 그는 이 방에 있는 것과 동일한 침대에, 나와는 전혀 다른 여자와 함께 올라갔다.

그 여름의 새벽 세시, 그리고 그 이후의 여름과 그 다음의 여름에도 우리는 함께였다. 남편과 아내는 버몬트의 안개에 젖은 밤의 한가운데에서 하나가 되었다. 우리 오두막 주위의 소나무들 사이를 맴돌던 박쥐들이 때로는 동진지갑마냥 베란다 지붕에 매달려 있기도 했다. 그날 밤에는 숲에 사는 야행성 동물들이 많이 눈에 띄었다. 그리고 불규칙적으로 울어대는 소리 때문에 내가 다시는 마주치고 싶지 않은 벌레들도 있었다. 하지만 그래도 나는 12일 동안 그것들에 둘러싸여 사는 것에 그냥 동의했다. 조는 나와 함께 있는 사람이고, 우리는 매일매일 함께 잠들고 같이 일어났다. 내가 메리 체슬린에 관해 말할 수 있는 것보다 더 많은 이야기들이 있지만, 그 여름 이후 메리 체슬린이 작가가 되었다는 말은 듣지 못했다. 그리고 최근의 버터넛 피크 졸업생 소식지에서 그녀는 이렇게 자신을 설명했다.

"나는 이혼했다." 메리 체슬린 씀, "아이도 없고, 내 소설을 출판 한 적도 없다(에휴…). 하지만 나는 로드아일랜드 주의 프로비던스에 있는 작은 교육용 소프트웨어 회사에서 즐겁게 일하고 있다. 덕택에, 믿거나 말거나, 지난여름 내내 버몬트에서 익힌 창의적 글쓰기 수업을 조금이라도 활용할 기회를 얻었다.

***

메리 체슬린은 두루뭉술하게 묘사되는 방식을 빌어서라도 본의 전기에 등장할 것이다. 조가 여러 대학들에서 잠시 가르치는 동안 만난 여자들, 유명인 주위를 어슬렁거리는 여자들과 뉴욕의 출판 홍보담당자들도 마찬가지다. 출판 관련 업계에는 갓 대학을 졸업하고 출판계에 진출하려는 젊고 아름다운 여자들이 있었다. 얇게 비치는 블라우스와 카우보이 부츠 차림의 스타일리시한 여자들.

여자들 이야기 외에, 레브에 대한 조의 '교살 미수' 사건도 전기에 들어갈 것이다. 그리고 조가 심장 마비를 일으켜 결국에는 판막을 교체한 일도. 그때의 일은 주목받을 부분이 아닐 게 확실하다. 줄넘기 줄을 무기로 사용하거나, 상을 받거나 혹은 여자 문제 보다는 흥미진진하지 않다. 그러나 1991년 겨울 '더 크랙드 크랩The Cracked Crab' 식당에서의 그 장면은 좀 비참할 것이다. 그날 그곳에 있던 사람들은 여섯 명의 남자와 몇 명의 아내들이었다. 남자들은 글쓰기 분야에서 나름 다양한 성과를 거두고 기반을 닦아 단단한 발자취를 남긴 작가들인데, 이마가 벗겨져서 머리선이 뒤로 밀리거나 혹은 숱이 줄어들거나, 그도 아니면 철사 줄처럼 뻣뻣해서 아인슈타인의 헤어스타일 비슷한 모양새가 되어버린 사람들이었다.

조는 여전히 이 모임에서 구심점 역할을 하고 있었다. 조는 이들 가운데에서 목소리가 가장 큰 사람은 아니다(마틴 베네커의 목소리가 가장 커서, 으르렁거리며 말할 때 침을 한바가지나 쏟아낸다). 그리고 가장 부유한 사람도 아니었다(이건 확실히 켄 우텐이다. 그의 세련되고 정교한 스파이 소설들은 몽땅 다 영화화되었다). 그리고 가장 똑똑한 사람도 아니었다, 단연코(레브가 그 역할을 맡고 있었는데, 그는 이 일에 용왕매진하고 있다). 조는 이 남자들 가운데에서 특별한, 무어라 말로는 설명할 수 없는 위치를 차지하고 있었는데, 이를테면 조용한 권위자 같은 사람이었다. 조는 이야기하기를 즐겨했다. 그리고 가끔씩 몇 시간 동안이나 서서 뭐가 뭔지 알 수 없는 걸쭉한 스튜를 끓이는 것을 좋아했는데, 이 스튜에 고기와 뼈를 던져 넣고 레드 와인을 붓고는 가끔 파슬리도 한줌 넣었다. 그는 책을 읽고 재즈를 들으며 스노볼을 먹는 것, 그리고 술집에 가서 한잔 마시며 당구를 치는 것도 매우 좋아했다.

그날 밤 우리는 '더 크랙드 크랩'의 크고 둥근 테이블에 자리를 잡았다. 크래프트지가 깔린 테이블 위를 게들이 온통 뒤덮고 있었다. 마치 우연히 게들의 집단 거주지라도 발견한 것 같았다. 올드베이 시즈닝(Old Bay seasoning, 소금·후추·고춧가루·파프리카·분말 등에 허브가 혼합된 양념 ─옮긴이)을 뿌린 집게발, 마디가 붙어 있는 다리들을 한 무더기 쌓아 놓고 맥주를 마시며 기염을 토하는 동안, 비워진 맥주병 마개들이 크래프트지 여기저기에 굴러다녔다.

늘 그랬던 것처럼, 아내들은 떨어져 앉아 있던 자리에서 어떻게든 함께 뭉쳐서 윗몸을 앞으로 기울이고 수다를 떨었다. 아마도 새로 개봉한 중국영화 이야기를 하고 있었을 것이다. 그리고 남자들 역시 평소에 하던 대로 가십거리를 주고받고, 허풍과 자기과시에 여념이 없었다. 동시에 쉴 새 없이 게의 관절이 부서지거나 뽑히는 소리가 들렸는데, 갑자기 조가 입에 음식을 가득한 채, 의자에서 몸을 뒤로 젖혔다. 그리고 말했다. "**젠장.**"

그러더니 조가 크래프트지가 깔린 테이블 위에 얼굴을 박으며 엎어졌고, 조의 의자는 바닥을 향해 큰소리를 내며 쓰러졌다. 그리고 모두가 조에게로 달려갔다.

"당신⋯ **목이⋯ 막혔나요?**"라고 마리아 재클린이 심폐소생술 교습에서 배운 대로 큰소리로 물었다. 그리고 조는 그렇지 않다는 뜻으로 머리를 간신히 움직여보였다. 조는 고통으로 눈을 꽉 감은 채 손으로 가슴을 쥐어뜯다가 어느 순간 호흡을 멈춘 듯 보였다. 남자들이 곧장 덤벼들어서는 조의 몸을 테이블 위로 들어 올려 갑각류 침대의 한가운데에 뉘었다. 그들은 오래 전에 조와 레브가 싸웠을 때처럼 덤벼들어 그때와 똑같이 그의 몸 위로 엎드렸다.

홀아비 신세로 몇 년을 보냈지만 여전히 왕성한 성욕을 자랑하던 레브 브레스너가 그 순간만큼은 전에 없이 우울한 표정으로 조를 넘겨받고는 머리를 기울여 그의 입술을 조의 입술에 대고 인공호흡을 시도한 다음 조의 가슴을 힘주어 눌렀다. 그 다음으로 기억나는 건 응급의료원들이 '더 크랙드 크랩' 안쪽 사무실을 통해 들어와 조의 얼굴에 산소마스크를 씌우고 들것으로 옮기는 장면이다. 누군가의 팔이 내 한쪽 어깨를 감싸 안았다. 사람들의 목소리가 뭔가를 통과하며 걸러진 것처럼 들렸다. 그리고 나는 조 쪽으로 손을 뻗었다. 하지만 그는 이미 들것에 실려 사라지고 없었다.

5개월 후, 실제로는 상당히 가벼운 심장마비 증세였음에도 불구하고, 길고 장렬한 회복기를 거친 조는 그 후에 심장 판막 하나를 돼지의 판막으로 교체하는 수술을 해야 했다. 그는 웨더밀의 우리 집 침대에 누워 편지와 소설들을 읽으며 세계 곳곳의 사람들과 전화로 통화했다. 우리의 두 딸도 가끔 집에 와서 머무르며 나를 응원해주고, 아빠의 기운을 북돋아주려고 애썼다. 심지어는 데이비드도 전화를 걸어왔는데, 조에 대해 직접적으로 묻지는 않았지만, 그래도 나는 그 애가 아빠 때문에 전화했다는 걸 알았다.

몹시 놀랐던 그해에 나는 조에게만 매달렸다. 나는 그의 결점들을 잊었다. 그 결점들은 내 머리 속에서 그 음식의 맛만큼이나 빠르게 사라졌다. 나는 다시는 게 요리를 먹지 않았다. 나는 그의 침대 머리맡에서 애를 태웠고, 그가 회복하기를 간절히 바랐다. 그리고 나는 내가 바랐던 것을 얻었다.

핀란드에서의 마지막 날 밤, 조와 나는 헬싱키 오페라 하우스의 넓은 대리석 계단을 나란히, 팔짱을 끼고 걸어 올라갔다. 사방에서 카메라 셔터소리가 들렸지만, 그 소리들은 온전히 우리만을 위한 것은 아니었다. 핀란드에서 두각을 나타내는 사람들 모두가 오늘밤 여기에 있을 테니까. 핀란드의 모든 작가·예술가·정부 각료들이 참석했는데, 그 사람들은 시모 라티아·카를로 피에틸라·한네스 바타넨 같은 아주 기묘하고도 복잡한 이름들을 가졌다. 그 이름들은 비슷비슷하게 매혹적으로 들렸고, 모두가 똑같이 새하얀 피부색과 멋진 골상骨相을 지니고 있었다. 사람들의 치아는 단단하고, 마치 한 교정의가 온 국민의 치아를 담당한 것처럼 고르게 보였다. 부피가 큰 노르딕 파카를 입은 남자들과 여자들이 줄지어 오페라 하우스로 들어갔다. 안으로 들어가 외투를 벗은 후에야 이브닝 드레스가 드러났다. 그걸 보고 있자니 그들이 오늘 밤의 이 상류 문화를 위해 얼마나 갈고 닦으며 준비를 했는지 알 수 있었다. 오늘, 이곳이 절정이었다. 얼어붙고, 정적인 상태로 멈춰 있는 이 나라에서 매년 발표되는 이 상이 핀란드의 얼음에 작은 틈새를 만들어 세상을 들어오게 하는 것이다. 그리고 올해, 그 작은 틈새의 이름은 조지프 캐슬먼이었다. 턱시도를 입은 키 작은 과체중의 남자가 내 옆에서 걸으며 야트막한 계단들을 올라가 헬싱키 오페라 하우스의 금빛 속으로 들어갔다.

나는 귀빈석의 핀란드 대통령과 영부인 옆에 앉았다. 조가 무대 뒤로 안내를 받고 있는 동안 나는 대통령에게 정식으로 소개되었다. 나이가 나와 비슷해 보이는 티모 크리스티안이라는 이름의 대통령은 어찌 보면 핀란드 건축물과 퍽 비슷해 보이는 딱딱한 인상이었다. 그는 알록달록한 비단으로 만든, 어깨에서 허리로 내려오는 띠를 둘렀고, 나이가 좀 더 적어보이는 영부인 카리타 크리스티안은 검은색 드레스에 자수정 목걸이를 착용하고 남편 옆에 얼어붙은 듯 앉아있었다. 대통령 부부는 서로 아무 말도 하지 않았다. 겉보기에만 그렇게 보인 것일 수도 있다. 그리고 그들은 착각으로라도 친밀감을 느끼게 해주려는 노력은 아예 시도조차 하지 않았다. 핀란드 대통령의 재임 기간은 6년이고, 올해는 크리스티안 대통령의 집권 5년째 되는 해였다. 그리고 그와 그의 아내 둘 다 몹시 피곤해 보였다.

마침내 크리스티안 영부인이 나에게 말을 걸었다. 그곳에서 우리는 아내 대 아내의 입장이었다. "캐슬먼 부인" 그녀가 조심스럽게 영어로 말했다, "헬싱키에서 즐거운 시간을 보내고 계시는 거죠?"

"그럼요." 내가 대답했다.

"핀란드 사람들을 만나보니 인상이 어떤가요?" 그녀는 알고 싶어 했고, 그래서 나는 사람들의 조용한 자부심, 그들의 감각적인 안목, 그들의 우아한 멋, 모두들 올바르게 행동한다는 것에 대해 조금 이야기를 했고, 그녀는 기뻐하는 듯 보였다.

"당신은 어떠신가요, 크리스티안 부인?" 내가 물었다. "여기 헬싱키에서 지내는 삶이 어떠세요?"

영부인은 혼란스러워했다. 나는 곧바로 내가 무례하고 낯선 질문을 했다는 사실을 알아차렸다. 아니면 그녀가 이런 직접적인 관심에 익숙하지 않아서 그런 것일 수도 있다. "내 인생은," 그녀가 반신반의하며 말했다. 그리고 그녀는 재빨리 주변을 보며 누군가 듣는 사람이 없는지 확인했다. 아무도 없었다. 대통령은 그의 각료 가운데 한 명과 대화를 하고 있었다. 그 각료는 거대한 금발 수염의 소유자였다. "내 인생은," 카리타 크리스티안이 조용하고 절제된 목소리로 말을 이었다. "굉장히 불행합니다."

나는 그녀의 얼굴을 빤히 쳐다봤다. 내가 대답을 잘못 들은 건가? 어쩌면 그녀는 자신의 인생이 **굉장히 행복**하다는 것을 잘못 말한 것이 아닐까. 내가 무슨 수로 알아내겠는가? 그녀는 얼굴에 아무런 표정도 내비치지 않았다. 하지만 그 말을 하기 전과 마찬가지로 평온해 보였다. 바로 그때 조명이 어두워졌고, 귀빈석에 있는 사람들과 청중 모두가 조용해졌다. 핀란드의 영부인은 육중한 커튼이 걷히기 시작하는 무대로 얼굴을 향했다. 내 남편을 포함한 남자들의 직은 바다가 드러났다. 그들 가운데 여자가 한두 명 앉아 있었는데, 그들의 옷이 유일하게 밝은 색감을 무대에 더해주고 있었다.

곧이어 핀란드 문학 아카데미 회장인 테우보 할로넨이 대통령을 대신하여 조의 목에 메달을 걸어주었다. 그가 국제 전화로 조의 수상 소식을 우리에게 처음으로 알려준 사람이었다. 하얀 실크에 금메달이 달려있었고, 메달에는 **칼레발라**의 세밀화 복제본이 새겨져 있었다. 두 손으로 그것을 열어서 들고 있었는데, 심지어는 이곳 귀빈석의 내 자리에서도 그 메달이 번쩍이는 게 보였다. 조의 여러 소설들에서 선택한 몇 구절을 한 여배우가 듣기 좋은 목소리로 낭독했다. 그녀는 읽는 도중 종종 머리를 뒤로 넘기곤 했다. 그러고는 마침내 조가 일어났다.

"좋은 저녁입니다." 그가 시작했다. "그리고 따뜻하게 맞아주신 여러분께 감사드립니다." 그가 핀란드 문학 아카데미 측을 향해 고개를 약간 숙였다. "핀란드 문학 아카데미 관계자 분들께 깊이 감사드리고, 또한 감동을 받았다고 말씀드리고 싶습니다." 그러고는 천천히 고개를 귀빈석으로 향했다. "크리스티안 대통령 각하," 그가 말했다. "이 아름다운 나라가 저에게 이런 영광을 주신 것에 감사드립니다." 어쩌고저쩌고, 이러쿵저러쿵. 그가 연설을 계속했다. 아니, 이건 내게 불공평하잖아. 말들은 타당했다. 하지만 대부분 지루했다. 나는 열심히 들었다. 조는 사전에 내게 연설문을 보여주지 않았다. 자신이 직접 작성하고 핀란드에 오기 전까지는 어느 누구의 의견도 묻지 않는 것이 그에게는 중요했기 때문이다. "여기에 오고 나서 제가 느낀 바로는," 그가 말했다, "이 땅이 분노의 혹독한 시간을 지나 이렇게 활기차고 미국만큼이나 풍요로운 나라가 되었다는 것입니다. 요즈음 전 지구적으로 테러 행위가 가속화되고…."

나는 그가 테러에 대해 말하고 있다는 것이 너무 창피했다. 얼마나 언급하기 쉬운 말인가. 아무데서나 쓸 수 있는 하찮은 주제. 해야 할 것이라고는 테러리즘이라는 망령을 들먹이는 것이고 그러면 모두가 의무적으로 암울해 할 것이다. 불만스러워 입술이 저절로 오므려졌다. 사람들이 머리를 약간씩 떨구었다. 그는 좀 더 독창적인 걸 쓸 수는 없었을까? 그는 그렇게 맥을 잡아나갔고, 릴케와 솔 벨로의 말을 인용했고 보들레르의 〈악의 꽃〉도 인용했다. 그리고 그의 연설은 예상했던 대로, 아프가니스탄과 중동의 바람이 휘몰아치는 동굴을 거치고, 테러에 대항하는 전쟁을 거쳐, 다시 집으로 돌아오기 전까지 세계를 감쌌다. 그의 연설이 거의 끝나가는 중이었다. 그때 조가 잠시 연설을 멈췄다. 그의 눈이 미묘한 빛을 띠고 나에게 향하더니 말을 시작했다. "저는 제 아내 조안에 대해 몇 마디 하고 싶습니다."

모두가 예의바르게 고개를 올려 내가 앉아 있는 방향으로 고개를 틀었다. "제 아내, 조안," 조가 반복했다, "그녀는 진정 저보다 나은 반려자입니다."

하지 마, 나는 생각했다. **나한테 이러지 마. 내가 하지 말라고 했잖아.**

"그녀는 제게 내면의 정적靜寂을 찾을 수 있게 해줬고, 물론 그러다보면 잡음들을 걸러내야 할 때도 있었지만, 제가 소설들을 쓸 수 있게 했습니다." 그가 말했다. "그녀가 없었다면, 저는 확실히 오늘 밤 이 자리에 서 있지 못했을 것입니다. 이곳에 오는 대신에 집에서 멍하니 입을 벌린 채 빈 원고지만 쳐다보고 있었겠지요."

관대한 웃음소리가 들렸다. 물론, 그는 어쨌든 이곳에 와 섰겠지, 라고 관객들은 생각했다. 하지만 이 헬싱키상의 수상자가 자기 아내에게 이토록 관대하다니 얼마나 존경스러운가. 오랫동안 쇠사슬에 묶인 죄수처럼 열심히 소설을 써왔던 그가 이 상을 받기 위해 무대에 서서 아내를 이렇게 인정해주는 것 말이다. 그가 바윗돌을 깨부수고 있을 때, 그 옆에는 내가 있었다. 그의 이마를 닦아주고, 그에게 시원한 음료를 건네면서 말이다. 소설가가 창작의 압박감으로 거의 쓰러졌을 때, 여전히 나는 옆에 있어주면서 그의 더러운 셔츠를 벗기고, 깨끗한 옷을 가져다주고, 그가 팔을 집어넣을 수 있게 도와주며, 단추를 잠가주고, 그가 격려를 필요로 할 때면 용기를 북돋아주고, 밤에는 그의 옆을 지켜주며, 그에게 **당신은 할 수 있어, 라고 말해준다.** 심지어 그의 발목이 족쇄에 감겨있고 그가 녹초가 되어 눈물에 젖어있을 때도. 당신은 할 수 있어, 라고 우리 아내들이 말해준다. 당신은 할 수 있어. 그리고 그들이 진짜로 해냈을 때, 우리는 그들의 아기가 보조 기구를 떼고 뒤뚱거리며 첫 걸음을 떼는 것을 보는 엄마들처럼 행복감을 느낀다.

그렇게 핀란드인들은 선의로 나를 생각했다. 저 사람들은 내 남편에게 52만5천 달러나 되는 상금을 줬다. 저들은 우리에게 **마르카**를 주고 나에게 웃어주며 아내의 매력과 절묘한 능력에 고개를 끄덕이며 칭찬한다.

사람들은 여자들이 어떻게 힘든 일을 헤쳐 나가는지, 여자들이 어떻게 더 나은 세상을 위한 청사진과 묘책과 아이디어들을 생각해내는지 알고 있다. 그리고 가끔 그것들을 한밤중에 아기 침대로 가다가, 스톱 앤 숍Stop & Shop에 장보러 가다가, 또는 목욕을 하다가 잊어버리는 것도 알고 있다. 여자들은 그것들을 그들의 남편과 아이들이 무탈하게 나아갈 수 있도록 앞길에 기름칠을 하다가 잊어버린다는 것도.

하지만 그것은 그들의 선택입니다, 라고 너새니얼 본은 말할 것이다. 여자들 자신이 그런 아내, 그런 어머니가 되는 것을 선택한 겁니다. 더이상 그 누구도 그들에게 강요하지 않아요. 이제 그런 시대는 끝났어요. 미국에서는 여성 인권 운동이 일어나고 있잖아요. 우리에게는 베티 프리던Betty Friedan도, 그리고 조종사용 안경 같은 걸 쓰고 괄호모양으로 머리를 양쪽으로 빗어 넘긴 글로리아 스타이넘Gloria Steinem도 있어요. 우리 모두는 지금 새로운 세상에서 살고 있다고요. 여성들은 막강합니다. 조만간 발레리안 카낙이 바로 이 무대에 서겠지요, 이누이트족 전통 의상을 입고 그 악명이 자자한 이글루에서의 어린 시절을 회고하면서 말이죠.

몇몇 여자들은 그런 선택을 하지 않는다. 맞는 말이다. 그들은 완전히 다른 삶을 산다. 내가 베트남에서 만난 기자 리, 매춘부 브렌다처럼 말이다. 그밖에 어떤 이들은 정성들여 아이를 돌봐주는 베이비시터를 고용하거나, 아이와 함께 온종일 집에 있는 것을 싫어하지 않는 남편을 포함한, 뭔가 다른 대책을 세울 것이다. 모유까지 나오는 남편이라면 더 좋겠지. 또 어쩌면 그들 가운데 일부는 아기를 아예 원치 않을 수도 있다. 그리고 그들에게 펼쳐지는 인생은 끝없는 일 속에서의 삶이다. 그리고 가끔 세상이 그들을 향해 커다란 보상으로 반응하고, 그들을 받아주고, 그들에게 열쇠와 왕관을 준다. 그런 일이 일어나기도 한다, 정말 그렇다. 하지만 대개는 그렇지 않다. 인생이 **염세적으로 들리는데요**, 라고 본이 말할 것이다.

그러면 내가, 왜냐하면 내가 그렇기 때문이에요, 라고 그에게 말할 것이다.

모두에게는 아내가 필요하다. **심지어 아내들도** 아내가 필요하다. 아내들은 돌보고, 그들은 날아다닌다. 그들의 귀는 두 배나 예민한 도구라서 아주 희미하게 들리는 불만 쪼가리까지 들을 수 있다. 아내들은 수프를 가져온다. 우리는 종이 클립을 가져온다. 우리는 나긋나긋하고 따뜻한 몸도 가져온다. 어떤 이유에서인지는 몰라도 자기 자신이나 다른 이들을 대하는 데 문제가 있는 남자들에게 우리는 무슨 말을 해야 하는지 바로 안다.

"잘 들어요." 우리는 말한다. "모든 게 괜찮아 질 거예요."

그런 다음, 마치 그것에 우리의 목숨이 달려 있기라도 한 것처럼, 우리는 반드시 그렇게 되도록 확실히 해둔다.

6장

취했다. 승리에 우쭐해하고, 대단한 순간들이 뒤따를 거라
는 걸 예측하긴 했지만, 아무튼 조와 나는 그 모든 것이 가능
한 분위기에서 술을 마셨다. 사람들이 오페라 하우스의 만찬
에 있는 우리를 봤다면, 조가 누구와 대화를 하건 상대에게
기대고 고개를 갸우뚱하고 무릎을 치는 모습에서, 우리도 역
시 핀란드인이라고 생각했을지 모른다. 한 해의 반을 잠식하
는 어둠을 잊으려고 술에 취한 핀란드인들, 행복한 핀란드인
들, 근심 없는 핀란드인들, **허클베리** 핀란드인들 말이다. 조가
상을 받고 그의 소감을 발표한 다음, 우리는 그날 저녁의 만
찬장을 돌면서 스칸디나비아 여러 분야의 전문가들뿐만 아니
라 런던·파리·로마에서 온 작가·기자·출판인 무리를 만났

다. 오페라 하우스 연회장은 천장이 높았고, 리넨으로 덮인 매우 긴 테이블들마다에서 들뜬 목소리로 지껄이는 여러 나라 말들이 증폭되어 들려왔다. 통역 없이 여러 언어로 이어진 건배사에 따라 조와 나는 미소 지으며 여러 사람들과 함께 잔을 들어 올렸다. 무엇을 위해 건배하는지도 모르고. 우리가 서명한 것이 무엇이었는지, 왜 우리가 장난스럽게 웃는지도 알지 못한 채.

대통령과 영부인은 일찍 자리를 떴다. 누군가 스쳐 지나가는 말로 크리스티안 대통령은 매일 밤 스카이 채널을 보다가 바로 잠자리에 드는 것을 좋아하며, 심지어는 일 년에 한 번 개최되는 헬싱키상 수상식 당일에도 이런 엄격한 일상에서 벗어나지 않는다고 했다. 나는 그의 아내에게, '오, 남편 먼저 보내고 여기에 남아있으면 안 되나요?'라고 말하고 싶었지만 이미 너무 늦었다. 대통령 부부는 벌써 대리석 계단을 뒤로 하며 내려간 후였다. 아마도 순록 운전기사가 끄는 마차를 타고 떠났겠지.

몇 시간 후에는 조와 나도 드디어 만찬장을 떠났다. 조에게 마치 유대인들의 유월절처럼 특별한 오늘 이 밤은 모든 다른 핀란드에서의 밤들과는 다르니 아직 이 밤을 끝내지 말고, 조금만 더 함께 있어 달라고 애걸하는 유쾌한 편집자와 작가들, 고위 인사들을 비롯한 스무남은 명과 더불어. 유월절은 이 사람들 가운데 잘 아는 사람이 거의 없는 명절이다. ("그래요 그래, 그게 쥬태인(유대인을 잘못 발음하는 것―옮긴이)들의 명절이죠, 맞죠?") 그들은 매력이 넘치고 적극적이었으며, 조와 함께 미국 소설과 지정학적 이슈에 대해 논하고 싶어 했고, 데리리즘과 미래에 대한 불안감에 대해 이야기하고 싶어 했다. 만찬장을 떠나는 리무진들의 행렬 사이에 끼어 우리는 도심의 매우 오래되고 수준 높은 식당으로 향했다. 우리가 그곳으로 간다는 이야기를 전달받은 식당 측에서 미리 준비를 해둬서, 우리가 도착한 방에는 꽃과 장식물들과 화려한 조명이 비추는, 가재가 누워있는 얼음조각이 준비되어 있었지만 우리 모두 별로 많이 먹지는 못했다. 수상식장의 만찬에서 당혹스러우리만큼 비싼, 푸와그라 요리와 각자에게 한 접시씩 나온 새 요리, 그리고 기하학적으로 배열한 온갖 치즈들에 둘러싸여 있었기 때문이다.

핀란드 문학 아카데미 사람들 몇 명은 이제 인내심을 가지고 조에게 **칼레발라**의 첫 부분을 핀란드어와 영어 두 가지로 가르쳐 주고 있었다. 그들은 서로의 팔을 휘감고 한 명씩 이어가며 낭독을 했다. 조는 그 무리의 중앙에서 기쁨에 넘쳐 장난을 쳤고, 그의 목소리는 어느 누구의 목소리보다도 컸다. 그는 오늘 밤 너무 많이 먹었다. 나는 그가 트랜스 지방 덩어리와 불에 그슬려 껍질을 벗긴 동물의 살을 입속에 퍼 넣는 걸

봤다. 그리고 그는 세상에게 가장 좋은 와인을 마시며 치즈를 먹고 또 먹었다. 와인은 북유럽 와인 저장고 안쪽에 깊이 보관되었던 것이리라. 나는 처음부터 그가 음식을 입 안 가득 채워 넣는 것을 봤다. 입을 어찌나 크게 벌리고 있었던지 은과 금이 움푹 꺼진 곳을 채우고 있는 그의 치과 치료의 흔적들, 그리고 길고 어두운 목구멍이 인간의 것이 아닌 판막을 달고 있는 불완전한 심장으로 이어진 것을 볼 수 있었다.

우리 사이의 볼일은 거의 끝났어, 라고 나는 술을 한 잔 더 넘기고 그를 구경하면서 생각했다. 우리의 거래는 거의 다 성사 되었다. 체액과 중요한 정보를 끝없이 교환하고, 아이들을 낳고, 차를 사고, 휴가를 함께 가고, 이 먼 곳으로 날아와 상을 타는 것까지 말이다. **이** 상을 타는 것. 그 모든 노력. 세상에, 무슨 노력. 이미 충분하잖아, 라고 그에게 말했어야 했다. 이걸로 충분하잖아. 나 이제 가게 해줘. 그리고 내가 다음 10년 동안에도 매일 아침 당신의 만족스러워하는 얼굴 옆에서 깨어나지 않도록 해달란 말이야. 그리고 기다림으로 오그라든, 당신이 당신의 페니스를 볼 수 없을 정도로 튀어 나온 당신의 배도 이제 그만 봤으면 좋겠다고 말이다.

"호텔로 돌아갈게." 내가 그에게 속삭였다. "난 갈래. 오늘 밤 내가 할 일은 다 끝났어." 그는 테이블에 있는 모두에게 그가 브루클린에서 자라온 이야기를 하고 있었다. "브리스킷

(brisket, 양지머리—옮긴이)"이라는 단어가 내게 들려왔다. 그리고는 통역사가 브리스킷이 뭔지를 모두에게 핀란드어로 설명하는 것도 들었다. 그리고 나는 내가 정말로 이곳을 뛰쳐나가고 싶어 한다는 걸 알았다. 나는 조의 이런 이야기들을 수도 없이 들어왔다. 이야기에 살을 붙인 것이든 안 붙인 것이든.

조가 내 쪽으로 몸을 돌렸다. "정말?" 그가 물었고 나는 그렇다고 대답했다. 나는 지쳤고, 운전기사가 날 태워다 줄 것이고, 그리고 조는 여기 남아있어야 한다고 했다. 당연히 그는 남을 것이다. 모두가 열렬히 나에게 좋은 밤을 보내라고 말해줬다. 이 아름답고 용감한 나라의 우아한 남자들과 사랑스러운 여자들, 이 모든 새로운 친구들을 내가 다시 만날 일은 없을 것이다. 핀란드는 용감하다, 고 나는 생각했다. 부분적으로만 접해있을 뿐 세계의 나머지로부터 아주 멀리 떨어져 있기 때문에, 공포에서 벗어나려면 용감해야 하고 안락한 흥분과 멀어지기 위해서도 용감해야 하니까. 곧 겨울 내내 얼어붙으리라는 것을 알고, 지구가 자전하면서 햇볕이 잠깐씩 들기 시작할 때에야 곰들과 함께 간신히 다시 일어나게 된다는 것을 알면서도 용감하다.

나는 리무진의 뒷좌석으로 미끄러지듯 들어갔다. 운전기사는 인터콘티넨탈 호텔로 차를 몰았다. 새벽 세시가 지난 시간이었다. 우리는 천천히 항구를 지났다. 그곳에는 상자모양의 거대하고 오래되어 보이는 러시아 원양 여객선이 있었는데 옆면에 **콘스탄틴 시모노프**라고 적힌 것이 보였다. 그 옆에는 더 날렵해 보이는 노르웨이 국적의 원양 여객선이 정박해 있었다. 나는 그 어마어마한 배들을 바라보고 있던 것을 기억한다. 그리고 운전기사가 들려주는 부둣가의 역사에 대한 몇몇 짤막한 설명을 예의바르게 귀 기울여 듣던 일도. 하지만 취기에 무릎을 꿇었다. 내 머리는 갖가지 핀란드 술이 가득한 펀치볼punch bowl이었다. 뒷좌석에 발을 뻗고 누워서 내가 그 파티에서 홀로 떠난 게 얼마나 기쁜 일인지 생각했다. 샴쌍둥이 같은 결혼으로 인해 종종 나가도 싶어도 못나가고, 오히려 나가고 싶은 그 방을 지키는 사람이 되었다. 하지만 오늘밤은 그곳에서 나 혼자 빠져나왔다. 그는 나의 다른 반쪽이었지만, 나는 우리가 분리되기를 원했다.

"너 정말로 그를 떠날 작정이니?" 어떤 목소리가 물었다.

만취한 내 마음의 펀치볼 속에서 어떤 여자가 나에게 말을 걸었다. 굳이 눈을 뜨려고 애쓰지 않아도 그녀를 볼 수 있었다. 그녀는 내가 지난 40년 동안 다시 만난 적이 없는 인물이었다. 일레인 모젤, 스미스 칼리지에서 낭독회를 가졌던 소설가. 그녀는 내가 처음 그녀를 보았을 때와 똑같아 보였다. 풍성한 머리카락, 술로 붉어진 얼굴. 예전과 똑같은 모습이었다. 옛 모습 그대로 얼어붙은 유령 같았고, 여전히 취한 상태였지만, 지금은 내가 더 취해있다.

"네." 내가 그녀에게 말했다. "그럴 거예요."

"네가 원했던 건 얻었니?" 그녀가 물었다.

"난 그애가 원했던 게 뭔지 잘 모르겠어."라고 말하는 다른 누군가가 있었다. 재빨리 모습을 드러낸 사람은 엄마였다. 그녀는 근처를 떠다니고 있었다. "그 남자는 유대인이야." 그녀가 말을 계속했다. "그게 그 애의 첫 실수지."

엄마는 세상을 떠난 지 18년이나 지났는데도 머리에서 아직 미용실 냄새가 났다. 사후세계, 거기에도 미용실이 있고 길 잃은 영혼들이 뒤집어진 원뿔 모양의 고깔을 쓰고 꼿꼿한 자세로 앉아 허공을 쳐다보고 있다. 그리고 고깔의 열기로 그들의 머리에 들어있던 생각들이 솔직하게 곧바로 터져 나왔다.

"그녀는 그의 옆에 있고 싶어 했어요." 다른 사람이 말했다. 내가 본 것은 가엾은 토샤 브레스너였다. 자살한 사람. 작고, 뼈만 앙상한 여자. 그녀의 손은 물에 젖은 감자와 달걀과 양파를 이손 저손으로 옮기며 지금도 무언가를 만들어내고 있었다.

"누군들 안 그러겠어? 거물급 남자와 함께 있을 기회였는데. 그를 지원해주려고 말이야." 일레인이 설명해주었다.

"아니, 전혀 그런 게 아니에요." 내가 줄지어 선 얼굴들을 향해 말했다. "당신들은 절대 이해 못해요."

"그녀에게는 다른 방법도 있었어." 명령 투로 말하는 새로운 목소리가 들렸다. 그 목소리는 발레리안 카낙의 것이었다. 그녀는 완벽한 이누이트족 의상을 갖춰 입고 있었다. "**내**가 결국 해냈지." 그녀가 말했다. "그리고 도움이라고는 전혀 받지 받았고. 당신들은 우리 가족이 내가 작가가 되기를 기대한 줄 알아? 정신들 좀 차리시지. 어쨌든 난 해냈어."

그들은 기다렸다. 허공에 떠 있는 이 유령들은 내 입에서 무슨 말이 나오는지 듣고 싶어 했다.

나는 기억을 오래 전으로 돌려, 나의 기록보관소에서 열아홉 살의 내가 스미스 칼리지 도서관의 개인열람실에 앉아 단편을 쓰고 있는 장면을 생각해내야 했다. 조 캐슬먼 교수, 문학 석사, 이 사람이 내 안의 욕망을 끄집어냈다. 그가 책에 대해 말하는 방식이, 그가 문학을 숭배하는 방식이, 그가 제임스 조이스의 짧지만 완벽한 걸작 〈죽은 사람들〉을 숭배하는 방식이 나의 욕망을 끌어냈다.

"음, 난 오래 전부터 작가가 되는 것에 대해 생각하기 시작했던 것 같아요." 나는 그들에게 털어놓았다.

"그래서 작가가 되었니?" 일레인이 물었다.

"난 됐는데." 발레리안 카낙이 목소리를 높여 말했다. 마치 그녀에게 누군가 물어보기라도 한 듯.

"그 사람들이 널 안 들여보내줄 거라고 내가 말했잖아, 안 그래?" 일레인 모젤이 말했다.

"그랬죠. 하지만 내가 **나약해서** 그런 건지도 몰라요." 내가 말했다.

"아니야 당신은 약하지 않아." 토샤가 말했다. "난 당신을 존경했는 걸. 너무 대담해 보였어. 난 당신이 한 일이나 말하는 것들의 절반도 못 해냈을 거야. 난 두려웠는데, 당신은 아니었지."

"나도 두려웠어." 내가 그녀에게 말했다.

"아니지, 넌 그저 현실적이었던 것뿐이야." 일레인이 말했다. "그들이 가지고 있는 걸 네가 가질 수 없다는 건 네 자신도 알고 있었어. 넌 그들의 남성다움을 가지고 싶었지. 중요해지고 싶어 했잖아. 너의 목소리가 무덤 너머에서도 계속 들리는지 확실히 하고 싶었던 거야. 어떤 부류의 작가가 세상을 떠나면 가게 된다는 지옥에서도 계속 말하고 싶어 했어. 문제는, 그가 지옥에 들어서는 순간, **그곳** 역시 그가 또다시 지배하게 될 거란 사실이지."

"그는 **유대인**이라니까." 엄마가 말했다.

"몰염치한 소설가야." 일레인 모젤이 말했다. "너의 모든 걸 앗아간 남자지."

"그 애는 내 **아들**이야!" 새로운 목소리가 소리를 지르며 나타났다. 이번에 내가 만나게 된 사람은 조의 어머니였다. 그녀는 우리 주위를 빙빙 돌았다. 그녀의 꽃무늬 드레스는 큼지막

하고 어둠속에서도 빛이 났다. 그녀의 얼굴은 기쁨에 겨워 발그레 상기되어 있었다. "**남자**, 그것이 그의 전부야! 왜 그렇게 그 애를 못살게 구는 거야? 넌 그 애의 모든 걸 용서해줘야 해. 결국, 결국 달리 선택할 게 뭐가 있겠어?"

***

호텔의 로비에는 두 명의 직원이 차렷 자세로 서 있었다. 지금 이 시간이 모두들 잠든 한밤중이 아니라 보통의 근무시간이라고 여기는 듯 보였다. 은빛 나는 회색의 이브닝드레스와 힐을 신은 내가 그곳의 거대한 공간을 지날 때, 그들이 고개를 끄덕여 인사를 했다. 그리고 나는 취객으로 보이기보다는 누가 봐도 우아하고 품위 있는 모습으로 보이기 위해 애를 썼다.

"좋은 시간 보내셨습니까, 캐슬먼 부인?" 그들 중 하나가 물었다. "텔레비전에서 시상식을 봤습니다."

"아주 좋았어요." 내가 말했다. "고마워요. 굿나잇."

나는 엘리베이터 키를 찾으려고 잠깐 멈춰 서서 작은 핸드백을 뒤적거렸다. 그렇게 서 있는 동안, 나는 이제 위층으로 올라가 자그마한 세안용 크림 통에서 손가락 끝으로 크림을 덜어내어 내 침실에 딸린 놀랄 만큼 커다란 화장실의 한 면

전체를 차지하는 거울 앞에 서서, 몇 시간 전에 꼼꼼하게 화장한 얼굴을 닦아내고 싶다는 생각을 하고 있었다. 그런데 내 옷의 지퍼를 내려줄 사람이 그곳에는 없을 것이다. 내 목의 뒤쪽에 손을 얹고 지퍼를 내려줄 조가 없을 것이다. 지퍼를 아래로 내릴 때 나는 소리가 저 멀리서 치터zither의 중압감에 눌린 여인이 우는 소리처럼 들린다.

조는 안 된다. 우리가 영원히 헤어지고 난 후부터는 내 스스로 지퍼를 내려야 한다. 예전에 그랬던 것처럼, 팔꿈치를 올바른 각도로 올려서 지퍼를 중간쯤까지 내리고는 손을 바꿔서 다시 엉덩이뼈가 시작되는 곳까지 죽 내린 후 옷에서 빠져나오는 걸 배워야 할 것이다. 우리 방은 잘 정리된 상태였다. 보아하니 한 부대 병력쯤 되는 메이드들이 몰려와서 열심히 일한 것 같았다. 그들은 우리 침대의 이불을 털고, 마치 바람이 지나가 표면이 매끄러워진 사막의 모래처럼 고르게 펴놓았다. 옷을 갈아입은 후, 나는 사막의 모래를 흩뜨리고 눕자마자 잠에 곯아떨어졌다.

새벽 다섯시, 나는 조의 카드 키가 문에 닿는 소리를 들었다. 희미한 반응음과 함께 문이 열리고 그가 들어왔다. 발을 헛디디며 들어온 조의 턱시도는 삐뚜름했고, 안쪽에 두르는 예식용 허리띠는 팔에 걸쳐져 있어, 마치 냅킨을 두른 웨이터 같았다. 그는 몽롱하고 행복해 보였고, 헬싱키 메달은 여전히 목에 걸려있었다. 방에 들어온 그는 제일 먼저 메달을 벗었고, 그 다음에 셔츠와 러닝을 벗었다.

"일어났어, 조안?" 그가 물었다.

"일어났어." 내가 말하고는 몸을 일으켜 침대 머리맡에 기대어 앉았다.

"나 취했어." 하나마나 한 말이었다. "그리고 개처럼, 너무 많이 먹었어. 나한테 자꾸 음식을 주더라고, 핀란드 사람들이. 세상에, 난 핀란드 사람이 정말 좋아. 그 사람들 완전히 과소평가 되어 있어. 그리고 **칼레발라**는 진짜 대단해! 국회의원 하나가 계속 읽어 주더라고. 왜 그 수염 뾰족한 친구 있잖아. 그리고 다들 아기가 옹알거리는 것처럼 읊기 시작했지, 나도 포함해서 말이야. 내 다음 책에는 핀란드 사람을 넣을 거야, 반드시."

"조, 그만해." 내가 말했다. "혼자 계속 얘기하고 있잖아. 그리고 지금은 무리야."

"미안해." 그가 말했다. "말 끊기가 힘드네. 알잖아, 스위치가 안 내려가." 그가 고개를 흔들었다. "사우나를 해야겠어."

그는 나머지 옷들을 벗고 홀을 지나 귀빈실 안에 있는 사우나로 갔다. 그가 문을 열고 들어가는 소리가 들렸다. 나는 그를 따라 작은 사우나실로 가서 어둑한 유리문 너머로 들여다보았다. 조가 나무 바닥에 수건을 깔고 누워있는 모습이 보였는데 이미 반쯤 졸고 있었다. 나이트가운을 입은 채 나는 사우나실의 문을 열고 그 열기 속으로 들어갔다. 곧바로 땀이 흘러내리는 듯했다.

그가 한 눈만 뜬 채로 나를 올려다보며 말했다. "뭐야, 조안? 왜 그래?"

나는 숨을 깊게 들이마신 다음 토해냈다. 그리고 말했다. "말할 게 있는데. 적당한 시간을 못 찾겠네."

"어, 말해." 조가 대답과 함께 일어나 앉았다.

"그럴게. 우리 뉴욕으로 돌아가면, 헤어지자. 그동안 계속 생각해 왔던 일이야."

"아하, 알겠다." 조가 말했다. "그걸 말하려고 내 몸이 백만 도까지 올라가기를 기다린 거로군. 내가 아무것도 할 수 있는 게 없을 때까지. 내 몸이 **익을 때까**지 기다린 거야." 그가 물을 좀 더 끼얹었다. 숯에 물이 튀어서 지글거리는 소리가 났다.

"저기, 내 입장에서 생각을 좀 해 봐. 내 인생에 다시 한 번 기회가 왔으면 좋겠어." 내가 말했다. "나 예순네 살이야. 거의 **노인네**잖아. 어딜 가도 반값밖에 안 들어. 그리고 이젠 나 혼자 가고 싶어. 그렇다고 너무 화를 내지는 마. 가슴 아파 하지도 말고, 충격 받지도 말고. 그것들 중 어느 한 가지도 당신에게 쉬운 일은 아니겠지만. 이번 한 번만은 정말 신중하게 생각해 줘. 내 말을 그냥 듣기만이라도 해 봐."

"그게 나에 대한 큰 축하군." 그가 말했다. "흠, 이걸 어쩌나? 엿이나 먹지 그래."

"큰 축하? 당신이 왜 또 축하를 받아야 하는 건데?" 내가 물었다. "이미 다른 데서 충분히 받지 않았어?"

그가 잠시 말을 멈췄다. "내가 당신을 세상에 소개시켜줬다는 걸 잊지 말았으면 하는데." 그가 말했다. 하지만 그렇지 않다. 그건 사실이 아니다. 내가 그를 세상으로 내보내줬고, 내가 그를 이끌어준 것이다. 내가 그때 〈일요일엔 우유 금지〉를 쓴 젊은 작가를 구해준 사람이다.

"문제는, 최근에 깨달은 건데 내가 당신한테 너무 지쳤다는 거야." 내가 말했다.

"그래서 그렇게 못되게 굴었던 거로군." 그가 말했다.

"이렇게 오랫동안 버텨냈다는 게 나 자신도 놀라울 정도야." 내가 그에게 말했다. "사실은 이미 옛날에 떠났어야 했어." 습기에 젖은 조의 얼굴이 벌겋게 달아올랐다. 그가 한 손을 들어 머리에 얹었다. 나는 오랫동안 그를 보고 또 봤다. 그를 바라보는 게 습관이 돼서 마치 천직이 되어버린 것 같았다. 이제는 그만 쳐다볼 수 있겠지. "집으로 돌아가면," 내가 이어 말했다, "에드 맨덜먼을 만나서 절차를 시작할 거야."

"우리가 했던 일들에 대해 당신이 불평한 적은 거의 없었던 거 같은데." 그가 말했다. "**만족스러워** 했었잖아."

"예전엔 그랬었지."

"그래, 그리고 흥분했었지." 그가 말했다. "그 모두가 너무 즐겁다고 그랬어. 이 모든 것의 **일부**가 되어서. 그런데 당신은 이제 나이가 들었고, 갑자기 아무 것도 받아들일 수 없다는 거잖아. 마치 가게에서 **환불해줘요. 이런 거 난 필요 없다니까요.** 라고 말하는 그렇고 그런 할망구처럼 돼버렸어. 알잖아, 바로 이 상이야." 그가 계속 말했다. "내 생각엔, 이 상이 그렇게 만든 거야. 그게 당신을 이렇게 몰아붙인 거라고. 사실, 내가 죽고 나면, 누군가는 정말 나를 기억하고 일이 분쯤은 나를 생각하겠지. 내 아들은 날 싫어하고, 딸들은 내가 자기들을 실망시켰다고 생각하고, 그리고 마누라는 이제 나와 끝장을 내겠다고 하더라도 말이야.

"**왜** 그런지 궁금한 적 없지?" 내가 물었다. "이런 일들이 아무 이유도 없이 당신한테 일어났다고 생각해? 그런 거야? 당신은 아무것도 모르는 구경꾼이라고?"

"아니, 그런 말은 한 적 없어."

"당신이 아이들과 거리를 둔 거야." 내가 말했다. "이번 일만 해도 그래. 자기들 아빠가 헬싱키상을 수상한다는데, 당신은 그 애들이 오는 것도 별로 바라지 않았잖아."

"애들이 시상식에 와보는 걸 내가 왜 원치 않았는지 당신은 생각해 봤어? 아님 지금 이런 꼴을 보게 하려고?"

"아니," 내가 말했다. "생각 안 해봤어."

"그럼 지금부터라도 해봐."

"당신은 정말 알 수 없는 사람이야, 조." 내가 말했다. "당신이 어떻게 그런 짓을 할 수 있었는지 도무지 이해를 못하겠어."

"그랬군." 조가 말했다. 그는 등을 대고 눕더니 잠시 눈을 감았다. "나와 인생을 함께하라고 당신에게 강요한 사람은 아무도 없었다는 걸 알게 해주고 싶어, 조안." 그가 덧붙여서 말했다.

"**강요**란 단어를 정의해봐." 내가 말했다. "당신은 당신 모습 그대로였어. 당신에겐 필요로 하는 게 있었고. 그리고 내겐 아무것도 없었지만 당신을 경외하고 있었어. 난 원래 한심한 여자였고." 그는 이 사실을 부정하려고 하지 않았다. 그리고 나는 어떤 이유에서인지 이 말을 덧붙였다. "너새니얼 본이랑 나, 술 마셨어."

조는 나를 쳐다보고는 고개를 끄덕였다. "알겠어. 그 작자가 당신한테 작업을 걸기 시작한 거로군, 그렇지? 그 자가 뭐라고 그랬는데? **그를 떠나, 조안. 자신만의 삶을 가져. 당신은 더 잘 할 수 있어. 그는 돼지야, 당신의 남편이지만. 나를 축복해주지 않을 거고, 내가 그의 전기를 쓰도록 허락하지도 않을 거야.**"

"그렇게 말하지 않았어." 내가 그에게 말했다.

사우나의 열기가 내 몸 곳곳에 퍼졌다. 난 내가 기절하거나 녹거나 아니면 분해될 거라고 생각했다. 결국 나는 조 건너편에 있는 벤치에 앉았다. 우리 둘은 작은 사우나 룸에서 열기에 붉어진 얼굴로 분노에 차 있었고, 서로에게 무자비했다. 나는 돌무더기에 물을 끼얹고는 우리 사이에 수증기가 차오르며 엷은 벽을 이루는 것을 지켜봤다.

"당신이," 조가 1956년 웨이벌리 암즈에서의 어느 오후에 내게 말했었다. "읽어봐."

그는 내가 부모님 집에 가있는 동안 쓴 원고 더미 위에 내 손을 가져가 얹었다. 나는 놀라움과 감동이 적절히 섞인 달콤한 소리로 반응했고, 침대에 앉아 그가 안간힘을 내서 쓴 《호두》의 첫 부분 스물한 페이지를 읽었다. 그는 나의 맞은편에 앉아서 내가 읽는 모습을 지켜봤다.

"조, 당신이 쳐다보고 있으니까 긴장 돼." 내가 말했다. "제발 그만해." 하지만 나는 그저 시간을 벌기 위해 그런 것뿐이었다. 왜냐하면 원고를 읽은 지 삼분도 채 지나지 않아 나는 이미 공황상태에 빠져 있었으니까.

결국 나는 그를 집에서 내보냈고, 그는 혼자서 우리 동네인 그리니치빌리지를 걸어가 블리커 스트리트를 돌아다니다 레코드 가게로 들어갔다. 가게의 한 부스에 서서 재즈기타 연주자인 장고 라인하르트Django Reinhardt의 음반을 들었다. 더이상 기다릴 수 없었던 조는 결국 웨이벌리 암즈 호텔로 돌아왔다. 그는 정말 내가 어떻게 생각했는지를 알아야만 했으니까.

"어땠어?" 그는 방에 들어오자마자 나의 대답을 요구했다. 조금 전에 원고 읽기를 마친 나는 다 읽은 원고를 엎어놓고 담배를 피우고 있었다. 문학 잡지사들로부터 받았다는 거절 편지들에 대해 조가 이야기해준 내용들이 떠올랐다. 별 볼일 없는 잡지사에서부터, 심지어는 십대 잡지들에 이르기까지. "다시 한 번 시도해 주세요." 그들은 활기 넘치는 손 글씨로 의견을 제시했다. 마치 그에게 계속 시도할 시간이 넘쳐나는 것처럼 말이다. 그가 고통스럽게 시도하고 도전하는 동안 마치 누군가가 그를 재정적으로 도와주기라도 할 것처럼 말이다.

"저기," 이 말을 할 때의 나는 거의 눈물을 흘리기 일보 직전이었다. "내게 솔직히 말해달라고 부탁했잖아. 그래서 그렇게 할 거야." 하지만 나중에 이때를 다시 돌이켜 생각해보면 조는 내게 그런 말을 한 적이 없었다. 정확히 말하자면, 솔직하게 말해달라고 **부탁**하지는 않았다. 그렇게 말해주기를 조가 바랄 거라고 내가 가정한 것이었다. 나는 잠시 말을 멈추었다. 그리고 말했다, "진짜, 진짜 미안해. 하지만 내 취향은 아니야." 나는 눈을 가늘게 뜨면서 머리를 옆으로 기울였다. 마치 갑작스러운 치통을 느낀 사람처럼. "왜 그런지는 모르겠는데 생동감이 전혀 안 느껴져." 나직한 목소리로 내가 덧붙였다. "난 이 작품이 그 어떤 것보다도 좋은 것이었으면 하거든. 진심이야. 이 소설은 우리 관계의 시작이잖아. 그렇다면 실제로 **공감**할 수 있어야 되는 거 아냐? 내가 실제로 느꼈던 모든 감정들을 다시 느낄 수 있게 해줘야 되지 않을까? 수전이 고양이 밥을 주러 무커지 교수의 아파트로 가는 장면, 그리고 그녀가 마이클 던볼트와 같이 자는 부분들 말이야. 아무리 생각해봐도 **난 이 사람들이 대체 누군지 모르겠어**. 왜냐하면, 음, 기분 나쁘게 하려는 건 아니지만, 조. 당신은 등장인물들을 현실감 있게 살려내지 못했어."

조가 내 옆에 털썩 주저앉았다. "〈일요일엔 우유 금지〉는 어땠는데?" 그가 화를 내며 말했다. "그것도 별반 다르지 않았잖아. 넌 그 글이 좋다고 했었고."

나는 눈을 아래로 깔고는 담요의 보푸라기를 잡아 뜯었다. "거짓말이었어." 들릴락말락한 목소리로 내가 말했다. "정말 미안해. 그렇게밖에는 말 할 수 없었어."

"아, 집어치워." 조가 이렇게 말하고는 일어서더니 내게 또 말했다. "이건 안 될 것 같다."

"**뭐가** 안 된다는 거야?"

"모든 게 다. 너와의 이런 관계. 이런 삶. 난 할 수 없어. 그냥 못 해."

"조," 내가 말했다. "내가 당신 소설을 좋아하지 않았던 건 그런 뜻이 아니라…."

"그래, 그것도!" 그가 소리를 질렀다. "내가 어떻게 하면 되겠어? 네 하인이나 되라고? 네가 문학계에서 센세이션을 일으킬 동안 나는 여기에 앉아서 세탁을 하고 갈비구이나 만들라고?"

내 기억으로는 이 지점에서부터 내가 울기 시작했던 것 같다. "우리 관계가 글쓰기에 대한 것만으로 된 건 아니잖아." 내가 말했다. "우린 다른 것들을 가지고 있고, 그 안에서 다른 방법을…."

"아, 입 닥쳐, 조안." 그가 말했다. "그냥 입 좀 다물어. 네가 말을 할수록, 더 나빠질 뿐이야."

"조, 내 말 좀 들어봐." 내가 말했다. "난 당신을 위해서 **학교**도 떠났어. 작품에 대한 내 말은 옳다고 생각해. 주인공들이 어떤 기분인지 생각해 보라고."

"기억 안 나." 그가 성마르게 대답했다.

조가 담뱃갑을 꺼내더니 한 개비, 두 개비, 줄담배를 피우며 마음을 가라앉히고 있었다. 오늘 밤 나와 헤어질 필요는 없다는 걸 그가 깨달은 것 같았다. 그는 어떻게 해야 할지 생각하고 계산할 시간을 더 가질 수 있었다. 그는 어디로 갈 예정이었을까? 분노한 아내 캐롤과 붉은 얼굴로 울어대는 아기, 이제는 자신을 원치 않는 대학교가 있는 노스햄프턴으로?

잠시 후 조는 자신의 암울하기 짝이 없는 원고지들을 주워서 내게 건네면서 말했다. "그래 좋아. 겸손해질게. 어디가 잘못 됐는지 알려줘. 다 수용할 수 있어."

"정말로?"

"정말로."

우리는 원고를 펼쳐놓고 함께 앉았다. 그리고 나는 누가 봐도 꼴사나운 몇몇 문장들, 더 잘 쓸 수 있었던 기회를 놓친 문장들을 지적해 냈다. 나는 내가 모든 걸 더 명확하게 볼 수 있다는 걸 알았다. 원고는 형편없는 구절마다 지나치게 일 잘하는 학부생이 그은 밑줄로 가득 찬 것처럼 보였지만. 나도 한때는 문학 수업을 위해 소설을 읽으며 텍스트의 문맥과 기교, 뉘앙스, 교묘한 의미의 도입을 찾아내던 학부생이었다. **작가의 의도는 무엇이었을까?** 이것이 우리가 항상 묻는 질문이었지만, 이걸 묻는 건 정말로 무의미한 일이었다. 아무도 알 수 없었다. 그 누구도 우리가 읽었던 19세기 소설가들의 빼곡하게 채워진, 울퉁불퉁하게 굴곡진 뇌를 들여다 볼 수는 없었으니까. 그리고 심지어 우리가 알아냈다 해도, 그건 중요하지 않았다. 왜냐하면 그 책은 작가의 몸과 뇌와 내장이 되었기 때문이다. 그리고 그 작가들 자신—혹은 가끔은 숙녀용 모자를 쓴 브론테와 상류 사회 관찰자인 오스틴 같은 여성작가들—은 겉껍질이 벗겨지고 바짝 말라서 더이상 아무짝에도 쓸모없는 껍데기가 되었다.

작가들이 만족했다면 책들은 지속되었을 것이다. 그들이 충분히 큰 소리로 말했다면 말이다. 드디어, 누군가가 관심을 보였다. **누가 그 책들을 썼을까?** 나는 그것들을 물건처럼, 보석함처럼, 그리고 보석 그 자체로 사랑했다. 그리고 나는 조의 원고 또한 내가 좋아할 수 있는 무언가로 바꾸고 싶었다. 그래서 나는 조심스럽게 조에게 말하기 시작했다.

"만약 나라면," 내가 말했다, "난 이런 방식으로 할 거야. 당신은 **내가 아니야,** 당연히. 그러니 내 의견을 무시해도 상관없어." 나는 말을 계속하면서, 원고에 연필을 가져다대고는 천천히 단어들을 긋기 시작했고, 그 단어를 다른 단어들로 바꾸기 시작했는데, 새로운 단어들이 나타나는 순간 확연히 글이 나아졌다. 그의 형편없는 선택에 대한 해독제로 작용한 것이 분명했다. 나는 X표를 그어가며 단어들을 들어내어 원고가 그저 한 장의 검은 종이가 될 때까지 계속했다. 그 작업을 끝낸 후에는 조의 타자기로 새로운 버전을 다시 타이핑했다. 세상에, 심지어는 나의 **타이핑** 실력도 그보다 나았다. 나는 거기에 앉아서 당돌한 비서실장처럼 일했다. 단어들이 마치 드러나지 않는 지도자가 구술하는 지령을 받아 적는 것처럼 나타났다. 나는 그저 내가 그들의 삶을 살고 있는 것처럼 썼다. 내가 스미스 칼리지의 조의 수업에서 배웠던 대로 소설을 쓰는 것과 다르지 않았다. 하지만 각 문장들은 더 길게 지속되었고, 대화들은 내가 원하는 대로 넣을 수 있었다. 나는 더 많이 묘사할 수 있었지만 늘 절제하며 썼다. 왜냐하면 나는 아낄수록 더 많이 얻을 수 있다는 것을 알고 있었기 때문이다. 그렇게 캐슬먼 교수가 내게 가르쳤다. 원고가 완성되자 나는 조에게 말없이 원고를 건넸다. 나는 몹시 설레었지만 나의 기쁨, 나의 자부심 그리고 나의 허영심을 억누르고 있었다. 내가 조심하지 않으면 결과를 그르칠 수 있었기 때문이다.

그날 밤 늦게, 두 사람 모두 좀 더 차분해졌을 때, 우리는 동네로 산책을 나가 우리가 좋아하는 체스트넛 케이크를 먹기 위해 밝고 작은 이탈리안 페이스트리 숍에 들렀다. "내 인생의 모든 게 혼란스러워." 그가 말했다. "내가 괜찮은 소설을 쓸 수 없다면, 그걸 출판할 수 없다면, 난 망한 거야, 조애니."

"당신은 안 망했어."

"아니, 망했어."

조는 내게 자신이 아빠 없는 아이가 된 이후부터 브루클린 공공 도서관을 다니며 늘 작가가 되고 싶어 했다는 이야기를 했다. 도서관은 그가 고압적인 여성들만 있는 집을 탈출해 가는 곳이었고, 그는 서가들 사이에서 웅크리고 앉아 소설들을 읽었다. 그때의 이야기를 하면서 조는 당장 울 듯한 얼굴이었다. 그는 내 시선을 피해 입을 꽉 다물고 초연한 것처럼 보이려고 애를 썼다. "아버지는 매일 한결같이 지켜주셨는데, 그러다 어느 날부터 갑자기 안 계시기 시작했지. 그걸로 끝이었어."

지금은 나의 도움이 필요하다고 조가 말했다. 내가 그를 위해 그렇게 할 수 있을까? 단지 이 소설 한 권만이겠지. 조는 자신이 목격했거나 배웠거나 그저 직관적으로 알 수 있는 것을 내게 말할 수 있을 테고, 그러면 나는 그것들을 글로 쓸 수 있을 것이다. 그의 머리와 그의 삶은 경험들로 가득 차 있었다.

"이 책 한 권이 끝나고 나면," 그가 말했다, "당신 차례야. 당신은 소설을 쓸 거고. 당신은 정말 대단할 거야."

조의 말은 타당하게 들렸다. 이번 한 번만 내가 도와주면 된다는 것. 다시 말해, 내가 그를 도와 이 책 전체를 쓸 수 있고, 그게 그렇게 나쁜 일은 아니라는 것이었다. 내가 그에게 어떻게 하는지 집중 훈련을 해줄 것이고, 그렇게 되면 그는 똑같은 일로 다시 나를 필요로 하지는 않을 것이다. 그리고 나는 그가 말했던 것처럼 정말 나만의 소설들을 써나갈 수 있을 것이다. 그는 소설가가 될 거고, 그리고 내 것이 될 것이다. 그러면 우리는 이 웨이벌리 암즈를 떠나 여기보다 나은 그 어딘가로 갈 수 있겠지.

조가 떠난 노샘프턴의 집에는 그가 좋아하는 소설들이 잔뜩 쌓여 있었다. 그는 눈을 감고도 그 책들의 구절을 인용할 수 있었다. 눈부시고 빛나는, 뜨거운 열기로 꽉 찬 제임스 조이스 같은 남자들의 작품은 그가 읽을 때마다 그를 사랑의 열병에 걸리게 만들었다. 하지만 조는 그런 작가들의 사교클럽의 일원이 되지는 않을 것이다. 그 남자들의 작품은 깔끔한 페이퍼백으로 만들어져서 대학생과 감미로운 문학애호가들의 겨드랑이에 끼워져 어디에나 갔다. 조가 가진 것이라고는 외모, 태도, 작가를 숭배하는 마음, 그리고 작가가 되려는 욕망이었다. 하지만 그것들은 그가 말하는 '멋진 작품'이 없으면 아무 의미가 없다. 만약 조가 지금도 혼자만의 방식으로 계속한다면, 〈카리아티드; 예술과 비평 저널〉이나 누군가의 지하실에 처박혀있는 싸구려 용지에 인쇄된 별 볼일 없는 잡지들에 단편을 발표하며 그의 인생을 보낼 것이다. **다시 한 번 시도해주세요! 다시 한 번 시도해주세요!** 라는 거절 문구 편지들이 깔보는 듯한 생쥐소리로 울부짖을 것이다.

《호두》단 한 권만 하면 된다. 그리고 나는 바우어&리드에서 돌아와 매일 저녁에 작업을 하는, 그 책의 형체를 만드는 사람이 될 것이다. 내 입장에서도 중요한 일이었고, 그리고 이 일이 우리를 구출해줄 것이었다. 우리 둘 가운데 누구도 생기 없고 나른한 학계의 차분하고 판에 박힌 일상, 그리고 영화 〈남태평양)의 '발리하이' 같은 사운드트랙이나 들으며 눈 내리는 밤 교수진들의 파티를 위해 옷을 갖춰 입는 그런 남편과 아내의 삶을 원치 않았다. 그 삶은 조가 이미 살아온 삶이었고, 그리고 내가 가까이서 지켜봤던 삶이었다. 필요하다면 나는 그런 삶에 대해 쓸 수도 있었다. 첫 소설들은 늘 적어도 어느 정도는 자전적이듯, 《호두》는 무엇보다도 조의 첫 번째 결혼생활로부터, 우리 세 사람이 만든 삼각관계로부터 아무것도 빼놓지 않을 것이다. 조와 나, 그리고 버려진 캐롤.

"이번 한 번만이야." 그가 반복해서 말했다.

이번 한 번만은 아무 의미가 없는 말이었다. 《호두》는 너무 대단했고 또한 모든 일들이 너무 멋지게 풀렸다. 일레인 모젤의 경고성 말들과 함께 우리의 삶은 활짝 펼쳐졌고, 조는 매우 행복했고 차분해졌다. 그 당시, 여성들에게 거의 관심을 보이지 않는 그런 세상에서, 천재적이고 아름답고 힘 있는 남자에게 필적할 만한 메리 매카시 같은 **극히** 드문 경우를 제외하면, 어느 누가 여성작가가 되려고 애쓰고 아등바등할 필요가 있었겠는가? 사람들은 대개 여성에게 백치미가 있거나, 요리도 잘하고, 거의 벗은 것처럼 보이는 레이스 속옷 차림을 과시할 때만 주목했다. 여성들이 눈이 부시게 아름다울 때, 그들은 소유할 가치가 있었다. 그리고 여성들이 '멋진 작품'을 쓴 작가가 되면 그들이 쓴 것들 또한 소유할 만했다. 세상에서 특별하게 관심을 보이는 부분에 초점을 맞춘 아주 정확한 모형이다. 그러나 세상 전체를 담고 있지는 않다. 남자들은 그 세상을 소유하고 있는 사람들이다. 조 역시도 그렇게 세상을 소유할 수 있을 테고, 그리고 결코 위협을 받지 않을 것이고, 나를 떠나지도 않을 것이다. 나 역시 덕택에 굉장한 시간을 가질 수 있고, 모든 것을 볼 것이며, 따라갈 수 있을 것이다. 나는 온순했고, 용기가 없었고, 선구자도 아니었다. 나는 **수줍음을 많이 탔다**. 가지고 싶은 것들이 있었지만 그것을 원한다는 사실을 부끄러워했다. 나는 여자였고, 심지어는 내가 그런 것들을 원한다는 사실조차 경멸했기에 이런 느낌을 떨쳐버릴 수가 없었다. 이때가 1950년대였고, 60년대가 되어서야 조와 나는 모든 문제들을 바로잡을 수 있었다. 우리는 작업을 지속할 리듬을 가졌고, 삶의 스타일과 방식을 함께 만들어나갔다.

아이들은 주로 베이비시터들로부터 많은 도움을 받아가며 자랐다. 나는 다른 모든 워킹 맘들처럼 언제나 아이들로부터 손을 떼야 했고, 그 일은 내 마음을 거의 찢어놓았다. 아이들은 베이비시터가 그들을 데리고 갈 때 울곤 했고, 그들은 나를 붙잡으려고 절박하게 팔을 뻗었다. 마치 전기의자로 끌려가기라도 하는 것처럼. 우리는 아이를 돌보는데 필요한 만큼의, 많은 베이비시터의 도움을 받았다. 그래도 때로는 조와 내가 방 안에 틀어박혀 문을 잠그고 있어야 했고, 아이들은 그때마다 문을 두드리며 우리에게 뭔가를 원했다.

"집중해, 조애니." 그런 때마다 조는 이렇게 말했다. "우린 지금 갈 길이 멀어."

조는 내게 플롯과 공개되지 않은 일화들을 주었고, 나를 단련시켰다. 나와 함께 갇힌 그 방에서 그는 침대에 누워 있었고, 나는 그의 타자기 앞에 앉아 있었다. 우리는 서로 아이디어를 주고받았다. 내게 한국전쟁 당시 훈련소에서의 일화를 들려줬고, 그가 자라온 가정환경에 대해 말해주었다. 그의 주변을 둘러싸고 있던 모든 여성들, 체격이 크고 얼굴이 발그레했던 어머니, 그리고 두 명의 이모와 외할머니에 대해. 그리고 가끔씩은 내가 침대로 올라가 그의 옆에 누워, 나는 남자로 사는 것이 어떤 것인지 모르고, 내 생각의 깊이를 벗어나는 것들을 감당할 수 없어 지친다고 말했다. 하지만 조는 늘 내게 자신이 나의 가이드가 될 거라고 말했다.

"그러면 난 뭐가 되어야 하는 건데?" 내가 물었다.

"음, 내 통역가라고 부르자."

초기에는 나의 글쓰기 속도가 번번이 느렸다. 바우어&리드에서 퇴근하고 집에 와서 고작 한 장이나 두 장 정도를 썼다. 이것이 조를 짜증나게 만들었다. "내가 불평할 자격이 없다는 건 아는데," 그가 말을 시작했다.

"맞는 말이야." 내가 말했다.

"하지만, 이를테면 바퀴에 기름칠을 좀 더 하면 안 될까?" 그가 내게 부탁했다.

"'바퀴에 기름칠'? 어쩜 그렇게 진부한 표현밖에 안 나올까. 당신이 이 글을 쓰는 사람이 아니라서 다행이다." 내가 말했다.

조가 내 뒤에 서서 어깨를 주물러줬다. 내가 이 책이 나아가야 할 방향을 제대로 이해하고 나면, 조와 나는 밤에 침대에서도 이야기를 나눴고, 나는 몇몇 플롯이 지닌 문제를 어떻게 풀어낼까 고민하며 앉아 있곤 했다. 속도가 빨라지면서 나는 점점 더 자유로워 졌고, 타자기를 두들기며 연달아 많은 페이지들을 뽑아냈다. 그 즈음 나는 직장을 그만뒀고, 오로지 글만 썼다. 글쓰기를 향한 나의 신진대사는 정점을 찍었고, 멈추지도 않고, 쉬지도 않고 심지어는 식사를 거를 때도 있었다. 조는 우리가 마실 커피를 만들고, 담배를 사러 나가기도 했고, 내가 초고를 끝낼 때까지 행복하게 기다렸다. 드디어 내가 그에게 초고를 건넸고, 조는 의식을 치르듯 최종 원고를 타이핑했다. 그는 타자기 앞에 앉아서 모든 내용을 다시 타이핑했고, 그다지 큰 변화는 주지 않았지만 자신과 원고 사이의 친화력을 가미하여 그 글이 자신의 것처럼 느껴지도록 만들었다.

첫 책은 내게 헌정되었다. '탁월한 뮤즈, 조안에게'라고 그가 직접 타이핑을 했다. 하지만 나중에 내가 장난으로 그 부분에 덧대어 몇 글자를 더 쳤다. "탁월한 뮤즈, 조안에게, 조안이 사랑을 담아서." 그런데 조는 전혀 재미있어하지 않았다. 그는 그 페이지를 마치 증거물을 없애려는 사람처럼 갈기갈기 찢었다.

몇 달이 지난 후, 원고가 출판에 들어갔을 때, 나는 완전히 손을 뗐고, 조에게 직접 빨간 연필을 들고 검토하게 했다. 조는 그 일을 행복한 마음으로 즐겼고, 원고의 많은 페이지들을 그의 주위에 늘어놓았고, 레코드플레이어에서는 모차르트가 흘러나왔다. 그리고 할 웰먼이 책표지 날개에 들어가는 내용을 의논하기 위해 그에게 전화를 걸었을 때도 똑같이 행복해했다. 그 일은 조 혼자서도 할 수 있었다. 그는 단락을 간결하게 서술하는 데 있어서는 완벽하게 훌륭한 작가였다.

책의 출판 초기에 리뷰 글들이 나왔을 때, 내가 먼저 허겁지겁 읽고 나서 조에게 건네주었다. 우리는 법석을 떨고, 기쁨에 겨워 소리를 질러댔다. 우리 친구들은 조 때문에 행복했다. 하지만 로라 소넨가르드는 약간 혼란스러워 보였다. "네가 그의 작업에 도움을 준 거야, 그렇지?" 그녀가 물었다.

"아, 어떤 면에서는 아마 그랬을 거야." 내가 말했다. "내 말은, 내가 꽤 도움을 주긴 했지. 왜?"

"작품이 조와는 너무 달라 보여서." 그녀가 말했다. "엄청 **신중하잖아**. 아, 나쁜 뜻으로 하는 말은 아냐. 내가 조를 대단하게 생각한다는 건 너도 알잖아."

그리고 우리 아이들은 각자 따로따로 의심을 품고 있었다. 딸들은 그 일에 대해서 입을 다물었다. 대개는 그랬는데, 가끔 앨리스가 이 일을 문제 삼았다.

언젠가 그 애가 십대였을 때 한 번은 이런 말도 했었다. "맙소사, 엄마. 아빠 책은 엄마가 거의 다 해준 것 같아."

"엄마는 그저 수정만 해준 거란다, 앨리스." 나는 가볍게 대답했다.

"아, 엄마! 말도 안 되는 소리 하지 마. 그런 말로 넘어갈 수 없다는 건 엄마가 더 잘 알고 있잖아. 내 헛소리 감지기가 이렇게 울린다고. 와우! 와우! 와우!"

그때 그녀는 사춘기의 자아도취에서 조금은 벗어나던 나이였고, 자신의 주변에서 돌아가는 일들에 대해서도 얼마간은 알아차리고 있지만, 자신과 자기 친구들에게 직접적으로 연관되지 않은 일에 대해서는 관심을 줄일 정도의 나이였다. "나는 엄마가 정말 아주 힘든 일을 하고 있는 것 같아, 엄마." 그녀가 말을 계속했다. "그리고 아빠는 그저 거기 앉아서 발톱을 깎으면서 스노볼이나 집어먹고 있을 거라는 게 내 생각이야."

떨리듯 울려나오는 내 웃음소리가 과도하게 높았다. "그거 참 기발한 생각이구나." 내가 그 애에게 말했다. "난 원래부터 아빠의 글을 전적으로 지지하고 도와주는 일을 해왔잖아. 도대체 왜? 누가 그런 일을 하겠니?"

그 애가 나를 쳐다보면서 어깨를 으쓱했다. "엄마가 그랬을 걸."

"내가 왜 그럴 거라고 생각하니?"

"나야 모르지." 그 애가 말했다.

"글쎄, 그건 사실이 아니란다, 아가씨," 내가 말했다. "아빠는 굉장히 뛰어난 분이거든."

수재너, 그녀는 아빠의 책에 별로 관심이 없어보였다. 그 애는 자기 아빠의 소설을 실제로 쓴 사람이 누구든 말든 거의 흥미가 없었다. 그녀는 이 일에서 멀찍이 떨어져 있으면서 그의 책이 나오면 축하를 해줬지만 특정 소설에 관심을 보이는 경우는 좀처럼 드물었다. 수재너는 아빠의 책들을 읽지 않았다. 읽지 않은 척했지만, 나는 그렇게 생각하지 않는다.

반면, 데이비드는 소설에 흠뻑 빠져있었다. 그래서 어렸을 때에는 잠들기 전에 읽었던 책이 그에게 지독한 악몽을 선사해서 비명을 지르며 겁에 질려 깨어날 정도였다. 그 애는 조의 작품에 대해 나와 정면으로 부딪치는 일은 절대로 하지 않았다. 하지만 마침내 그의 생각을 드러낸 사건이 있었다. 로이스 애커먼의 집에서 독서모임을 하던 저녁에 그 일이 벌어졌다. 끔찍하고도 아주 끔찍한 밤이었다. 나는 모임의 여자들과 함께 헨리 제임스와 그의 서술 기법에 관해 신랄한 이야기들을 나누고 있었다. 데이비드는 아파트가 물에 잠겨 한동안 우리 집 위층에 머물고 있었는데, 그날 저녁에 조용히 계단을 내려와 아래층 거실로 들어왔다. 그리고 거실에서 재즈를 감상하던 조의 목에 갑자기 스테이크용 나이프를 들이댔다. 조가 상반신을 뒤로 움직였다.

"움직이지 마, 이 뚱보 같은 놈아." 데이비드가 그의 뒤에서 말했다.

"데이비드," 조가 작은 목소리로 조심스럽게 물었다 "원하는 게 뭐냐?"

"당신이 한 짓을 인정해줬으면 좋겠어." 데이비드가 말했다.

이렇게, 난데없이 불쑥, 무슨 일이 일어난 것일까?

"내가 무슨 짓을 했다는 거지?"

"당신도 알면서."

"내가 만약 완벽한 아빠가 아니라서 그런 거라면, 내가 사과하마."

"당신이 엄마한테 한 짓 말이야." 데이비드가 조의 말을 잘랐다.

"엄마는 무사해. 독서 모임에 갔어."

"엄마는 안 괜찮아." 데이비드가 우겨댔다. "당신은 오랫동안 엄마를 **노예처럼** 부려먹었어."

"아, 적당히 좀 해." 조가 말했다. "난 네가 무슨 말을 하는

지 모르겠다. 네 엄마는 만족스러워하고 있어."

"엄마는 자기가 만족스러운 줄 알고 있지. 당신이 분명히 엄마를 속였을 거야."

어느 순간부터 조가 조금 울기 시작했다. "난 널 사랑한단다, 데이비드." 조가 말했다. "우린 같이 하이킹도 가고 그랬잖아, 기억나니? 카디건 산 말이야. 그리고 우리가 거기서 작은 물고기 수백 마리가 있는 개울도 발견했고. 그때 넌 그 물고기들을 세고 싶어 했었지?" 데이비드의 마음은 흔들리지 않았다. "이렇게 하면 어떨까." 조가 계속 말했다. "독서모임에 있는 네 엄마한테 전화해서 바로 집으로 돌아오라고 하마, 알겠니?"

"알겠어." 데이비드가 대답했다.

그리고 그들은 로이스 애커먼의 집에 있는 내게 전화를 걸었다. 그때까지만 해도 나는 아무것도 몰랐지만 불안한 마음에 곧바로 미친 듯 차를 몰아 집으로 돌아갔다. 얼마 지나지 않아 나는 조와 데이비드가 대치 중인 거실로 들어갔다. 두 사람 모두 서로를 믿지 못한 채, 그때까지도 여전히 데이비드는 스테이크 나이프를 들고 있었다. 하지만 더이상 조의 목에 칼을 대고 있지는 않았다. 조는 취약한 부분을 그대로 드러낸 채 태평하며 착하고, 약간은 무기력한 아버지 역을 맡고 있었다.

"얘야, 무슨 일이니?" 내가 데이비드에게 물었다. 데이비드는 병든 것처럼 보였고, 식은땀에 젖어 있었다. 이 아이가 바로 언젠가 우리가 스테이션웨건 차량에 짐을 가득 싣고 웨슬리언 대학에 태워다 준 그 아이였다. 짐 가방, 큰 키에 맞춘 특대 사이즈의 침대 시트, 그리고 미니 냉장고. 콜라와 맥주와 땅콩버터와 그밖에 남자 대학생들이 좋아할 만한 다른 것들로 채워져 있어야 할 그 냉장고는 텅 비어 있고, 냉장고 문은 약탈당한 금고처럼 열려있었다.

"저 사람에게 물어봐요." 데이비드가 말했다.

"얘가 날 죽이려고 했어." 조의 입에서 볼멘소리가 불쑥 흘러나왔다. "내 목에 칼을 겨눴다고."

"내게 칼을 주렴." 나의 아들에게 내가 말했다. "그거 아주 고급 스테이크 나이프거든. 세트로 산 거야." 나는 무슨 말이든 내뱉고 있어야 했다. 놀랍게도 그 애는 아주 순순히 내게 칼을 넘겨주었다. "고마워." 내가 말했다. "우리 이제 좀 앉아서 이야기할까?"

그래서 우리 모두 거실에 걸린 조류학자 오듀본Audubon의 복제화 액자 아래에 앉았다. 새들이 멍하니 허공을 쳐다보고 있었다. 데이비드가 먼저 입을 열었다. "난 아버지가 커다란 거시기를 휘두르는 괴물이라는 걸 알고 있었어. 엄마를 젠장맞은 하인으로 만들어버린 것 같잖아."

"저 헛소리를 못 들어주겠어." 조가 말했다. "왜냐하면 다

말도 안 되는 소리잖아, 알겠지? 완전히 엉뚱한 헛소리야." 나는 한 마디도 하지 않았다. "언제라도 끼어들어서 편하게 말해봐, 조안." 조가 덧붙였다.

"그래. 말도 안 되는 생각이지." 내가 말했다. 데이비드가 나를 주시하고 있었다. 눈가를 찌푸린 채, 진실을 원하며, 그 진실이 내 입에서 나오리라 믿고 있는 눈길로. 나는 그에게 고개를 살짝 끄덕였다. 그러자 그 애의 긴장이 살짝 풀리는 것 같았다. "전혀 말도 안 되는 소리야. 난 아버지의 하인이 아니란다. 아버지의 아내야. 그의 동반자고. 다른 여느 부부들하고 똑같이." 터무니없는 말들이었다. 그들에게 이렇게 말을 하는 내 자신이 곤혹스러웠다. 하지만 내가 뭘 어떻게 해야 했을까? 자백을 해? 데이비드의 생각이 옳았다고 느끼도록? 그럴 수는 없었다. 나는 그의 엄마가 되어야 했다. 그 애는 다 자란 성인 남자지만 아직 미성숙하고 부서지기 쉬운 존재였다. 그 애는 자신의 두려움으로부터 보호받을 필요가 있었다. 그는 두려움을 무효화시키고 싶어 했다.

"아버지 책을 안 써줬지?" 데이비드가 말했다.

"응." 내가 그에게 말했다. "당연히 안 써줬지."

"엄마 말을 못 믿겠어." 데이비드는 그렇게 말은 했지만 그 애도 반신반의 하는 것 같았다. 그 애는 날 계속 쳐다보며 확신을 얻게 되기를 기다렸다.

"네가 억지로 믿게 만들 수는 없단다." 내가 그 애에게 부드럽게 말했다. "그건 네 결정에 달려 있어." 그가 거의 울 것 같은 표정으로 나를 쳐다보았다. 나는 그 애의 머리에 손을 가져다 댔다. 만화의 양식을 빌어 형상화된 이미지들이 가득 차 있는 그 애의 머릿속에는 만화의 네모 칸과 말풍선 속에 모든 것들이 펼쳐져 있었다. 나는 그 머리를 내 어깨에, 내 가슴의 끝자락, 남자와 아이들을 달랠 때 쓰는 여자들의 활짝 부풀어 오른 그곳에 기대게 했다. "난 괜찮아, 데이비드. 정말이야." 내가 말했다. "그 누구도 날 부려먹지 않아."

조와 함께 하던 초기에는 모든 것이 견딜 수 있는 수준 이상이었다는 것을 데이비드는 이해하지 못했다. 재미있었다. 평론들은 나를 흥분시켰다. 나는 비밀스러운 재능을 소유했고, 그리고 그 비밀스러움은 즐거움을 배가시켰다. 조는 너그러웠고, 나를 사랑했다. 그리고 우리는 소설을 잉태할 때마다 함께 붙어있었기 때문에 그는 어떻게 보면 사실상 자신이 유일한 저자라고 진심으로 믿었다. 조는 그렇게 믿는 방법을 찾아낸 것이 분명했다. 만약 그렇지 않았다면, 그의 삶이 몹시 고통스러웠을 테니까. 사실은 그렇지 않았으므로, 시간이 흐르면서 조가 서성거리고 담배를 피우면서 초조해하고 속을 태우던 그런 날들이 있었다. 그리고 그는 내게 이렇게 말했다. "우리가 하고 있는 일들 때문에 기분이 너무 안 좋아." 마치 집에 도청장치라도 있는 듯, 그는 절대로 우리 일에 대한 직접적인 언급 없이 항상 넌지시 말하곤 했다. 그러면 결국 내가 그를 진정시켰고, 그것이 나로 하여금 진정으로 안도감이 필요한 사람이 누구인지를 잊어버리게 만들었다. 안도감이 필요한 것은 나였다, 그가 아니라.

우리는 곧바로 그 일에 빠져들었다. 어떨 때는 빠르고 어떨 때는 느렸다. 얼마 지나지 않아 우리에게는 그 일이 별로 낯설지 않게 되었다. 그 오랜 세월동안 그 방에 함께 앉아 있는 일이 말이다. 나는 타자기 앞에, 그는 침대에. 그러다 나는 조그만 스마일 페이스 로고의 매킨토시 컴퓨터 앞에 앉게 되었고, 조는 말랑말랑한 뱃살에 근육이 물결치게 만들겠다며 복근운동기 위에서 필사적으로 애를 썼다.

그런데 이 일에 작은 균열이 가기 시작했다. 조가 대놓고 바람을 피우기 시작했던 것이다. 그가 배에 임금 왕王자를 새기고 싶었던 것은 나를 위해서가 아니라 다른 여자들을 위해서였던 것이다. 그의 배신행각은 일찍부터, 그의 첫 번째 책이 나온 지 얼마 되지 않았을 때 시작되었다. 그리고 나는 그 일을 다 알면서도, 아는 척하기도 하고 모르는 척하기도 했다. 조를 위한 것이었지만, 내가 그에게 한 일을 생각하면, 약간의 호혜적인 것이 있어야한다고 생각했기 때문이다.

그래도 여기에 조의 여자들의 목록 일부분을 남긴다.

우리의 베이비시터 멜린다.

매춘부 브렌다.

조가 전국을 다니며 낭독회를 했던 곳의 여자들.

메리 체슬린.

우연하게도 똑같은 이름의 홍보담당자 제니퍼, 그리고 또 제니퍼.

가끔 편지를 보내고. 그를 만나러 성지순례마냥 왔던 열렬한 독자.

차이나타운의 식품점에서 일했던 젊은 아가씨.

1976년 불발로 끝난 제임스 칸과 재클린 비셋 주연의 영화 〈오버타임〉 제작자.

　내가 할 수 있는 한 나는 그 일들을 무시했다. 나는 결코 이렇게 말하지 않았다. "좋아. 이게 우리의 거래야." 통제 좀 하시지.

　자신을 통제하는 것. 하지만 그들은, 남자들은 할 수 없다. 그렇지 않은가? 아니면 그들은 **할 수 있는데**, 우리가 요구하지 않는 것일까? 나는 몇 년 마다 조를 밀어붙이고, 그와 맞서고, 그에게 요구를 했다. 그러면 조는 말끝을 흐리며 애매하게 사과를 하거나, 혹은 저항을 하며 내가 다 지어낸 일이라고 우기기도 했다. 어느 순간인가 나는 그 일에서 손을 떼는 것이 더 낫다는 생각이 들었다. 만약 그가 **떠나버리면**? 나는 그걸 원치 않았고, 그가 정신을 차릴 것 같지 않다면 무슨 긴 말이 필요하겠는가?

"네게는 애인이 필요해." 내 친구 로라의 제안이었다. 그녀는 이혼을 한 뒤 줄줄이 여러 남자들과 잤다. 그리고 어느 건축가가 성병을 옮겨주기 전까지 철저하게 즐겼다. 하지만 나는 관심이 없었다. 조 하나만 감당하기에도 벅찼다.

내가 아는 지금 세대 남자들 대부분은 자신의 아내가 아닌 여자들과도 사랑을 나누었다. 적어도 그들이 젊은 남편이었던 시절에는 필수조건이었다. 만약 당신이 남자였다면, 당신이 아주 열심히 일했다면, 당신의 목이 키보드 위에서 부자연스러운 자세로 구부려져 거북이 목이 되었다면 말이다. 그래서 남자들은 한가한 휴식시간이 필요했던 것이고, 오락이 필요했던 것이며, 여자들을 탁구나, 포커 게임처럼 생각하며, 개울에 살짝 몸을 담그듯이 여자들을 필요로 했다. 미안하다, 아내여. 그들은 이렇게 말하곤 했다. "그런데 이건 아내들이 절대 이해할 수 없는 그런 거야. 그래서 남편들은 설명하려는 시도조차 못 하겠어. 그냥 남편들을 내버려둬. 만약에 남편들이 정말로 스스로를 **통제**한다면 거기서 오는 피해가 너무 커서, 결혼생활의 장기적인 피해는 그에 비하면 매우 하찮을 거야. 그러니 우리의 터져 나올듯한 욕구를 옷 속에 감추고 억누르기 보다는 스스로를 통제하지 않는 게 더 낫다니까."

조가 나에게 그 소설들에 대한 세부사항을 알려주었다. 아주 흥미로운 음담이었고, 우리는 그 이야기들이 자신을 주체 못해 들썩이는 어느 가상의 남자가 상상하는 판타지인 척했다. "만약에 말이야," 조가 그 인물에 대해서 말했다. "이 남편이 차이나타운의 젊은 아가씨와 불륜을 저지르고 있다면 어떨까? 그 남자에게 스타 아니스(star anise 팔각. 중국오향의 주원료—옮긴이)를 파는 여자랑?"

"알았어." 내가 말했다. "말해봐."

그러면 조는 이 캐릭터에 대해 왜, 그리고 어떻게, 그리고 어떤 느낌일지 나에게 말해주었다. 우리가 창조해내고, 그런 다음에 내가 판단하지 않고 **해석**한 이 결함 있는 남자는 내가 줄곧 무표정한 얼굴로 그의 책상에 앉아 있는 동안 어디에선가 오는 언어의 폭풍 속으로 그 모두를 집어넣었다. 그곳이 어디였는지 누가 알았겠는가. 나의 역사, 나의 교육, 나의 중추신경계, 상상력에 연결된 나의 뇌의 전두엽이었다는 것을?

조는 침대에 앉아서 내가 타이핑하는 것을 지켜봤다, 마치 타닥타닥하는 소리가 절정에 다다른 재즈 선율이라도 되는 것처럼 고개를 까닥이면서. 그는 나를 끊임없이 엄청나게 사랑했다. 그의 감사함은 적어도 한동안은, 매사에, 모든 순간마다 느껴졌었다. 나는 그의 반려자였고, 그의 동반자였다. 그리고 이만큼의 세월을 보내는 동안 내가 이 사실을 떠올리지 않은 날들은 지금까지 단 하루도 없었다.

헬싱키 인터콘티넨탈 호텔의 귀빈실 벽이 특별히 두꺼울지는 모르지만, 조와 내가 이 거대한 방 안에서 계속하고 있는 언쟁 소리를 가릴 만큼 두껍지는 않았다. 아래층의 손님들은 우리가 새벽에 싸우는 소리를 분명히 들었을 테지만, 거의 대부분의 사람들은 자신들이 듣고 있던 것을 정확히 알지는 못했을 것이다. 우리들은 빠르고 고뇌에 가득 찬 영어로 말했기 때문이다.

그때쯤 우리는 사우나에서 나와 침실에 있었다. 우리 둘 다 붉게 상기되고 지나치게 과열된 상태로 그는 수건을, 나는 땀과 수증기에 흠뻑 젖은 나이트가운을 걸치고 있었다.

"만약 당신이 그런 일들 때문에 비참했다면, 떠나고 싶을 정도로 비참했다면," 그가 말했다. "그럼 당신이 내게 말을 해 줬어야지. '더이상은 못 참겠어.' 라고 말이야. 그랬다면 내가 어떻게 좀 해볼 수도 있었을 텐데."

"뭐?" 내가 말했다. "당신이 뭘 어떻게 했을 건데?"

"몰라." 조가 말했다. "하지만 우린 결혼했잖아. 그게 중요하지 않아? 우린 아이들도 있고, 귀여운 손주들도 있고, 그리고 부동산에 퇴직연금, 그리고 비과세 적금, 그리고 우리가 평생 알고 지내던 친구들도 있어. 우리 옆에서 하나씩 죽기 시작할 친구들 말이야. 그러면 당신은 어디에 있을 건데? 어디에 있을 거냐고, 조안? 아파트에서 혼자 씩씩하게 살아보려고? 그게 당신이 원하는 거야? 그런 말들을 믿기가 힘들어서 그래." 그는 애원하고 있었다. 그리고 그가 애원하는 모습은 과거 수년간 거의 볼 수 없었던 일이었다. 놀라운 일이었다. "결혼이란 모두 두 사람이 타협을 보는 것뿐이야." 그가 좀 더 부드러운 어조로 덧붙였다. "나도 거래를 했고, 당신도 거래를 했지. 그런데 그게 공정하지 않았겠지."

"맞아, 공정하지 않았어." 내가 말했다. "세상에서 가장 불공정한 거래였어. 그리고 난 그걸 덥석 잡았어. 난 내 작품을 쓰고, 내 시간을 가지고, 잠시 기다리고, 세상이 변하기 시작하는 것을 지켜봤어야 했어. 하지만 어쨌든 아직도 충분히 바뀌지 않았어. 사람들은 아직까지도 남자들의 내면의 삶, 남자들의 목소리에 매료되고 있잖아. **여자들이** 남자들한테 홀딱 넘어갔지. 남자들이 이겼어, 나도 인정해. 그들이 통제권을 가졌지. 주위를 좀 둘러봐. 텔레비전을 켜봐. 남자들만 국회에 있잖아. 촌스런 넥타이에다 미역 줄기처럼 빗어 넘긴 머리 하며…."

"조안," 조가 말했다. "나는 끔찍한 사람이 아니야."

"그래, 끔찍한 사람은 아니지. 엄청 큰 아기, 그게 당신이야."

그가 *끄덕*였다. "나도 인정해. 그 말이 맞아." 그러더니 조는 고개를 흔들며 조그만 소리로 말했다. "난 내 인생의 이 시점에 혼자가 되고 싶지 않을 뿐이야. 그런 삶이 어떤 건지 감도 안와."

하지만 나는 그가 스스로를 돌볼 수 있다는 것을 알았다. 고작해야 평생 통조림 햄과 브리 치즈와 와인이 잔뜩 들어간 스튜들로 때우고, 점심은 그의 편집자나 에이전트나 시상위원회에서 대접받는 것이겠지만. 그는 나의 물리적·육체적 존재역시 필요로 하지 않았다. 아직도 그에 대한 경외심으로 스치듯 지나가며, 이것저것 과중하게 채워 넣은 그의 육체에 접근하려는 젊은 여자들이 있을 것이기 때문이다. 그는 컴퓨터 앞에 앉아있는 내가, 머리를 구부리고 타이핑을 해대는 내가 필요한 것이다.

"이 짓은 더이상 안 할래, 조." 나도 모르게 이런 말이 나왔다. "당신은 혼자 사는 것에 익숙해질 거야. **나도** 그랬으니까." 그런 다음 화를 좀 누그러뜨리고 말했다. "당신은 괜찮을 거야."

그는 침대에 앉더니 베개 위로 벌렁 누웠다. 우리가 집에 돌아가면 내가 진짜로 떠날 것이라는 사실을, 이것이 단순한 연극이 아니라는 걸 이제야 실감하기 시작한 듯했다.

"그럼 이거 하나만 물어볼게." 그가 마침내 말했다. "너새니얼 본에게 말해준 게 정확히 뭐야?"

"당신이 기겁할 만한 말은 안 했어." 나는 그를 안심시켰다.

"아, 잘됐네." 그가 말했다. "솔직히 말해서, 당신이 돌이킬 수 없는 말을 했을 줄 알았어."

우리는 침묵에 잠겼다, 그리고 나는 내가 조를 떠나는 것이 무슨 소용이 있을지 궁금했다. 그에게 조금이라도 영향을 주기나 할까? 그렇게 되면 그는 또 다른 책은 결코 출판하지 못할 것이다. 그래서 어쩌라고? 그는 이미 충분히 책을 냈다. 헬싱키가 **당신은 훌륭한 업적을 이루셨습니다. 이제 당신은 조용히 사라져도 좋습니다.** 라고 말하며 그를 칭송하고 있었다. 결국에는, 그는 어쩌면 그것이 최상의 선택임을 깨닫게 될 것이다. 이 세상에서 상을 더 받는 것은 지나친 탐욕일 것이다. 지금도, 그가 자신에 대해서 약간은 당황하고 있을 가능성이 있다는 것을 나는 알고 있었다. 왜 그가 앨리스와 수재너가 핀란드로 오는 걸 정말로 원하지 않았겠는가에 대해 생각해 보라고 나에게 말했을 때, 그가 의미했던 것이 바로 이것이었을 것이다. 그 상은 매우 크고, 너무 커서, 그는 아이들의 시선과 마주칠 수 없었을 것이다. 그는 자신이 부끄러웠을 것이다.

어쩌면 그는 항상 조금은 부끄러워했을 것이다. 하지만 그렇다고 해서 전과 달라진 건 없었고, 아마 지금도 마찬가지일 것이다. 그는 그의 옆에 나를 두고 계속, 영원히 가기를 원했다.

"그런데, 본에게 말해야만 하겠어, 정말로." 내가 잠시 뜸을 들이다 말했다.

"뭐?" 조가 말했다. "조안, 잊지 마, 난 지금 노인네야. 당신의 적이 아니라고. 적으로 생각할 사람은 바로 **나야**."

나는 조가 젊고 검은 곱슬머리에 마르고 마음을 잡아끄는 가슴털이 많은 남자였을 때를 생각했다. 그리고 이미 변화된, 그런 변화가 일어나도록 내가 방조했던 외관상의 변화들과 부푼 몸을 보고 다시금 놀랐다. 그는 스노볼처럼 부드러워졌고, 나도 그랬다. 그리고 우리는 함께 편안하고 좋은 인생을 보냈고 그리고 이제는 거의 끝났다.

"그래, 본은 아마도 모든 것을 듣게 될 거야." 내가 조에게 말했다. 나는 일어나서 거대한 옷장이 딸린 화장실로 걸어갔다. 나는 옷을 차려입고 너새니얼을 만나러 가기로 작정했다. 그의 호텔 방에서 그를 깨워 그가 무슨 일이 벌어지고 있는지 알아차리기 전에 그에게 말을 시작할 참이었다.

서랍장에서 브래지어를 꺼내고 있었는데 조의 손이 내 어깨로 다가오더니 그가 나를 돌려 세웠다.

"제발, 이건 미친 짓이야," 그가 말했다. "우리가 그 일을 당하게 만들지 마. 당신도 나 때문에 조롱거리가 될 거라는 걸 알잖아. 파장이 엄청날 거야."

"그만해," 나는 그렇게 말하며 브래지어를 꺼냈다. 고리를 잠그는 내손이 떨리고 있었다. "본은 6층에 투숙하고 있어. 나한테 방 번호를 알려줬지. 거기에 가서 함께 술 한잔 마시고 그에게 메모지를 꺼내라고 말 할 거야. 그리고 나는 그에게 그 일을 알려줄 거야 왜냐하면 나는 내가 **싫어하는** 사람이 되고 싶지는 않거든. 난 뛰어난 작가야, 조, 엄청나게 대단하다고. 그거 알아? 난 헬싱키상도 탔어!"

그가 감당하기에는 너무 벅찬 일이었다. 내가 그를 지나쳐 가려고 하자 그는 또 다시 나를 옷장 쪽으로 밀어냈다. 그 금색 나무는 살짝 떨렸지만 흔들리지는 않았다. 이 방의 모든 것들은 고귀한 사람을 위해 만들어졌다. 고귀한 사람들에게는 자신의 가구들이 나무만큼이나 두꺼울 필요가 있었다. 나도 그를 밀쳤다. 내 생각에는, 양손을 써가면서, **어린 여자애**처럼 밀었던 것 같다.

그는 침대에 쓰러졌다. 그리고 갑자기 그의 양쪽 어깨가 이상하게 솟구치더니 그가 턱을 꽉 다물며 이렇게 말했다, "**젠장**, 조안," '더 크랙드 크랩'에서 있었던 심장 마비와 똑 같았다. 그때와 똑같이 어눌해진 단어들, 똑같은 스타카토였다. "조," 내가 말했다, "당신 괜찮아?" 그는 대답을 하지 않았다. "도와주세요!" 내가 방을 향해 소리쳤다. "좀 도와주세요!" 하지만 내 목소리는 작았고 그리고 귀빈실은 난공불락의 성채였다.

"괜찮아, 잘 될 거야." 내가 그에게 말했다. 두려움에 떨고 있는 나 자신에게도. 그리고 나는 프런트에 전화를 걸었다. 그리고 유럽식의 전화 착신음이 들렸다. 나는 전화에 대고 소리 쳤다. 전화를 받은 직원의 목소리는 차분하고 확신에 차 있었다. 그리고 나는 곧 구급대원들이 달려올 거라는 걸 알았다. 그리고 그들이 조에게 심폐소생술을 행할 것이란 것도. 핀란드인들의 눈송이가 흩날리는 듯한 차가운 숨결을 그에게 불어넣어 주겠지. 하지만 그들이 오기 전까지는 내가 그 일을 해야 했다. 왜냐하면 그가 숨쉬기를 멈춘 듯 보였기 때문이다. 확신할 수는 없었지만. 게다가 명료하게 생각하기에는 너무 정신이 없었다. 레브 브레스너가 그 시푸드 레스토랑에서 전에 그랬던 것처럼, 나는 그에게 무릎을 꿇고 가슴을 양손으로 누르며 그의 입에 내 입을 대고 온 힘을 다해 숨을 불었다.

비상시에는 남자와 여자가 서로의 뺨을 비스듬히 하고 입에 손을 넣어 기도를 확보하고 뜨거운 숨을 불어 넣는다, 고 심폐소생술 책자에 기술되어 있는 절차대로 기억하려고 나는 애를 썼다. 이 상황을 타개할 단서인데, 그런데 오래 전에 배운 것들이라 하나도 기억해내지 못했다. 그래서 나는 그를 누르고, 그에게 숨을 불고 또 불어넣었다.

그건 마치 다른 언어로 소통하는 것 같았다. 어떤 낯선 의식, 마치 에스키모들이 서로의 코를 문지르며 인사하는 것 같은 그런 것들. 적어도 어린이들을 위한 전설이야기에 따르면 그랬다. 내 딸들은 서로에게 그렇게 했다. 둘 사이에 간격을 두지 않고 딱 붙어 서서, 서로의 코를 상대방의 코에 갖다 대고는, 머리를 좌우로 움직이며, 시선과 촉감을 의식하고, 서로 다른 몸이 아주 잠시 연결되면서 전해지는 설렘을 느낀다. 이 많은 세월이 흐른 뒤에도, 아직도 나는 조 캐슬먼의 몸 위에 앉아 있고, 그의 머리는 뒤로 젖혀져 있다. 서로의 입을 향해 열려진 입술로 작별을 고하는 남편과 아내.

7장

낯선 나라에서 죽어가는 것은 태어나는 것과 비슷하다. 위기의 정점에서 꺼질 듯 말 듯한 생명의 불빛을 발하는 환자를 둘러싼 혼란, 알아들을 수 없는 언어, 급박한 움직임, 혼란. 끈기 있고 지칠 줄 모르는 핀란드인들은 조를 위하여 노력했고 또 노력했다. 그리고 조의 몸이 전혀 반응을 보이지 않는데도, 나는 그의 손을 붙잡고 끝까지 그에게 살 수 있을 거라고 말했다. 누군가가 조의 얼굴에 산소마스크를 씌웠다. 그의 짙은 눈빛이 점점 희미해지고 있었지만, 나는 그를 다시 내 곁으로 끌어오려고 했다. 그를 지켜주려고 노력했다. 그를 이곳에 붙잡아두려고 애를 썼다.

사망선고는 호텔방이 아니라 나중에 로비소 병원Loviso

Hospital 인근의 응급실에서 이루어졌다. 입센의 희곡에 나오는 단역 배우처럼 보이는 젊은 의사가 양치식물의 잎처럼 길게 갈라진 청진기를 귀에서 빼더니 내게 말했다. "캐슬먼 부인, 이제 끝났다는 말씀을 드려야 할 것 같습니다."

나는 말로 표현할 수 없는 슬픔에 몸이 굳었고, 목이 잠겨 소리가 나오지 않았다. 나는 그 남자의 좁은 가슴에 기대어 흐느껴 울었다. 그는 울고 있는 나를 제지하지 않았고, 한참의 시간이 지나자, 눈물이 저절로 멎었다. 조는 온갖 줄이 아직 몸에 그대로 붙어 있는 상태로 응급실 병상에 누워있었다. 그는 수동적이고, 잠만 자는, 어울리지 않게 체구만 커다란 소인국의 걸리버였다. 그건 견딜 수 없는 광경이었다. 가슴을 도려내는 듯한 아픔. 죽은 사람은 아무것도 아니다. 내가 그의 것이라고 생각했던 모든 것이 그에게서 사라져버렸으니까. 얼마 안 있어 두 명의 간호사가 와서 조의 몸에서 줄들을 가만가만 걷어냈다. 흡착판을 떼어내는 소리가 들렸다. 조를 만지는 것이 두려웠던 나는 그의 곁에 놓인 딱딱한 의자에 앉아 있었다. 그의 살갗이 심하게 쓸려서 벗겨진 데다 온몸에 벤 다이어그램처럼 보이는 분홍색 동그라미 자국투성이였기 때문이다. 몇 분 동안 우리는 불편한 자세로 묵묵히, 측은하고 쓸쓸하게 나란히 거기에 머물렀다. 우리 결혼생활의 말년에 때때로 그랬던 것처럼.

다음날 사망신고에 관련된 서류 작업을 끝내고, 눈이 간신히 떠질 때까지 울고 난 다음, 그 병원의 의사가 준 조그만 푸른 색 알약의 힘으로 밤에 잠들 수 있었고, 다음날 나는 영원히 핀란드를 떠났다. 조의 시신은 임시로 마련한 관에 뉘어져 화물칸에 안치되었다. 내 손에는 구겨지고, 젖은 꽃 같은 휴지가 들려 있었다. 조의 출판사 수행원들과 저작권 에이전시 직원들이 함께 움직이므로 전송하러 나올 필요가 없다고 했는데도, 핀란드 문학 아카데미 관계자 몇 명이 황망히 나를 헬싱키 반타 공항까지 배웅해 주었다. 모든 사람들이 나와 길게 이야기 나누는 걸 조심스러워 하는 듯했다. 조의 에이전트인 어윈 클레이는 나와 눈도 제대로 마주치지 못했다. 나는 VIP 라운지로 안내받았다. 비행기에도 먼저 탑승할 수 있도록 배려해 줘서, 주변에 조용히 진을 치고 있는 기자들을 마주치지 않을 수 있었다. 내가 핀란드 문학 아카데미에서 온 사람들에게 작별인사를 하자, 테우보 할로넨이 눈물을 참지 못하는 바람에 나를 더 슬프게 하지 않도록 사람들에게 떠밀려 나가야 했다.

비행기의 내 옆자리에는 키르스티 살로넨이라는 이름의 핀란드 문학 아카데미에서 나온 직원이 슬픔에 잠긴 얼굴로 앉아 있었다. 얼굴에 살짝 군턱이 져 있는 살로넨 부인의 임무는 뉴욕까지 나와 동행하는 것이었다. 비행기에서 함께 있어 줄 사람이 필요하다면 어윈 클레이와 동석하면 된다고 내가 만류했는데도 불구하고, 아카데미 측에서는 그래도 누군가를 보내 주고 싶어 했다. 그들의 이런저런 마음 씀씀이가 너무도 고마웠다. 살로넨 부인은 내 손을 잡고 토닥이며 어버이 같은 마음에서 우러나오는 듯한 염려의 말들을 소곤소곤 들려주었다. 그녀는 자기 자신을 잘 추스르는 것, 시간이 갈수록 다른 사람들이 나를 위해 좋은 일들을 하게 해주는 것이 얼마나 중요한 것인지 다정하게 말해주었다. 이야기 중에 그녀는 하느님에 대해, 그리고 내가 잠을 잘 자기 위해 노력해야 하는 이유에 대해서도 이야기했다.

"살로넨 부인, 개인적인 질문을 하나 드려도 될까요?" 내가 갑작스럽게 물었고, 그녀는 고개를 끄덕였다.

"혹시 결혼하셨나요?"

"오, 그럼요." 그녀가 답했다. "우리 남편과 난 얼마 전에 결혼 27주년을 맞았답니다." 그녀는 핸드백 안으로 손을 뻗어 반팔 셔츠를 입은, 셔츠 앞주머니에 펜을 꽂고 있는 호리호리한 남자의 사진을 꺼냈다. "에릭은 화학 공학 엔지니어예요." 살로넨 부인이 이야기를 계속했다. "모든 일을 그냥 흘러가는 대로 두는 걸 좋아하는 조용한 사람이지요. 투르크Turku에는 우리가 즐겁게 지낼 수 있는 주말 별장이 하나 있고요."

내 아내가 되어 주겠어요? 나는 그녀에게 묻고 싶었다. 화학 공학 엔지니어인 에릭을 잘 돌봐주는 것처럼 당신이 이제 나를 보살펴 주겠어요?

　나는 좋은 아내였다, 결혼 기간의 대부분은. 조는 편안하고 안전한 환경에 둘러싸여 있었다. 늘 집 밖 어딘가에서 떠들고 손짓발짓해 가며 여자들과 입에 담을 수 없는 일들을 저지르고, 푸짐하게 음식과 술을 먹고 마시며, 책을 읽고, 읽던 책들을 엎어서 집안 여기저기에 흩어놓았다. 그 책들 가운데에는 너무 많이 읽어서 책등이 망가진 책들도 있었다. 늦은 밤이나 다음날 낮에는 그에게 일어났던 일들에 대한 이야기, 혹은 그에게 떠오른 착상들을 내게 들려주었다. 그리고 나는 그것들을 정리해 두거나 또는 때가 올 때마다 다시 사용하기 위해 꺼냈고, 쓸 만한 일화는 끓이고 식히고 변형시켜서 알아볼 수는 있지만 새로운 어떤 것이 되게 했다. 내 것이겠지만 그래도 여전히 늘 일정 부분은 그의 것이기도 할 테다. 물론 공평하지는 않았다. 처음 시작할 때부터 공평한 적은 없었다. 공평함은 내가 원했던 것이 아니었다.

　이제, 자야지. **그게** 내가 원하던 것이었다. 집으로 돌아가는 길은 멀었고, 나는 좌석을 편안하게 뒤로 젖히고 조의 어릴 적 시절, 그가 아버지의 장례식에 참석한 모습을 떠올려보았다. 그의 아버지가 세상을 떠난 순간, 조의 안에서 무엇인가가 무너져서 복구되지 않았을지도 모르겠다. 아니 어쩌면 그저 변명에 불과할 수도 있었다. 아버지를 잃은 수많은 소년들이 자라서, 종종 상실에 대해 확고하면서도 절박한 산문을 썼으니까. 조는 그렇게 할 수 없었다. 그에게는 타고난 재능이 없었고, 그 어느 누구도 그에게 재능을 마이크로 칩처럼, 돼지판막처럼, 기적처럼 심어 줄 수 없었다.

갑자기 갈색머리의 승무원이 다시 나타났다. 조와 내가 핀란드로 갈 때 시중 받았던 그 여자였다. 가슴이 불룩 솟아오른 그녀는 쿠키 바구니를 들고 향수를 뿌린 젖무덤이 드러나게 그에게 몸을 숙여 잠깐 그의 관심을 유도했었다. 만약 그가 죽어가는 순간에 그녀가 거기 있었더라면 그녀는 조를 구할 수 있었을까? 그는 언제나 그토록 여자 쪽으로 끌렸지만 그와 동시에 여자들에게 별로 관심이 없었다. 그의 남성은 목적지 없는 열기구였으며, 한 여자를 소유하고자 하는 욕구는 금방 다른 곳에 있고 싶고 세상 밖으로 나가고 싶은 욕구로 바뀌었다. 조 캐슬맨 같은 남자들은 자신들이 좋아하는 단순한 것들을 생각하면서 세상을 돌아다닌다. 양파 튀김을 곁들인 거의 익히지 않은 스테이크의 맛, 오래 숙성된 싱글몰트 스카치의 이끼 향기, 거의 100년 전에 더블린의 한 천재가 쓴 중편 소설의 완벽한 문장 같은 것들 말이다.

"캐슬먼 부인, 심심한 애도의 뜻을 전합니다." 그 승무원이 이번에는 카나페 접시를 들고 내게 몸을 숙이며 말했고, 나는 그녀에게 고맙다고 말했다. 키르스티 살로넨 부인과 나는 부드러운 카나페를 말없이 먹었다. 그리고 저녁 식사가 나와서 우리는 그 음식도 먹고 와인을 마시고, 다시 좌석에 등을 기댔다.

시간이 흐르고, 마침내 비행기가 대서양을 횡단하는 가운데 여행자들이 얕은 잠에 빠지는 시간에 이르렀다. 눈동자가 눈꺼풀 아래서 흔들리고, 고개를 앞으로 떨구거나, 머리를 뒤로 젖히고 잠든 사람들이 끊임없이 마시고 내쉬는 공기는 꿈이 침범할 자리를 내어 주지 않았다. 살로넨 부인은 이제 내 옆에서 잠들어 있다. 마치 우리가 커플인 것처럼, 대서양을 횡단하는 두 연인처럼, 그녀는 머리를 내 쪽으로 너무 가깝게 기대고 있었다. 만약 자신이 얼마나 나와 가까이 있었는지 봤다면 당황했을 것이다. 그녀는 뒤로 물러나며 내게 속삭이듯 사과를 했겠지만, 나는 단단한 외형을 갖춘 형식적인 의례 아래에서도 이따금 사랑을 향한 흔들림이 있다는 것을 직접 볼 수 있었을 것이다.

만약 조가 살아 있었으면, 그는 내 곁에서 완전히 맑은 정신으로 깨어 있었을 것이다. 따분하고 조급증이 나서 그는 두껍고 폭신폭신한 팔걸이 위에서 계속 손가락을 꼬물거렸을 것이다. 나는 줄곧 졸았을 테고, 그는 내내 경계하며 보초를 서고 있었을 것이다. 나는 스미스 칼리지에 다닐 때 그의 수업에서 우리가 만났던 그 첫날, 그가 〈죽은 사람들〉의 마지막 구절을 큰소리로 읽던 모습이 생각났다. 너무나도 감동적인 글이라 읽는 이나 듣는 이나 모두 한동안 입을 열 수 없었다. 세상에서 누가 그렇게 글을 쓸 수 있을까? 아무도 할 수 없었다. 그 누구도 시도조차 할 수 없었다. 우리는 그저 고개를 저으며 감탄할 뿐이었다. 그리고 어느 날, 우리는 이야기를 나누었고, 흥분했고, H. 다나카 교수의 침대에서 만났고, 그리고 삶을 시작했다. 그 삶은 덧없이 우리를 이곳까지, 가장 높은 곳으로, 가장 낮은 곳으로, 그리고 마지막으로 데려다주었다.

이제 비행기 모든 좌석의 조명이 꺼지고, 내 것만이 남아 그 노란 불빛 줄기가 나를 비추었다. 노란 불빛의 끝은 옆 좌석 키르스티 살로넨 부인의 머리카락에 닿아 있었다. 거의 잠들 즈음, 문득 누가 서서 나를 바라보며 무슨 말인가를 하고 있다는 것을 알게 되었다.

"조안."

고개를 들었더니 너새니얼 본이 시야에 들어와 깜짝 놀랐다. 그의 여행도 끝났고, 그도 집으로 돌아가고 있었다.

"너새니얼." 내가 말했다. "당신이 이 비행기에 타고 있는 줄 몰랐어요."

"아, 내 자리는 저 뒤에 있습니다. 이코노미 클래스에." 그가 속삭이듯 말했다. "내가 여기 있어도 괜찮으면 좋겠는데. 혼자 있고 싶어 하실 것 같아서."

"괜찮아요." 내가 답했다.

"내 말 좀 들어보세요, 세상에. 조의 일에 진심으로 애도의 말씀을 드립니다. 집에 도착하면 바로 조문 편지를 쓸 참이었어요. 이미 편지 머리글을 구상 중이었습니다. 망연자실한 상태입니다, 조안. 아직도 그래요."

"고마워요." 내가 말했다. 내 옆에 있는, 동석자가 몸을 부스럭거리더니 눈을 잠깐 떴다.

나는 너새니얼에게로 다시 얼굴을 돌렸다. "여기서 얘기하는 건 안 되겠어요." 내가 말했다. "우리가 당신 자리로 건너가야 할 듯싶네요."

그가 열성적으로 고개를 끄덕였고, 나는 일어서서 그를 뒤따라 핀에어 비행기의 코 부분에 해당하는, 퍼스트 클래스 승객들을 비즈니스 클래스의 더 많은 승객들과 분리하고 있는 아이스블루 컬러의 마리메코Marimekko 커튼을 젖히고 통로를 내려갔다. 비즈니스 클래스의 승객들은 모두 실제로 비즈니스맨인 것처럼 보였다. 넥타이는 느슨하게 풀어 젖혀놓고, 얼굴은 옆으로 돌린 채, 눈을 감고, 컴퓨터는 앞좌석에 붙은 테이블 위에 놓거나, 애착의 대상인 양 무릎에 끼고 있었다. 우리는 앞으로 계속 걸어 다음 커튼을 통과해 입 냄새 나는 이코노미 클래스의 공기 속으로 들어갔다. 길고 어마어마하게 큰 객실 여기저기에 조명이 꺼진 곳과 켜진 곳들이 보였다. 4인 가족이 네 자리에 다리를 뻗고 앉아 있었다. 뜯어진 감자 칩

봉지에서 바스락거리는 소리가 들렸고, 그들의 몸은 작은 담요 아래서 한 몸처럼 같이 움직였다. 가끔 아기가 울면 지친 엄마가 핀란드 자장가를 부르며 달랬다. 통로 자체가 마치 폭풍이 지나간 듯 어질러져 있었다. 난 신문지를 밟았고, 그 다음엔 여성용 구두 한 짝을 밟았다.

뒤에서 두 번째 줄에 있는 너새니엘의 좌석에는 옆 사람이 거의 절반 넘게 침범해 들어와 몸을 기댄 채 자고 있었다. 통로 건너편 좌석은 다른 사람이 차지하고 있어서, 우리는 비행기 맨 끝 쪽의 화장실과 음료를 나르는 금속 카트 옆에 같이 섰다.

"케네디공항에는 누가 나옵니까?" 그가 물었다.

"우리 딸들이요."

나는 병원에서 수재너와 앨리스에게 전화를 걸었고, 그들의 목소리는 아주 멀리 떨어져 있고 어쩔 수 없이 끼어드는 해외 통화의 잡음이 섞였음에도 불구하고 너무도 통절하게 들렸다. 비탄에 잠긴 목소리. "어머 어떡해, 엄마." 수재너가 흐느끼며 말했다. "오, 이런." 앨리스가 말했다. "**아빠.**"

데이비드에게는 자동응답기 메시지로 소식을 남겨야 했다. (그가 자동응답기 같은 걸 가지고 있다는 것만도 내게는 기적이었다.) 나는 그에게 이런 식으로 말하고 싶지 않았지만, 나는 그가 다른 곳에서가 아니라 나에게서 소식을 듣길 원했다. 그는 아직 응답전화를 하지 않았다. 나는 그의 반응이 어떨지 몰랐다. 그가 덤덤해할지, 입에 발린 말을 할지, 아니면, 어쩌면, 데이비드 또한 애통해할지. 정말로 예측할 길이 없었다.

"웨더밀로 혼자 돌아가지 않아도 되겠네요." 지금은 너새니엘이 말하고 있는 중이었다. "그거 잘됐군요."

"나도 알아요." 나는 앨리스가 와서 집안의 물건을 이것저것 빼내고 치우는 모습, 그리고 수재너가 와서 레몬청 한 병을 뚝딱 만들어 주는 모습을 상상하며 말했다. 아마도 내가 사용하지 않아 식품 저장실 뒤쪽에서 굳어가게 되겠지만. 하지만 적어도 두 딸 모두, 그들이 자랄 때 쓰던 방에서 잠을 자며, 밤에 거기 있을 터였다. 이제 그들은 어린 시절에 쓰던 침대에서 자기에는 너무 크게 자란 여자들이지만, 그들은 잠시 자신들의 가족을 남겨두고 미망인이 된 어머니가 스스로의 길을 찾도록 돕고, 그리고 그들도 아버지의 죽음이 가져온 혼란과 주체하기 힘든 슬픔을 서로 도와가며 극복하기 위해서 돌아올 것이었다.

밤에 내가 잠을 잘 수 없을 것 같다는 생각이 들면, 나도 조처럼 집 안을 어슬렁거리다가 아이들의 방문 밖에서 잠시 발길을 멈추곤 했었다. 나는 아이들의 숨소리를 들었고, 어쩌면 그 소리에 내가 조금 안정되었을지도 모른다. 그들은 아직도 내 딸들이고 내 아이들이었다. 조와 나의 것, 그리고 우리가 가졌던 다른 모든 것들과 함께. 우리가 조립하고, 수집한 것들로 만든 그 거대한 벼룩시장, 다른 부부들처럼 우리가 함께 사는 동안 내내 모아서 감탄스러우리만치 잘 정리해 놓은 것들과 함께. 아이들은 조의 것이자 나의 것이었다.

"약속했던 대로 나는 아카데미아 서점에 갔었어요." 너새니얼이 내게 조용히 말했다. "당신이 나타나지 않아서 깜짝 놀랐습니다. 그때 누가 조 캐슬먼에 대해 이야기하는 걸 들었어요. 그가 **죽었다**고 말하는 거예요, 그리고 생각했죠, **이럴 수는 없어**. 그리고 나는 호텔로 다시 달려가 직원에게 물었어요. 캐슬먼 씨에 내가 들은 소식이 정말인지를. 그가 사실이라고 확인해주더군요. 나는 믿을 수가 없었어요. 아직도 믿어지지가 않습니다."

본의 말은 진심일 수도 있고 동시에 선뜻 납득하기 어려운 부분도 있다고 나는 생각했다. 나는 조가 그를 좋아한 적이 없었으며, 나 또한 그를 좋아한 적이 없었다는 사실을 떠올렸다. 본은 교묘하게 환심을 사려고 했고, 언제나 주변을 맴돌았으며, 마치 소리 없이 돌아다니며 곁에 있는 모든 책 위로 살살 꼬리를 늘어뜨리는 서점 유리 창 안의 고양이 같았다. 오래전에 조가 그에게 아무것도 주지 않겠다고 결정했을 때, 조의 본능은 적절했다.

지금 본은 내가 그에게 무슨 말을 할 것인지 알기 위해서

389

기다리고 있었다. 나는 그에게 아무 이야기도 해주고 싶지 않았다. 조와 내가 함께 했던 건 나의 일이었지 그의 일이 아니었다. 나는 이 정보가 그에게 선물이 되는 것이 싫었다. 나는 본이 그걸 가지고 달아나는 것을 바라지 않았다. 그건 나의 것이었고, 난 그걸 가지고 내가 원하는 대로 하겠지만, 아직은 아니었다. 조는 방금 죽었고, 나는 이제 혼자였다. 상처는 아프고, 앞으로 남은 삶이 기다리고 있다.

재능은 땅에서 사라지지 않으며, 가루가 되어 하늘로 날아올라가 증발하지 않는다는 걸 나는 알고 있었다. 나의 재능은 기나긴 반감기를 보냈다. 아마도 나는 결국 그것을 사용할 수 있을 것이다. 나는 내가 그와 함께 보고 겪고 소유했던 것들의 일부를 사용해, 그것으로 악하거나 아름답거나 사랑스럽거나 후회스러운 것을 만들고, 어쩌면 내 이름을 그 위에 얹을 수도 있을 것이다.

"전에 나눴던 얘기 말인데," 내가 너새니얼에게 말했다. "조와 나에 대해서? 그의 글에 대해서, 그리고 그가 처음부터 재능이 있어 보이지 않았던 이유에 대해서?"

본은 고개를 끄덕였고, 그의 긴 손이 움찔했다. 마치 여느 기자들과 마찬가지로 자신의 메모지에 손을 뻗으려는 동작 같았다. 그러나 그는 자제하고는 대신 손으로 머리를 쓸어 넘겼다.

"네." 그가 말했다.

"음, 내가 하고 싶었던 말은, 당신의 추측은 사실이 아니에요."

"아니라고요?" 그의 목소리에서 갑자기 생기가 사라졌다. 그리고 그는 나를 뚫어지게 보았다.

"아니에요." 내가 말했다. "아니죠. 그게 사실이면 얼마나 좋겠어요." 내가 이야기를 계속했다. "내가 그런 식으로 써왔다고 주장할 수 있다면 말이죠." 그는 계속 나를 쳐다보며 고개를 저었다. "어떻게 보면 일전에는 내가 당신에게 장난을 좀 친 것 같다는 생각이 드네요." 내가 말했다. "그 점에 대해서는 미안하게 생각해요."

"아." 그가 몸을 구부정하게 수그렸다가 본래의 모습으로 돌아오며 말했다. "알겠습니다."

그리고 그는 어깨를 한 번 으쓱하고는, 실망감을 한꺼번에 떨쳐버리고 새로운 방향으로 나아가기 시작했다. 자신은 기대하던 것을 얻지는 못했지만, 캐슬먼이 죽을 때 실제로 핀란드 **현장에 있었기** 때문에, 그건 엄청난 소득이라고 그는 생각했다. 그는 기사에 나오는 부수적인 인물들의 말에 근거해서 원고의 마지막 장면에 살을 붙일 것이다. 파이 껍질처럼 생긴 모자를 쓴 간호조무사들, 깜빡 놀라서 겁을 먹은 호텔 객실 메이드들, 입센 희곡의 등장인물을 닮은 젊은 의사. 그 의사는 당연히 그에게 마지막 순간의 조의 모습을 의학적인 측면에서 묘사해주었을 것이다. 벌어진 입, 빈약한 심장을 가진 한 늙은 남자의 무력한 모습을.

너새니얼 본은 괜찮을 것이다. 나는 그를 보았다. 그는 거의 잃을 것 없이 계속해서 언제나 정보를 주워듣고, 특별대우를 받으며, 접근을 허락받고, 세상을 떠돌아다닐 수 있을 것이다. 어쨌든 그는 이제 나에게서 더이상 얻을 것이 실질적으로 없었다. 하지만 지금 우리는 같이 있었고, 왜 그런지는 몰라도 내 좌석으로 돌아가기 전에 그에게 뭔가 해줄 말을 생각해내야 한다고 느꼈다.

"저기." 내가 그에게 말했다. "만약 당신이 원한다면 자료들을 가지고 도와줄게요. 어쩌면, 서간집 두 권은 출판할 수 있을 거예요."

"그래요, 좋습니다." 그가 말했다. 하지만 대답하는 목소리가 무덤덤했다. 그는 아마도 벌써 다른 것에 대한 생각을 하고 있었을 것이다. 이번 여행이 얼마나 별나고 충격적이었는지에 대해, 아니면 그의 시계를 뉴욕 시간으로 다시 되돌리는 것에 대해, 아니면 그를 스쳐 지나가다가 닿았던 여자의 길고 따뜻한 등에 대해.

"그리고, 내가 다른 얘기도 해줄게요."라고 내가 덧붙였다.

우리 두 사람 주변의 사람들이 자신의 좌석에서 몸을 뒤척이고 있었다. 개들이 작은 침대에서 편한 자리를 찾으려고 몸을 뒤채는 것 같았다. 금발에 약간 우둔해 보이는, 처음 보는 승무원이 그 좁은 공간에서 쉽게 우리를 지나쳐 헤드폰들을 들고 통로를 따라 걸어갔다. 비행기는 흔들리고, 약간 튀어 오르는가 싶더니, 세상 위로 높이높이 날아올랐다.

"조는 훌륭한 작가였어요." 내가 말했다. "그리고 난 언제까지나 그가 그리울 거예요."

THE WIFE

더 와이프

첫판 1쇄 펴낸날 2019년 4월 3일
첫판 2쇄 펴낸날 2019년 4월 29일

지은이 | 메그 윌리처
옮긴이 | 심혜경
펴낸이 | 박남희

종이 | 화인페이퍼
인쇄·제본 | 한영문화사

펴낸곳 | (주)뮤진트리
출판등록 | 2007년 11월 28일 제2015-000059호
주소 | 서울시 마포구 토정로 135 (상수동) M빌딩
전화 | (02)2676-7117 팩스 | (02)2676-5261
전자우편 | geist6@hanmail.net
홈페이지 | www.mujintree.com

ISBN 979-11-6111-036-3 03840

* 책값은 뒤표지에 있습니다.